SD選書｜236

都市デザイン

野望と誤算

J・バーネット著
兼田敏之訳

鹿島出版会

THE ELUSIVE CITY

Five centuries of design, ambition and miscalculation

by

Jonathan Barnett

Published 2000 in Japan
by Kajima Institute Publishing Co., Ltd.
Japanese translation rights arranged
with Jonathan Barnett
through Orion Literary Agency, Tokyo

目次

第一章　産業化以前の伝統的な都市デザイン

西洋文明においては、都市をデザインしようとする試みと、その達成を妨げる社会的・政治的な作用とのあいだで、長い闘いが繰り広げられてきた。都市デザインのなかには、社会改革へのユートピア的な期待に基づくものもあり、また多くが、その時代で生じていた問題に対する実践的な解決策として考え出されたものであった。しかし結局のところ、これらは部分的にしか実現されず、影響力を持ち続けることができなかった。都市デザインのコンセプトは、しばしばその原形からまったくかけ離れた経済的・社会的・個人的状況のもとで用いられたため、期待はずれの結果を生むことも多かったのである。ある意味で都市デザインは、前の戦争を闘った将軍が準備する軍事技術と同じ途を辿ってきたように思える。しかるに、都市デザインを理解するためには、デザイン上の主なアイデアについて、年代記の視点と詳細な探究の双方が必要となろう。アイデアは、個々の都市の歴史では直列に並んでいるものの、都市間をみると、複雑な相互関係や乱れた並列関係を伴って、同時代的に繋がっているものである。

本書のテーマは複雑であり、学問上の区分や職能の守備範囲から、しばしば漏れ落ちてしまう。芸術史家は、芸術家個人の作品や特定の時代に注目する傾向にあり、建物を都市の一部としてよりも孤立した文化遺産として論じる。都市史家は、政治的事件や社会経済動向には注意を払うものの、都市における物的な街並み《ファブリック》にはあまり眼を向けない。建築実務家などデザインの専門家は、特定の論争を正当化したり、自分たちの作品を述べる際の前置きとしてのみ、しばしば歴史書をあてにしてきた。比較的新しい職能としての都市計画家は、建築や景観《ランドスケープ》建築《アーキテクチュア》と距離を置くよう努めてきた。この二つは、独自のアイデンティティを創り、審美的な事柄にあまりに深く係わっているため、都市行政者たちの眼に浅薄なものと見られることを恐れたのである。

多様な文化や長い歴史があるにもかかわらず、産業革命以前の都市には多くの類似点があった。成功した都市は、ほとんどが川か港沿いで成長している。というのはそれらの都市では、水上を経由して大量の物財を最も効率的に移動させることができたためである。防衛のための需要から、城壁が必要になった。費用上の理由から、城壁づくりによって都市はコンパクトな形態になる。円形の城壁システムは、限られた量の石やレンガで最大限の物財を囲い込むものであった。軍事司令官や皇帝が建設する都市と比べると、市民が自分たちで資金を捻出する都市では、このことが重要な事実となる。壁の内側には、外での防衛に敗れたときの最後の手段として、ふつう砦が設けられていた。

都市の内部には、必要最少限の門から市場地区まで主だった通《スルーフェア》りが、引かれていたようである。市場地区には、重要な宗教建築物や公共建築物がしばしば置かれていた。メイン・ストリートが都市を近隣地区に分割し、近隣地区にはもっと細い小径《レーン》が横切る。地区のなかには、武具師通りや水際の倉庫地区など、都市全体のサービス機能を受け持つものもあった。

要塞づくりや重要な建物のデザインは、ひとりの専門家に任されていたのかも知れないが、都市それ自体のデザインを誰かが探るべきであるとするコンセプトは、長いあいだ登場しなかった。多くの都市は、地理的条件や熱心なリーダーあるいは豊富な資源によって、成長へ拍車のかけられた村落が徐々に進化したものである。

反対に、戦争のあと都市を再建する際や、植民地や軍事上の前哨地点として新都市を創設する際には、予め考えられたデザインがむりやり押し付けられたようである。

このような状況では、グリッド（格子状街路パタン）が最も一般的に用いられた。このコンセプトは、長い直線の街路により、都市を正方形ないしは長方形のブロックに分割するもので、アリストテレスの『政治学』などの古典文献によれば、ミレトスのヒッポダモスによるものとされる。彼はペリクレスの時代に、南イタリアのトゥリオイにおいてギリシャ植民地をデザインし、ピレウスやアテネの港湾都市を再設計した。おそらく、ギリシャにグリッド・プランをもたらしたのはヒッポダモスであろうが、その発明者ではなかったようだ。彼の故郷であるミレトスは、アジア本土——今日のトルコ——にあるが、ペルシャ人によっていったん破壊され、彼らが駆逐された後の紀元前四七九年にグリッド・プランとして再建されたものである。このとき、彼は子供ないしは若者であったと、一般には考えられている。事実、グリッド・プランは、紀元前七世紀以来小アジアにおけるイオニア人の都市の多くで用いられてきたほか、バビロンや中国やインドといった、互いに関連の痕跡が見当たらない他の文化においても、用いられてきたのである。

ローマ人が計画した都市は、ローマ軍駐留地のパタンに基づくものである。典型的には、正方形あるいは長方形の城壁の内側において、直線のメイン・ストリートを二本直交させて市街を分割する。さらに他の街路《ストリート》を各々平行に走らせて長方形グリッドをつくり、中央交差点近くに広場《フォーラム》を設ける。フィレンツェやトリノといったローマ都市がそうであったように、ポンペイもこの種の平面形状を有していた。

帝政初期におけるローマ人建築家であったウィトルウィウスは、ギリシャやローマ時代から残っている建築について唯一の書物を著わした。この『建築十書』は、街路のレイアウトや「健康的」な方角づけについて、数章の記述を含むもので、同書は彼の言明に関する研究や解釈あるいは再解釈の対象となった。一六三八年にコネチカット州ニューヘヴン市をデザインした学究聖職者は、街路は直交にすべしとし、ウィトルウィウスの方法を九つの等しい正方形で都市をつくるものと解釈した。イタリアではルネサンスの理論家たちが、多くの理想都市における平面計画の基礎としてこれらの章を読んだが、そこでは八本の主な大通り《アヴェニュー》が中心の一点から放射状に伸びる多角形の都市を描いたとされている。

ルネサンス期には、このような多角形のプランを城壁で囲い込んだ、星型の新しいコミュニティがいくつか建設された。城壁のパタンそれ自体は、大砲の発明への対策であり、一五世紀から一八世紀のあいだに、既存都市の多くで築かれたものである。しかしながら、将来の都市の発展にとってもっと重要なことは、ルネサンス絵画や劇場設計に起源を発し、一五〇〇年代に実際的な表現を得ることになる建築空間のコンセプトであった。建物と自然との関係は、初めは建物が自然より優位に立ち、次いでその対案として自然環境のなかに建物が溶け込むものと再定義される。静的であれ動的であれ、観客の視点というコンセプトは、建物とその周辺環境について思考上の代替案を提起した。これらのアイデアは、近代的な意味で最初の都市デザインを導くものであり、本書の冒頭部分をなす。デザイナーとは、時代遅れであると長く考えられてきたコンセプトを再発見し、それらを高層ビルディングや近代技術や二一世紀の課題と結びつけようと試みるものである。これから本書で述べる都市デザインの歴史を理解するということは、現代都市を造り出したものは何か、都市でいま何が生じているのかについて、多くのことを理解することにほかならない。

第二章　モニュメンタルな都市

レンのロンドン計画

一六六六年九月二日、日曜の早朝、ロンドンのシティにおいて火災が発生した。この火災は火曜日の深夜に鎮火するまで四三三エーカーを焼き尽くし、被災域はほぼ全市に及んだ。

クリストファー・レンは、当時三四歳でオックスフォード大学の天文学教授であり、建物のデザインを始めたばかりのころであった。しかしながら、彼はすでに王室事業局長として第一線に立たされる地位にあり、この大火のつい六日前にも、ロンドンの古いセント・ポール大聖堂の再建について、彼の設計案が承認されたばかりであった。

鎮火後一週間もたたない一六六六年九月一一日、レンは、国王チャールズ二世と議会に対し、ロンドンを再建する計画案を提出した。レンの提案とは、ロンドン再建をまったく新しい街路計画を与える手段として用いるものであった。彼はこの機会をつかむのに大層熱心であり、一週間で新しい街路に関する予備調査を行なっただけでなく、まだ廃墟を歩くには熱すぎ、危険な瓦礫のかたまりも多く、かつて地下室であった空洞が至る所に隠れて

図1・2　仮想的なドイツ都市の進化についての模式図。上は一一八〇年、下は一三五〇年ごろ。カール・グルーベルの『或るドイツの都市』より。

いたのにもかかわらず、案づくりを完成したのである。

大火前のロンドンは、当時のほかの多くの都市と似たものであった。城壁と砦を有しており、ロンドン塔やセント・ポール大聖堂や、各々に教区教会を持つ小区画のパタンを輪郭づける曲がりくねった通り《ストリート》もあった。このまちは、ローマ人が造った州都ロンディニウムがゆっくりと進化した産物であった。

当時、ヨーロッパの都市は、ロンドンと同じくらいゆっくりと成長・変化していた。ドイツ人建築家カール・グルーベルが一九一四年に『或るドイツの都市』と称する珍しい図版集を出版しているが、これは一二世紀から一八世紀にかけての仮想的なドイツ都市の進化を著わしたものである。作り事を述べたとの批判を招きかねないが、グルーベルは、地方史の固有性に埋もれてしまうような、都市発展の類似性といったものを、同書で明確に表現した。

グルーベルの示した一一八〇年の都市には、堀や城壁、険しい切妻屋根のある住居が建ち並ぶ曲がりくねった通り、砦、そして市場地区を横切って市庁舎、その向かいに大聖堂がある。城壁の外側では開発が幾分進んでいる。目立つのは川岸にある修道院である。一三五〇年までには都市は成長し、近くの川土手には要塞が築かれ、切妻屋根の住居街もある小さな郊外地区が堀を越えて成長していた。しかしその他の点については、一七〇年間急速な変化は見られない。（図1・2）。

一五八〇年までには、火薬が導入された結果、要塞が改良されることになり、銃眼のついた胸壁で、原始的な大砲を見かけるようになった。大聖堂と城郭が再建されるが、二世紀

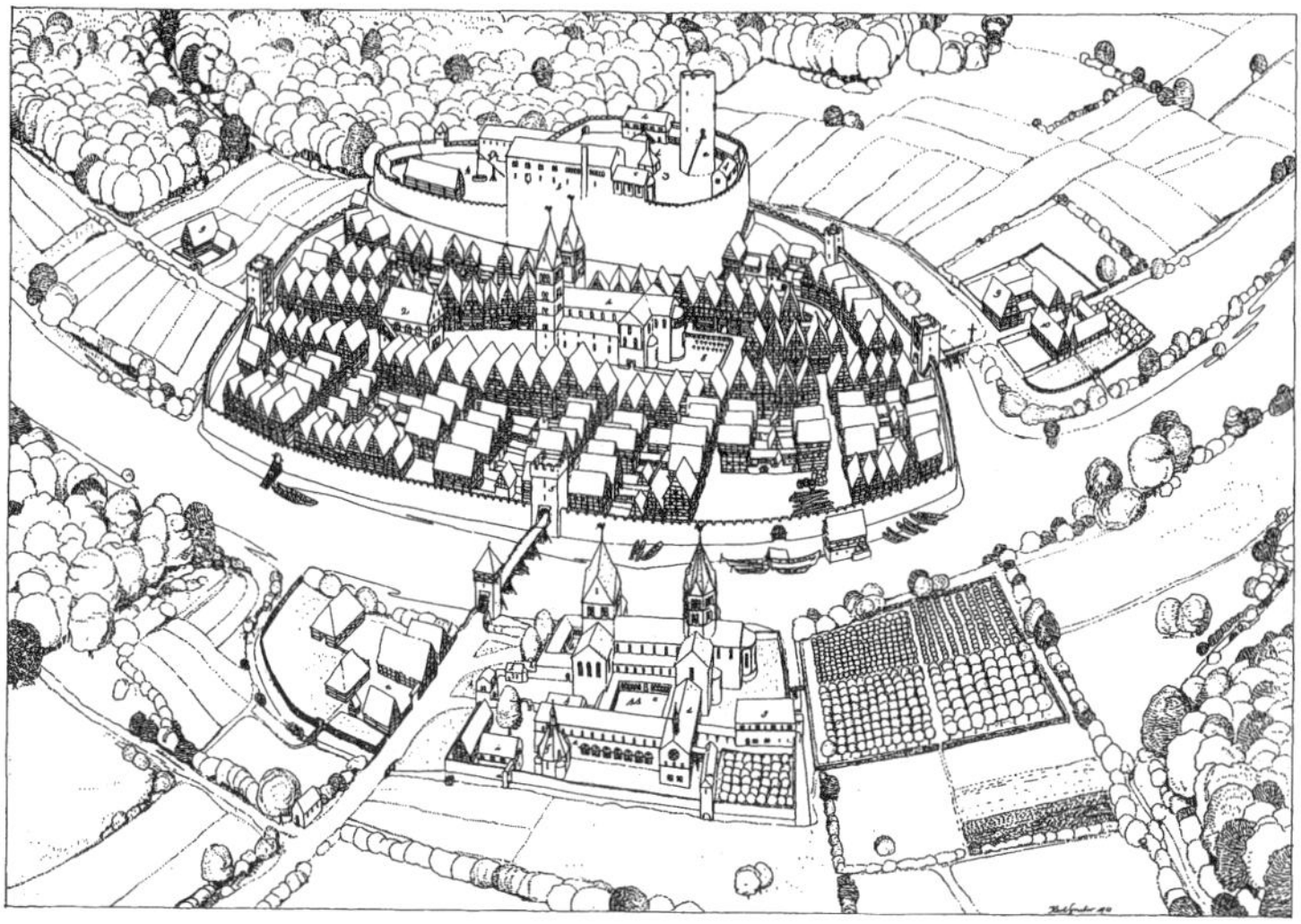

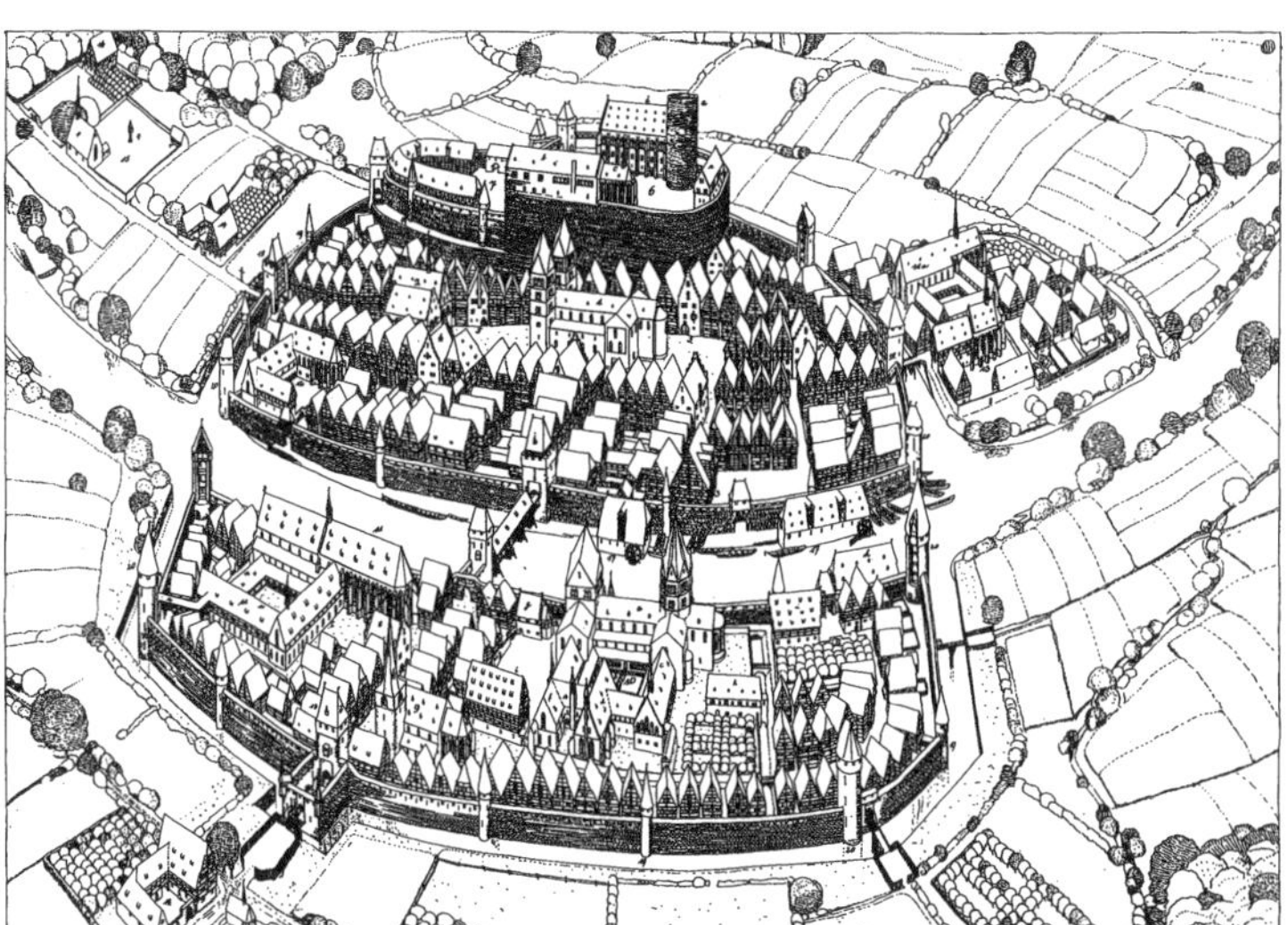

図3　同じくグルーベルによる一五八〇年の図。これらの図は、ルネサンス以前の都市が比較的ゆっくりと発展していたことを示している。都市は成長し、要塞が改良され、大聖堂や城が再建されているが、四世紀たっても同じ都市であると見てとれる。

図4　グルーベルの図と比べると、一五七二年に出版されたホーゲンバーグによるロンドン地図は、このまちが典型的な中世都市であることを示している。主だった相違点は、イングランドが島国であり、エリザベス時代の海軍力のもとで、ロンドンが要塞を越えて発展していることである。

半たってもそれは同じ都市であると見分けがつく程度であり、四世紀前の最初の図における都市からそれほど変化していない（図3）。

ロンドンは、グルーベルが図版集で示したようなヨーロッパ都市と比べて、さほど異なったものではなかった。大火当時、ロンドンは城壁を越えて拡大成長していた。外国に対する防衛は、海軍力に頼っていたのである。この政策は、一五八八年にスペイン無敵艦隊を打ち負かすことによって、正当性が立証されることになる。ドーバー海峡を挟んでよく比較されるパリとは異なり、ロンドンは中央に市場地区を有していなかった。代わりに、メイン・ストリートが他の主な通りと交差する場所――チープサイドが創るネットワークに沿って、店舗や市場が並んでいたのである。しかしながら多くの意味で、一六六六年のロンドンは典型的な中世都市であった。当時のほとんど誰もが皆、このまちの姿を、都市とはそのようなものだと、当然に思っていたのである。このような都市を完全に再設計するというレンの提案は、たとえ不幸な大火後であったとしても、驚くべき新しいアイデアであった（図4）。

レンは、建築家になる以前は学者、それも科学者であった。彼は書物から建築のエッセンスを学ぶ。中世の制度では、建築のアイデアは、現場を渡り歩きながら建築家や親方職人の所作に従うことで、親方から弟子に伝承されるものであった。これに対して、活版書や彫版図面や地図を通した伝達のシステムが次第に盛んになってゆく。印刷技術の発明によってデザイナーは、まったく新しい建築表現の様式を吸収して用いることができるようになる。イニゴ・ジョーンズやクリストファー・レンといった学者肌の建築家が影響を与

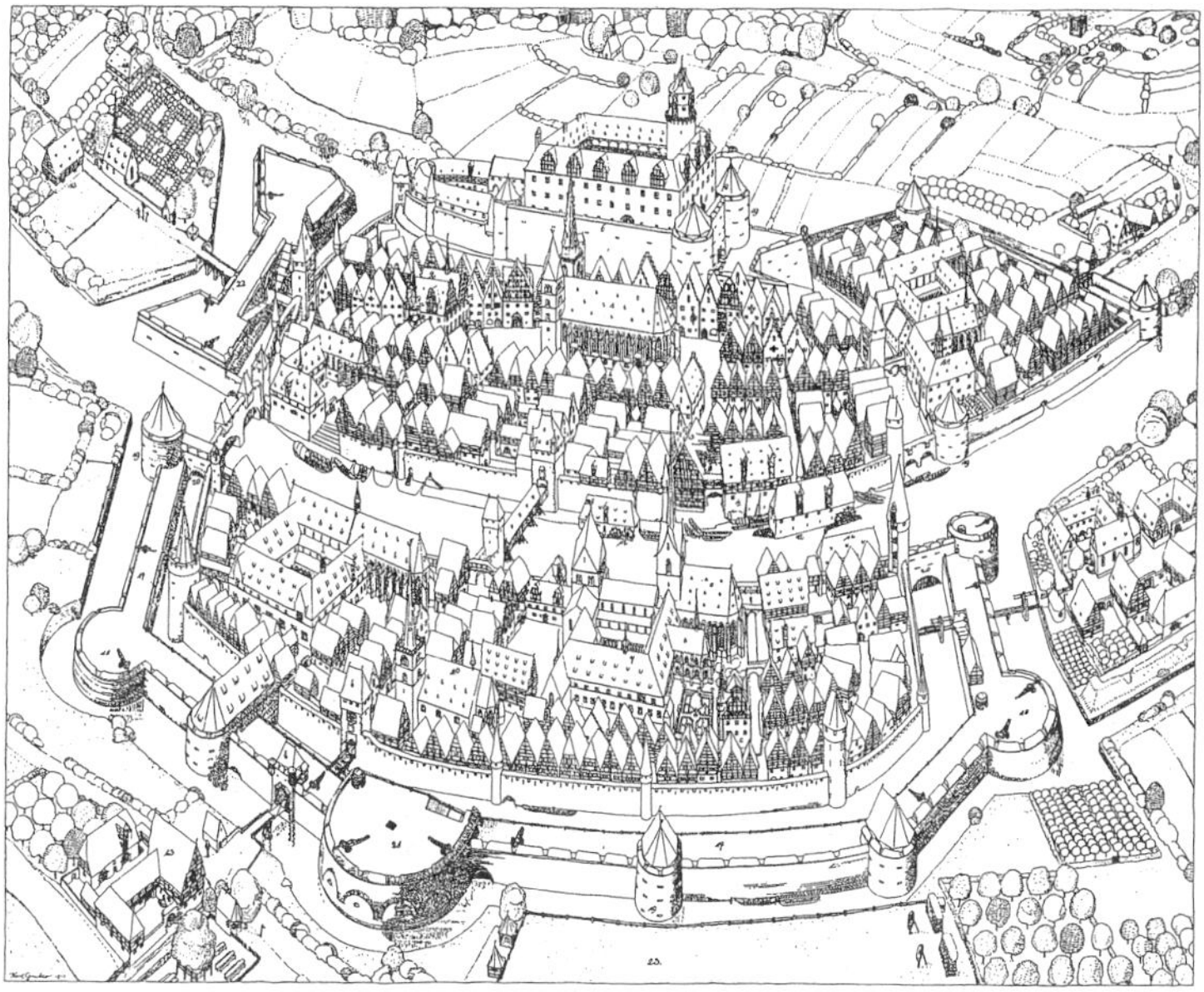

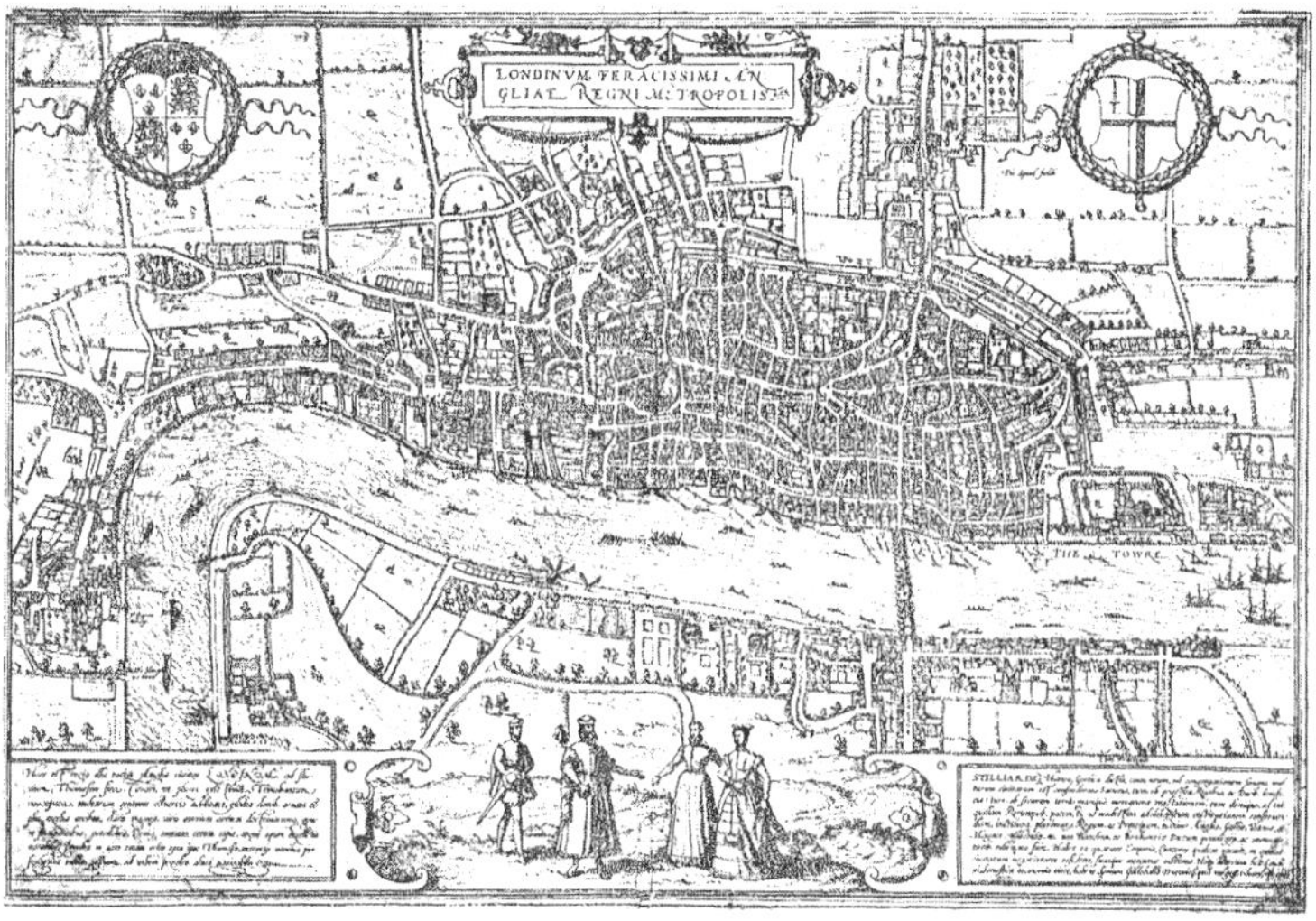
LONDINVM FERACISSIMI AN
GLIAE REGNI METROPOLIS
THE TOWRE

えた結果、一七世紀のイギリスの建築家たちは、中世晩期の伝統的な建築から離れ、同時期に盛んになっていた、イタリアやフランスのバロック作品に匹敵する建築に、真直ぐ向かっていったのである。ジョーンズやレンは学識があったため、ルネサンス初期以降の建築に親しむことができ、歴史的発展パタンのいかなる時点からも、好みの要素を選び出すことができた。

多くの評論家は、レンのロンドン計画案を、彼の輝かしい経歴における幕間の出来事として捉え、あまり重要だとはみなしていないようである。レンは、新しいセント・ポール大聖堂の建築家となり、大火で失われた教会を新しく再建する際、すべてを設計もしくは指導し、ほかにも多くの重要な建物の建築家となる。しかし、レンの案が実施されたとしたら、都市デザインの歴史が変わっていたかもしれなかった。彼の案は、チューダーやゴシック様式から生じたルネサンス建築と同じくらい、既存のイギリス都市から革命的に進展したものである。レンは、新しく街路を設ける際、被災していない建物のある古い通りがあれば、どれも注意深くそれらに繋いだ。しかし彼は、古く曲がりくねった通りの代わりに、二本の直線状の大通り《アヴェニュー》を提案する。その二本の大通りは、再建したセント・ポール大聖堂の正面にある三角形の広場《プラザ》を起点とし、城壁内の市域を突っ切って、一本はオルドゲート、もう一本はロンドン塔を終点としていた。三番目の大通りは、市の西側にあるニューゲートより始まっている。そして、新しい王立取引所が予定されていた、大きな楕円形広場にあるオルドゲートで別の大通りに交差する。この広場の周辺に造幣局、税務局、ゴールドスミス社ホールなど、すべての財務機関が設けられる予定であった。

図5　クリストファー・レンによる一六六六年大火後のロンドン再建計画案は、この時代までの他のいかなる都市計画よりも野心的なものであった。これは完全なルネサンス都市を創るものであったが、実施するにはあまりに複雑な権利変換を含んでいた。レンは建築家になる前は学者でありかつ科学者であり、彼のアイデアは、イタリアやフランスですでに確立していたデザインの形式を著わした図書や地図に由来するものであった。この案に用いられたアイデアは、レンの建築が晩期ゴシック建築の伝統からかけ離れていたのと同様に、中世都市の構成からもかけ離れたものであった。

図6　レンのロンドン計画を東側から眺める。アルベルト・ピーツが描いたもの。二本の主要な放射街路で区画された新しいセント・ポール大聖堂を直接望む。

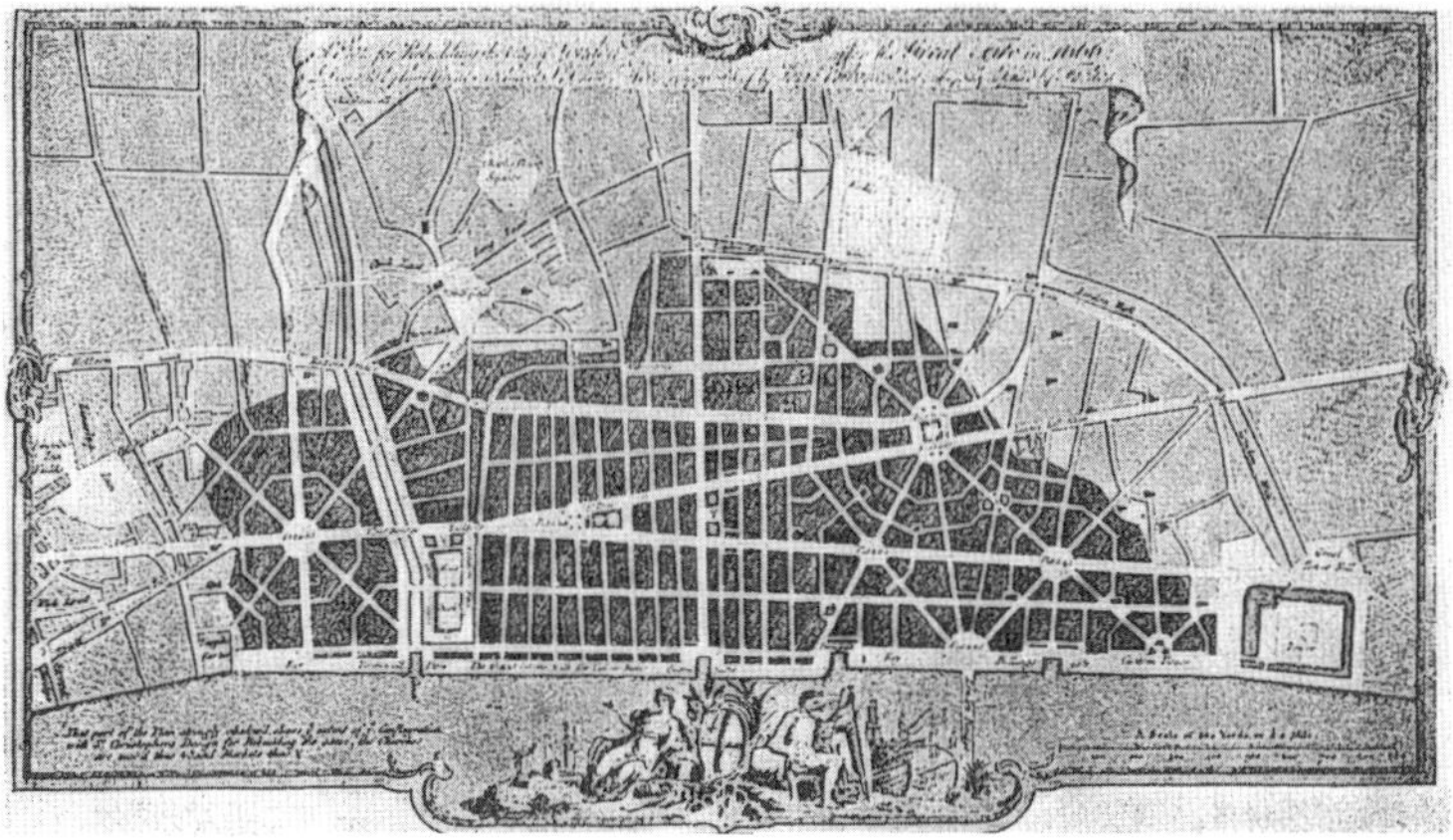

被災地域を横切ってテームズ川の北岸全域が、新しい計画の区域とされていた。ロンドン橋の入口において、レンは半円形の広場とそこから扇形に拡がる直線の大通りを提案した。これらの新しい街路のうち二本は、セント・ポール大聖堂からロンドン塔へのメイン・アヴェニューに沿って設けられた、小さな円形広場に繋がる。他の直線街路は円形広場から放射状に走る。三番目の円形広場は、被災地域に向かって西側の市壁まで放射する直線街路とともに計画されていた。二組の放射街路の間におけるセント・ポール大聖堂周辺の地区は、ほとんど長方形のブロックによる列として扱われたが、それらの角度は全体枠組みに合わせて調節されていた（図5・6）。

レンの計画案や、その少しあとに提唱されたジョン・イーヴリンの案などに、国王は大いに感銘を受け、全体再建案が策定・承認されるまでは、市内における再築を禁止する旨を布告した。レンの案では、大火から復興するために、地所の複雑な再編を必要とするが、これは単に古い基盤の上で再築するのと比べて、ずっと困難なことであり、このことはロンドン財界の利害に係わっていた。またレンの案では、教区教会は新しい敷地に移築することを必要としたが、これも実現し難いことであった。なぜならば、人びとは教区を単位として地理を考えていたからである。チャールズ二世は、六年前に王位に復帰したばかりであり、彼の威信が及ぶ範囲に敏感なのは、当然なことであった。そのうえ、国がオランダ・フランスとの戦争の真っ最中にあり（一六六六年のこの戦争でイギリスは、オランダからニューアムステルダムを奪取し、ニューヨークと改名した）、都市開発に補助を行なうには資金がなかった。

国王は、再築の基準を立案するために六人の委員からなる復興再建委員会を設けた。彼は委員のうちレンを含む三名を指名し、残りを都市商人たちに選出させた。委員会は、最初被災地域の地権者すべてに、正確な土地調書を提出させるよう試みた。これは、新しい街路体系を実現するための権利変換にとって、必要な前提条件になる。地権者のうちわずか一割の調書が集められたころ、国王はこの完全調査案への支出を見送ることを明らかにした。その結果委員会は、街路拡幅を少々行ない、耐火建築について新しい基準を設けたものの、古い街路パタンのままロンドン再建を行なうことを強いられたのである。

ヴィスタの源流

レンがロンドンに導入しようとした、長いヴィスタ（見通しのよい眺望）と幾何学的な広場には、長く複雑な歴史があった。都市をヴィスタによって繋いだ一連の結合空間として考える可能性は、一五世紀初め、イタリア人芸術家が遠近法を再発見したことと関連していたようだ。もともと風景画の背景として描かれた理想都市は、最初は舞台風景において、次いで庭園設計に、後には実際の都市のスクエア（方形広場）や街路に翻案された。そして、この進化が生じたとき、空間の概念もまた、建築物に囲い込まれた個々のスクエアから、街路によって結びつけられた空間のシークエンスへと、進化したのである。

一五八五年から一五九〇年にかけて、教皇シクストゥス五世と建築家ドメニコ・フォンターナが行なったローマの総合的な再計画は、これらのピクトリアル（絵画的）な新しい原則を用いた最初の事例である。シクストゥスは、教皇に選ばれたときは六四歳であり、余命がいくばくも期待できない候補者として、自らを病気がちに見せようとしていた。しかし彼は、死の脅威が現実のものであるとして、それまでにできるだけ多くのことを成し遂げようと、教皇の任期中向こう見ずに突進したのである。シクストゥス五世は、六九歳にマラリアで死ぬことになるが、ローマ再計画をより優れたものにするために、五年と四カ月しかないことが自分で分かっていたようだ。普通であれば二〇年間以上かかると思われる事業を、彼は五年間でなしとげたのである。

シクストゥス五世は、収入を増やし、財政を安定化させるために、教皇権の構造改革も行ない、偉大な公共事業の財源をつくり、彼が引き継いだ時よりもはるかに良好な形で、教皇資産を残した。聖職・政治・軍事上の問題にも没頭した。彼は権限を手にしたその日から都市開発に着手したが、このような精力的な統治活動では、開発計画づくりに費やす時間があったようには思えない。おそらくシクストゥスとフォンターナは、教皇選を成功させる希望とともに、自分たちのデザインを準備していたのであろう。

それらの案を作るには充分な時間があったといえる。教皇グレゴリウス一三世による全一三年間の治世期間において、シクストゥスやモンタルト枢機卿はかやの外に置かれていたからである。一五八一年にシクストゥスは、サンタ・マリア・マッジョーレ近くにある丘の上で敷地を買う。彼のためにドメニコ・フォンターナは、幾分質素な田舎風《カントリー》別荘《ヴィラ》をデザインした。樹木のある街路とガーデン・ウォールとのあいだで創る遠近法的なヴィスタのなかに、庭園をレイアウトして、イタリア風庭園デザインの様式を確立したのである。おそらくこの別荘のなかで、ローマを造り直す計画が練られていたのであろう。

もちろんシクストゥス五世は、ローマ市の変革を企てた最初の教皇ではなく、全体案のなかに、これまでのデザインを編入することに注意を払っていた。これら前任者によるデザインのうち、最も重要なもののひとつに、ローマ市内外を結ぶ橋の市街側の端にある広場とその砦、すなわちサンタンジェロ城の再築がある。この広場から伸びる街路は、教皇パウロ三世（一五三四～一五四九）の治世に、放射パタンとして整えられたものであった。広場のデザインは、舞台風景のバロック・コンセプトに関連している。この種の例としておそらく最も有名なのは、パッラーディオの弟子ヴィンチェンツォ・スカモッツィが、ヴィチェンツァのテアトロ・オリンピコにおいてデザインした、常設舞台であろう。中央のアーチや二つの脇のドアを通して、建物が建ち並んだ七本の通りが垣間見える。建物における統一的なコーニス線が、誇張された遠近法の構図のもとで消点をつくる。一五八五年に劇場は完成し、同年にシクストゥスがローマ改造に着手している（図7・8・9）。シクストゥス五世によるローマ計画に特徴的な要素は、中央にオベリスク（方尖塔）のある広場《ピアッツァ》ごとに方角が変化してゆく、長い直線の街路の連なりであった。街路は、実際には何世紀間も人が住まなかった区画を通って、主だった巡礼の目的地を結んでいた（図10・11）。（シクストゥスとフォンターナはまた、新しい水道橋を計画・建設し、新しい街路によって拓いた居住地区に対し、水道サービスを敷設し直した。）

ローマの玄関にあたるポポロ広場の建設は、シクストゥス五世によるもので、広場を劇場にしようと意図したものである。これは、テアトロ・オリンピコにおいて街路をちらりと見せたのと同様に、放射状に拡がる街路を見下ろすヴィスタを楽しむものであったが、一

図7　バロック舞台景観の実例。一五六〇年のバルトロメオ・ネロニによるシエナの通り。都市空間における ルネサンス・コンセプトは、遠近法に由来するものであるが、これは最初は絵画に現われ、次いで景観設計に現われた。

図8・9　アンドレア・パッラーディオのデザインによるヴィチェンツァのテアトロ・オリンピコには、パッラーディオの弟子であるヴィンチェンツォ・スカモッツィによる恒久的な舞台セットがある。この舞台において、統一的な様式で建築物の並んだ七つの通りが、「誇張された遠近法」のなかで消えてゆくのを、中央のアーチと脇にある二つのドアの向こうに垣間見ることができる。

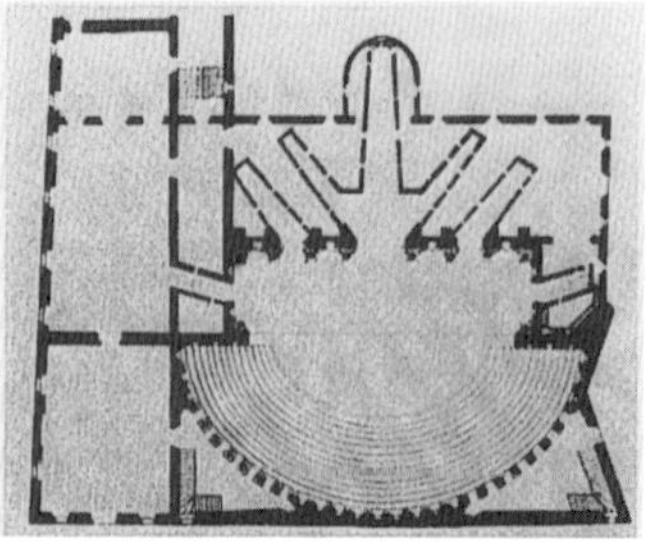

図10・11　バチカン図書館所蔵によるシクストゥス五世の時代につくられたフレスコ画は、シクストゥスによるローマ計画を示すものである。内容を見ると、長い街路が、オベリスクで終わるヴィスタとともに、都市内の主要な聖地を結んでいる。フレスコ画の左下部にあるポポロ広場のデザインの詳細を下に示す。これは一九世紀末まで完全に実現しなかったが、中心点に収斂する街路を示している。訪問者がこの地点から都市を見ると、バロック劇場のような一連の遠近法的なヴィスタを得ることができる。レンのロンドン計画では、ロンドン橋端に同様な仕掛けを用いた。また二本のメイン・ストリートの間にセント・ポール大聖堂を再建するレンの提案は、一六六二年より建設が始まったカルロ・ライナルディの双塔の教会、特にポポロ広場から扇形に拡がる街路によって枠づける技法に、レンが親しんでいたことを示しているように思える。

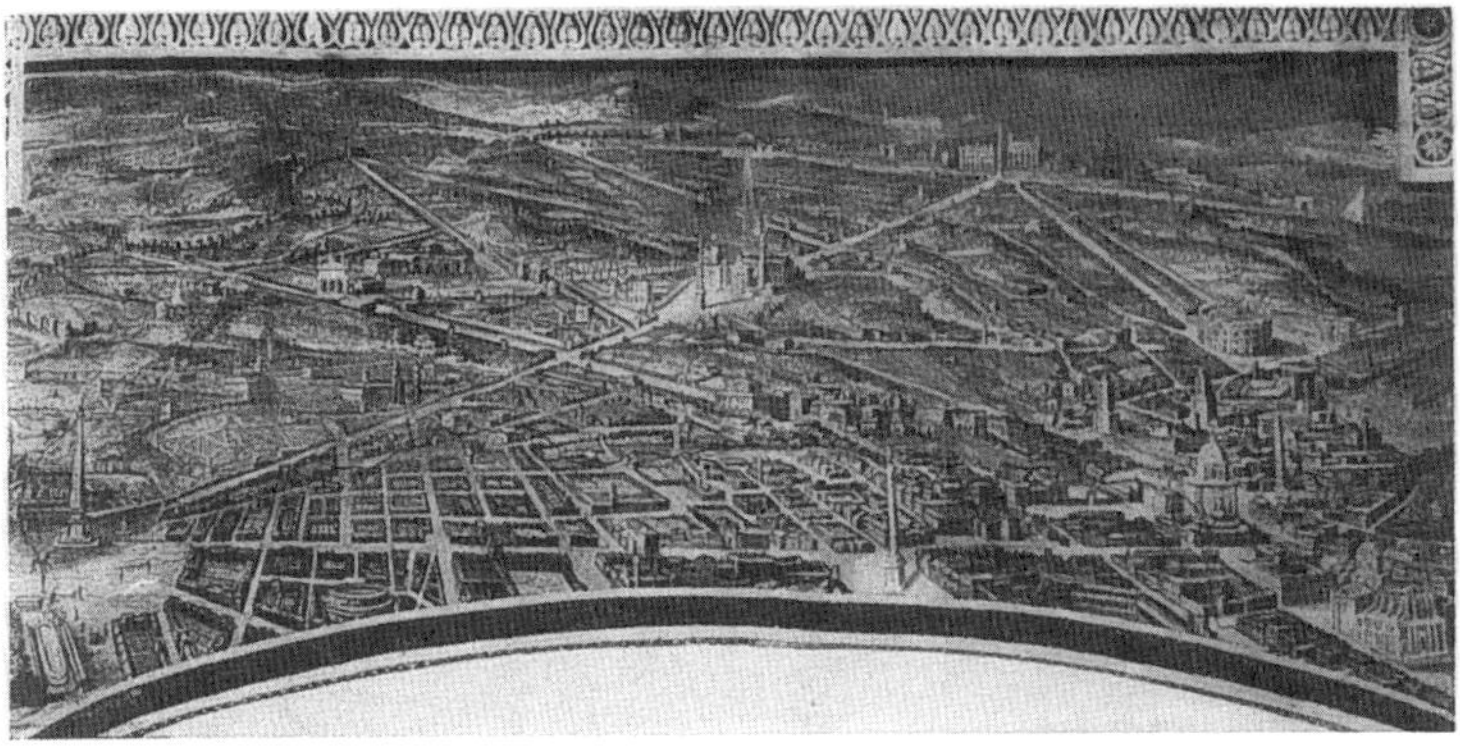

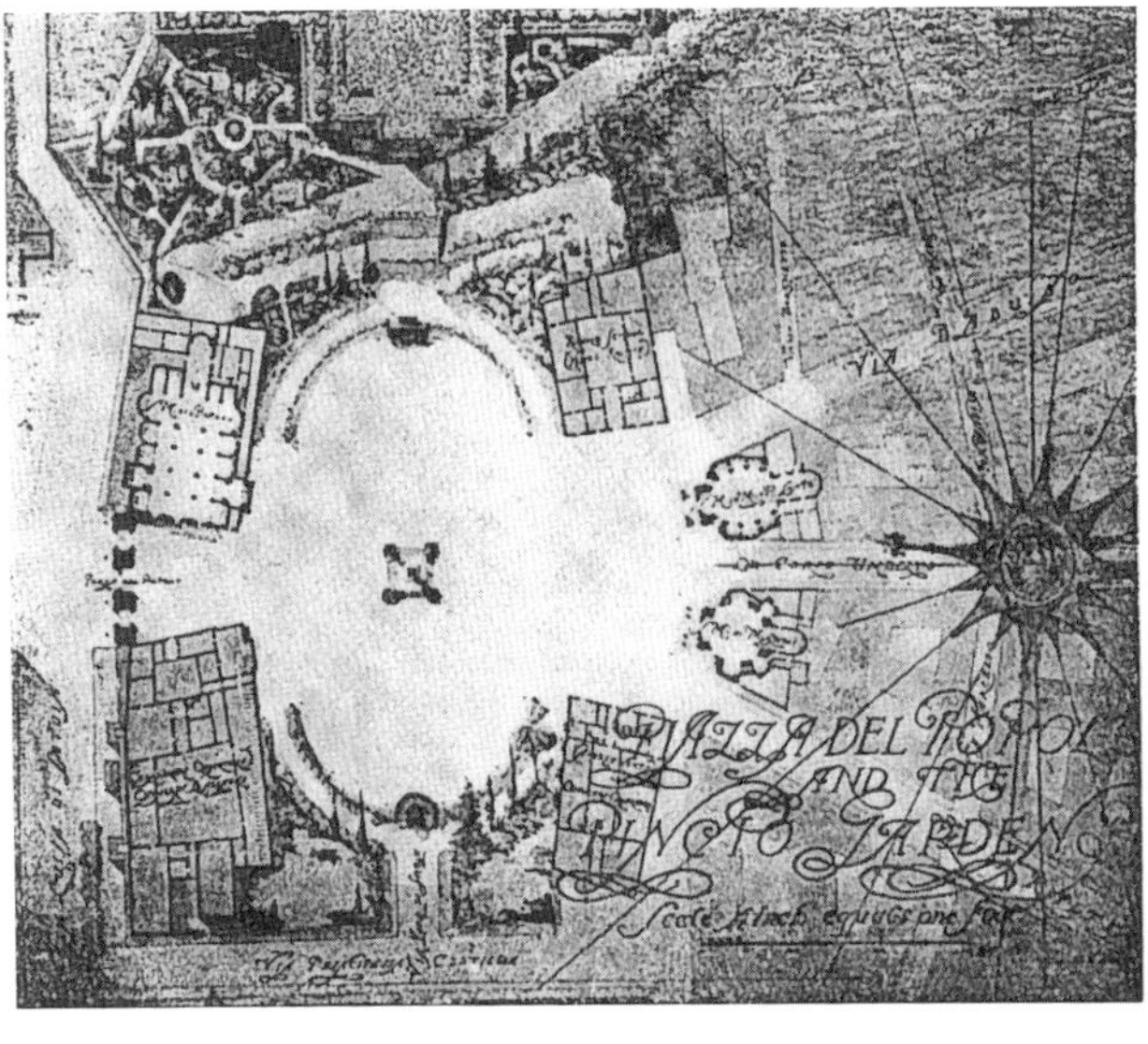

九世紀になるまで広場のコンセプト全体は実現しなかった。

ここで、テアトロ・オリンピコの統一された沿道《ストリート》景観《スケープ》に関連して、シクストゥスが造ったローマの長い直線街路について言及したい。これらの街路は、主に都市内過疎のため見捨てられていた箇所を通って建設されたものであり、長いあいだ建物が建っていなかった。統一性のある沿道建築は、ルネサンス初期の建築空間コンセプトにとって不可欠な要素というわけではなかったようだ。セバスティアーノ・セルリオの建築学教科書『建築書』によれば、彼がたびたび発表した劇場舞台のシークエンスによれば、ルネサンス建築物による理想的な沿道風景は、悲劇の背景幕に適しており、より現実的な中世風とルネサンス風構造の混淆は、喜劇のセッティングとして、そして眺めのよい景観は、サテュロス劇に適しているとされた。ルネサンス「最盛期」に描かれた大抵の理想都市においては、悲劇における沿道風景でさえ、建物の各々は個性を反映したものであって、決して統一性を有するものではなかった。

一五六三年に、ミケランジェロが着手したローマ議事堂のデザインは、他のデザイナーたちが後に計画の原則にまで拡張することになる、ある概念装置《アパラタス》――誇張された遠近法――を創り出す上で重要なステップとなった。この原則は、外部空間に対し建築上の統一性を与えるコンセプトをもまた含むものである。「誇張された遠近法」を創り出す上で、両側にある二棟の建物の配置や、柱廊《コロネード》や巨大な柱式《オーダー》といった建築語彙や、中央彫刻の周りにおける舗装パタンの構成など、全てが大きな影響を与えることが明らかになった。後にフィレンツェのウフィツィ宮殿において、ジョルジョ・ヴァザーリが中庭と建物をデザイ

図12・13　ローマ議事堂における建物群についてのミケランジェロのデザイン。「誇張された遠近法」によるヴィスタを創るために、側面の二棟の建物が、まるで舞台セットのなかにあるかのように斜めに並べられている。ミケランジェロも、基礎よりコーニスまで伸びたピラスター（柱形）の独創的な用法に基づいて、二棟の建築物に対し建築的な統一性を与えることにより、遠近効果を強化したのである。平面図と透視図は、パウル・レタルーレイ『近代ローマの建物』より。

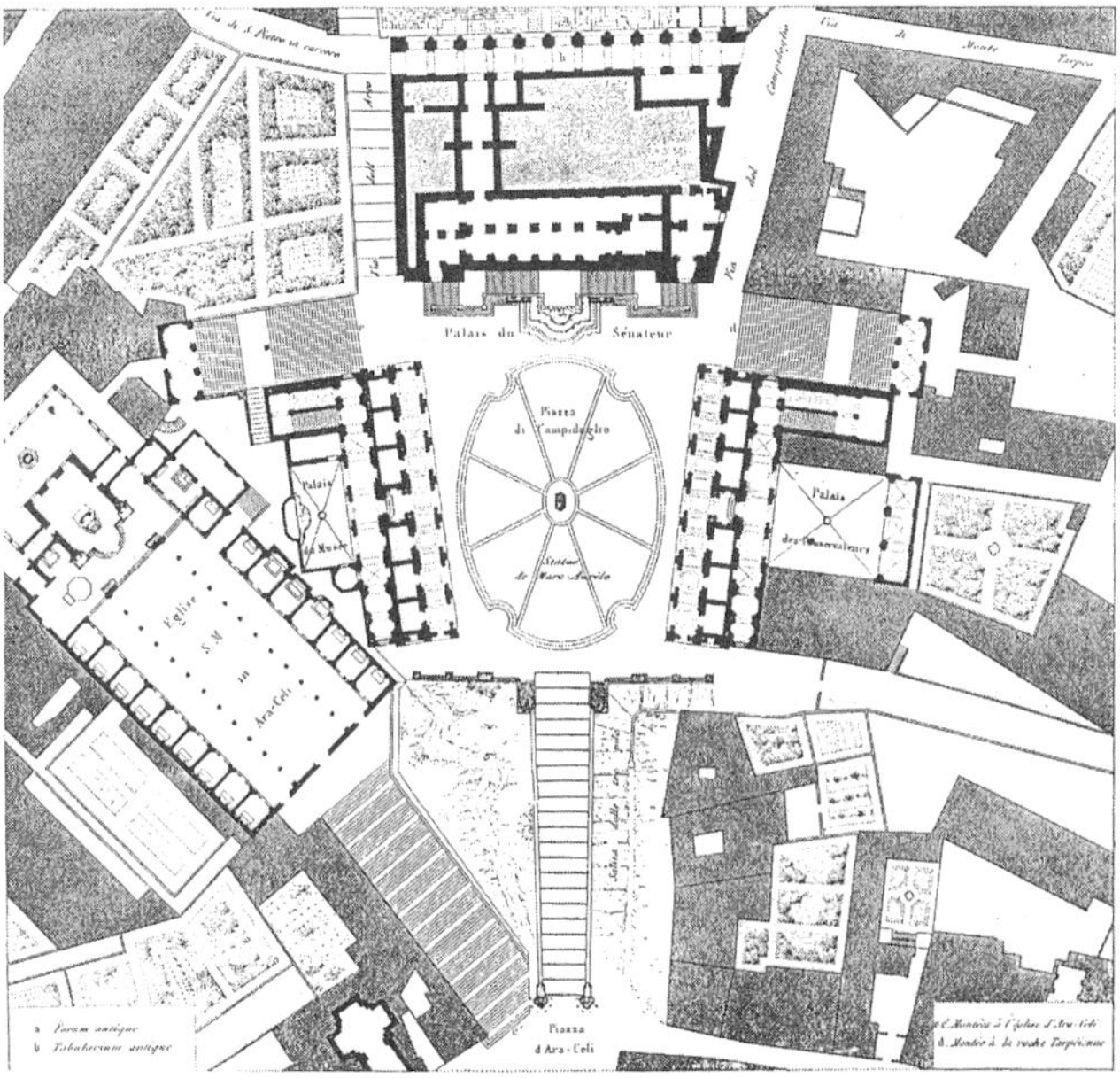
Palais du Sénateur
Piazza di Campidoglio
Palais du Musée
Palais des Conservateurs
Statue de Marc Aurèle
Eglise S. M. in Ara-Celi
Piazza d'Ara-Celi
a Forum antique
b Tabularium antique

ンした際、統一したコーニスやくり形モールディングとともに「誇張された遠近法」を生み出す手法を用いる。これには、テアトロ・オリンピコの舞台設計の影響が直接あったのかも知れない（図12・13）。

ルイス・マンフォードは、長い直線の街路と、繰り返しのある統一されたファサードのコンセプトは、都市のなかに馬車を引き込んだために生じたものであり、おおよそこの時代より始まったと示唆している。歩行者や馬上の旅行者は、より複雑な街路パタンを通り抜けるのに対し、速く動く馬車の窓から外を覗く乗客は、市街の「独特」な部分を知覚することができないためである。

閉ざされた空間における統一性は、建築よりもむしろ庭園設計で容易に実現された。大邸宅を建築する際にも、見通しのよい「長い」ヴィスタが設けられたが、それは壁や植樹によって囲い込まれたり、池や泉や小滝によって活気づけられることもあった。

広場と放射街路

ロンデル――またの名をロンド・ポイント――は、もともと宮廷で行なわれていた儀礼的な狩猟の舞台として造られたものであった。森を拓いて創った円形広場の中心から、放射状に延びる通りが設けられた。宮廷を出入りする名士や側近が、その中心地点に馬上で待機しており、牡鹿が通りを横切るやいなや、そこへ直行するのである（図14）。

ヴェルサイユの長軸上、庭園端の森にある、アンドレ・ル・ノートルがデザインした円形の空地と放射街路は、長軸上のヴィスタに対し、このロンデルを、交差点の装飾へと転用

図14　ファブリツィオ・ギャリアリによるエリシアン・フィールズにおける一八世紀半ばの景観デザインは、バロック風の狩猟森のなかで見ることができる景観、つまり中央の展望地点から扇形に拡がったヴィスタを示している。

図15　バロック風の景観庭園では、都市では不可能であった景観上の効果を実現することができた。アンドレ・ル・ノートルは、一六六五年にクリストファー・レンがフランスを訪問したとき、ヴェルサイユ計画に従事していた。レンのロンドン計画を見ると、ヴォー・ル・ヴィコントでのル・ノートルの初期の作品とともに、これらの図面をおそらく見ていたことが分かる。ル・ノートルは、ヴェルサイユの市街側における三本の街路を扇形に用いたが、これは到着する訪問者に対してというよりは、むしろ国王に対して中央の位置を与えるものである。ヴェルサイユにおける公園は、基軸線に沿って構成され、景観を越えて伸びていた。この軸線から補助的なヴィスタが森を切り通している。これらの小路のいくつかは、円形交差点やロンド・ポイントにおいてほかの森の小路に出会う。ロンド・ポイントは、王室の狩猟の祭式に起源を有する。レンは、これらの円形交差点をロンドン計画における都市デザインに適用する予定であった。

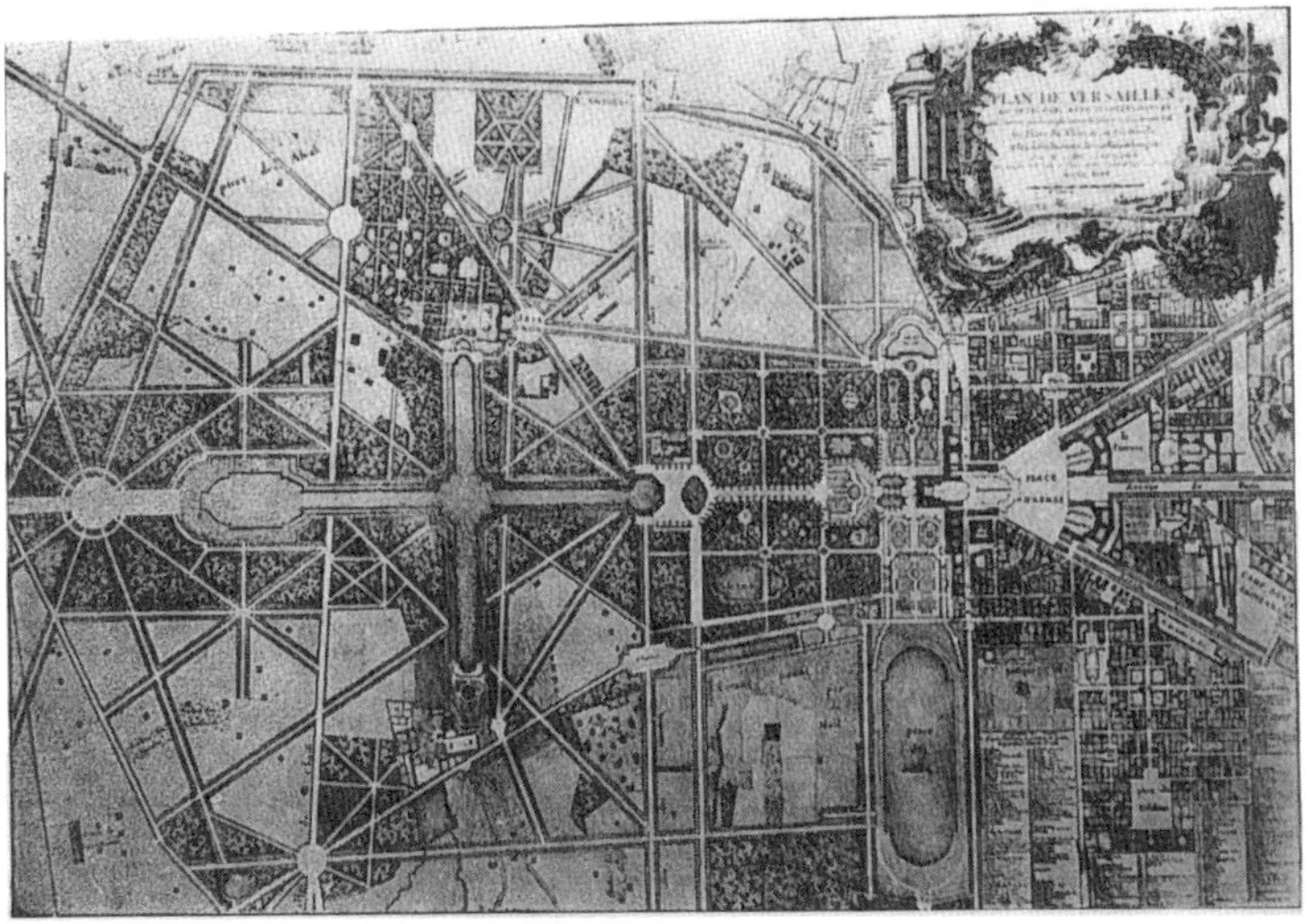

したひとつの工夫であった。この長い直線のガーデン・アヴェニューは、ヴェルサイユの庭園側では植林地に囲まれている。市街に面した宮殿側では、ポポロ広場で創始された街路と同様に、三本の大通りが扇形に収斂して前庭《フォアコート》を形づくっている（図15）。ル・ノートルは、王室の景観デザイナーである父を持ち、景観設計と建築の双方を学んでいた。そして最初の重要な仕事として、彼は王室大蔵大臣ニコラ・フーケのヴォー・ル・ヴィコント庭園《パーク》を実現する。ルイ・ル・ラォーによれば、景観をひとつの建築様式として用いるル・ノートルの手法とは、イタリア風庭園デザインの軸線とテラスの関係を超えた、城と庭園とのあいだの統合的な関係を創り出すものであった。ヴォー庭園の華麗さが若きルイ一四世の注意をひいたのは、次の二つの理由による。第一に、自然を超える力の追求として、ヴォー庭園は国王の持つどんな宮殿よりも王室にふさわしいものであった。第二に、大蔵大臣は自らの権勢を示すための資金をどこで見つけたのかという疑念であった。調査の末、フーケは残りの人生を監禁されて過ごすことになった。そしてル・ノートルは、ヴェルサイユにおいて国王の狩猟小屋の庭園づくりから、ヴォー・ル・ヴィコントよりもさらに華麗な作品づくりを命じられる。一方、建築家ルイ・ル・ヴォー、のちのジュール・アルドゥアン・マンサールは、精巧な宮殿をヴェルサイユでデザインする。ヴェルサイユでは、庭園を都市計画の一種として見ることができる。というのは庭園とは、集権的な宮廷が統制した環境を示しているからである。このように、レンのロンドン計画における都市デザイン上の語彙には、ローマで既に創られていた広場やヴィスタといった概念装置に加えて、ヴェルサイユにおけるロンド・ポイントや放射街路が組み込まれていたのである。

レンの計画案では、放射街路を持つローマ風広場が、市街への二つの重要な玄関――ロンドン橋の足元とラドゲート・ヒルの頂上――に設けられる。後者は、新築されたセント・ポール大聖堂の正面にある市壁の門戸であり、ローマへの入口であるポポロ広場に非常に似通っている。セント・ポール大聖堂は、二本のメイン・ストリートの起点に置かれていた。レンは、シクストゥス五世のローマ地図だけでなく、ポポロ広場に入る街路を枠づけるカルロ・ライナルディの双塔教会――一六六二年より着手された――にも親しんでいたようだ。レンがローマまで旅したという証拠はないが、彼は一六六五年にフランスまで長旅に出かけている。ヴェルサイユでの庭園開発は、実際にはレンがロンドン計画を創った翌年、つまりフランスを訪問した二年後になるまで始まらなかった。しかしレンは、準備中のル・ノートルの案をよく見ていたかもしれない。そしてル・ノートルがテュイルリー庭園を改良したり、ヴォー・ル・ヴィコントをデザインしたのを知っていたのかもしれない。類似したモチーフが用いられているからである。

レンは、傑出した王党派の家系の出身であったため、専制君主が用いたデザイン・アイデアにひかれていた。しかしシクストゥス五世は、教皇であると同時に教皇領における絶対君主であり、都市計画上の労力の多くを人びとがほとんど住んでいないローマの一部に集中している。ルイ一四世は、郊外にあるヴェルサイユ庭園における長く見通しのよいヴィスタを通じて、フランスにおけるシンボリックな優位性を主張したが、パリ自体には手をつけなかった。

もしレンの計画案が採択されていたのであれば、ルイ一四世やシクストゥス五世の仕事に比べて、実際の都市に対し、はるかに大きな効果を持ったであろう。しかしながらロンドンのシティにおける商人たちは、自分たちのビジネスと交易組合に忠誠を誓っていた。彼らにとって、それがロンドン自体に威厳を与えるコンセプトであったとしても、設計・実施が再建プロセスを遅らせ、彼らの経済復興を危うくするのであれば、あまり共感を呼ぶ理由にはならない。レンは多くの長方形ブロックを提案した。これは当時のイギリスの技術革新と呼べるものではなく、古代からの工夫《デヴァイス》であるが、漸増的《インクリメンタル》な開発を許容する利点を有する。しかし彼は、もうひとつのルネサンス都市計画上の工夫には、あまり重きを置いてはいなかった。それは、ロンドンの商業社会で既に確立していたシティ・スクエア(都市広場)である。このシティ・スクエアを、統一したファサードで繋いだ、独立したロウ・ハウス(中低層連続住宅)が囲んでいた。

シティ・スクエアとサーカス

ロバート・フックは、鑑定士《サーヴェイヤー》としてロンドン商人側に雇用されており、財界より復興再建委員の任命を受けていた。彼はシティ・スクエアと長方形の街路グリッドを用いて、レン計画の代替案づくりを試みた。この案も新たな調査を必要とするもので結局、成功しなかったが、スクエアがブルジョア社会に適した表現となる上で好案であった。これは独立住宅の群れを基本として、全体をより宮殿のように形づくり繋ぎ合わせたものである。一六三一年のチャールズ一世の治世に、のちに王室事業局長となるイニゴ・ジョーンズは、ベッドフォード伯爵の持つコヴェント・ガーデンにおいて、敷地《ランド》分譲《サブディヴィジョン》のために、このようなスクエアの計画案を作成した。ジョン・サマーソンが行なった文献研究によれば、当時、新しい住宅建設には強い規制があり、伯爵が二〇〇〇ポンドを支払い、開発におけるマスター・プランナーとしてジョーンズを起用することに同意することによって、国王より敷地分譲の許可を受けていたという証拠がある。ジョーンズはイタリアに行ったことがあり、リヴォルノなどでイタリア風シティ・スクエアを見ていた。彼もまた、ちょうどヴィンチェンツォ・スカモッツィの『普遍的建築の理念』における都市のような、理想都市デザインにおける街路《ストリート》とスクエアのパタンに親しんでいたのである。ジョーンズは、一六一四年のイタリア旅行で実際にスカモッツィに会っている。ジョーンズはまた、シャルルヴィルの「公爵広場」やパリのロワイヤル広場（現在のヴォージュ広場）のようなフランスの事例にも親しんでいた。これらは、彼の考えるシティ・スクエアに近いものである。そして、彼は中庭《コートヤード》を囲むイギリス宮殿やカレッジを多く見知っていた（図16・17）。

ジョーンズのデザインは、スクエアの北側と東側で、住宅の列を創るものであり、その一階部分にはアーケードが付けられている。規則的に間隔を置いた付け柱《ピラスター》が、繰り返しのリズムを上階部分に与えながら、一階のアーチを支持する窓間壁《ピア》で整列していた。屋根が連続的で、屋根裏《アティック》窓《ウィンドウ》の間隔が規則的な点で、隅《ヒップド》棟《ルーフ》を持つ住宅を有するロワイヤル広場やシャルルヴィルとは異なるものである。スクエアの西側には、イニゴ・ジョーンズのデザインによる教会が中央を占めていた。これを質素な住宅が取り囲み、計画の一部をなし

図16　イタリアのリヴォルノにおける都市のスクエア。アルベルト・ピーツによるこのスケッチは、ルネサンス風広場を示すもので、イギリスではは建築家イニゴ・ジョーンズが、コヴェント・ガーデンにおいて最初にこの種の広場を完全に実現した。

図17　このスクエアは、軸線とヴィスタにより創られた王権の主張に対する中産階級側の対抗策とでもいうべきものになった。比較的小さい独立住宅の群れが連結することにより、宮殿の中庭に匹敵する建築上の外観を有する。

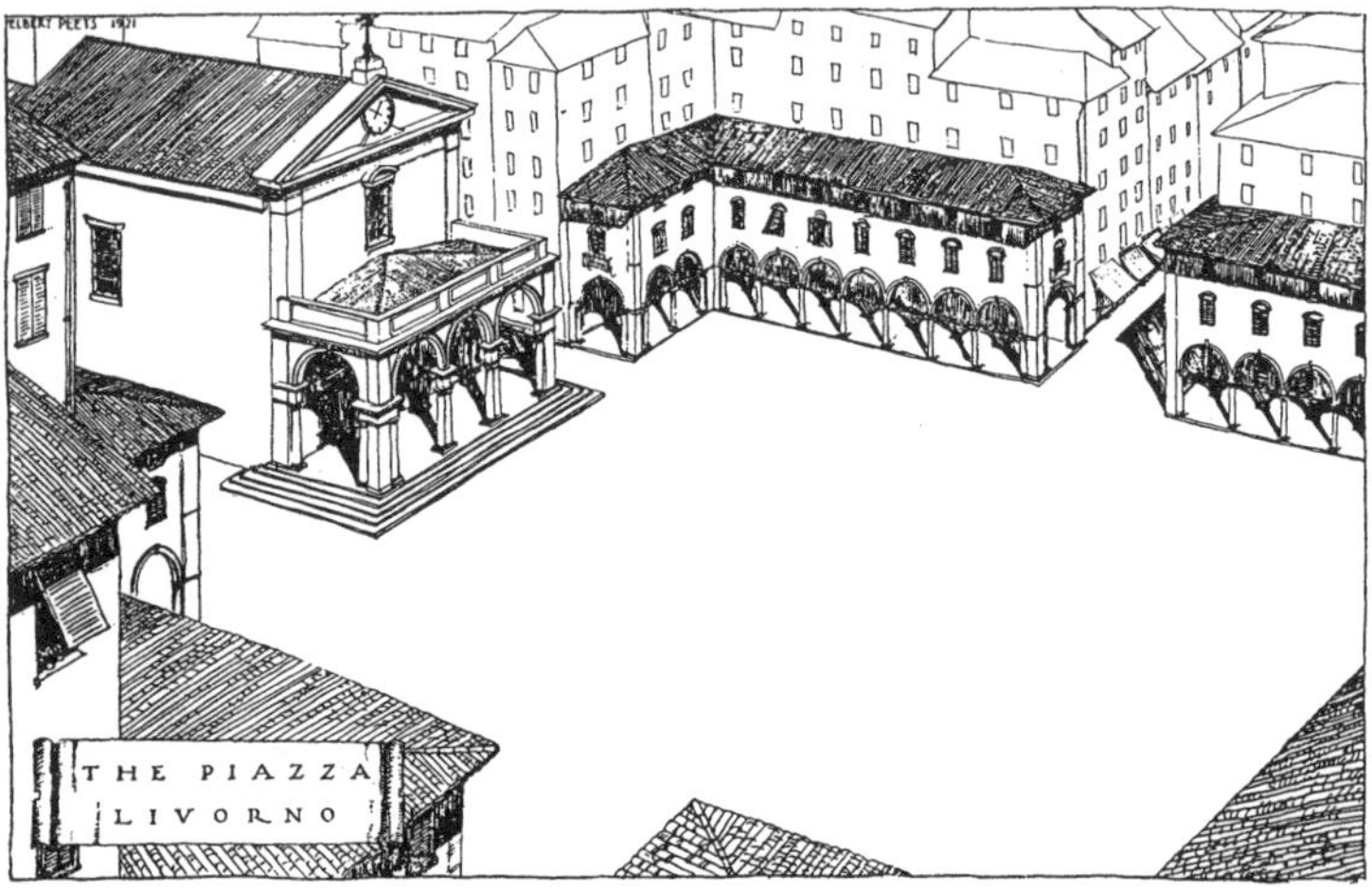

ている。スクエアの南側は、もともとベッドフォード伯爵邸のガーデン・フェンスがある。当時、教会の建立は、ロンドンの各地区の特徴を規定するものであった。教区教会は、近隣地区にアイデンティティを与えるために不可欠であった。コヴェント・ガーデンや、それよりも形式ばっていないリンカーン・イン・フィールズの配置には、ジョーンズが少なくとも指導的な役割を果たしていたが、それらは壮大な通り《グレート アヴェニュー》というよりもむしろ市街地を漸増させる形式において、一つのモデルとなった。大火後、ロンドン西方域が急速に拡大した際、スクエアが多用されることになったが、スクエアとスクエアとの関係は、地所を細分化した境界線が規定するもので、フォーマルなものでなくアド・ホック（その場しのぎ）ですらある。

一八世紀半ばまではシティ・スクエアは、市街地に枠組みを与える際の付属物として、理解されていたようだ。つまりそれは、本来の特徴である体系的な秩序づくりの工夫というよりも、むしろ規則的な街路パタンからの「息抜き」の様式であった。もともとスクエアは、コヴェント・ガーデンのような、充分に開発された建築コンセプトとしてではなく、リンカーン・イン・フィールズのように単なる敷地計画として見なされていたのである。スクエアは、商業都市におけるデザインの主な要素であり続けた。アメリカではスクエアは、トーマス・ホームが一六八二年にウィリアム・ペンのために策定したフィラデルフィア計画で用いられる。ホームは、中心における二本のメイン・ストリートの交差点に、パブリック・スクエアを設け、四分割した各々に方形の公園や庭園といったものを置いた。一七三三年のジェームズ・オーグルソープによるサヴァンナ計画では、スクエアはより体系的に用いられたが、いまだにそれは街路がつくるグリッドからの「息抜き」としてでしかなかった。ロウ・ハウスによるタウン・スクエアそれ自体が都市デザインをコーディネートするための手段となるのは、ジョン・ウッドと彼の息子（もまたジョン・ウッドであった）が、一七二七年に着手したバースにおける新しい地区のデザインにおいてであった。バースはリゾート地であり、住宅は一年じゅう入居しているわけではなかった。訪問客のほとんどが、この地に大邸宅を欲していなかったということもあって、この建築内での社会的な階層性は目立たないものとなった。むしろ、誰もが同じ数の娯楽スペースや寝室を欲していた。そのため、建築を構成する際、同様な規模の住戸をビルディング・ブロックとして活用できたのである。

建築史や都市計画史における重要性にもかかわらず、ウッド父子についてはあまり知られていない。前述のジョン・サマーソンが、利用できる最良の文献を繋ぎ合わせて、探索的な研究を行なっている。ジョン・ウッド父は、非常に若いころ、景観建築家と建築家の両方を実践していたようである。もし彼の死亡記事における誕生日を信じるならば、それは一〇代の頃からである。彼はデザイナーかつ、投機的な建設業者として、数年間ロンドンのウエスト・エンドの開発に従事していた。コヴェント・ガーデン以降、ロンドンにおける開発パタンとは、マスター・プランに基づいてスクエアや街路を描き、例えば、スクエアの片側といった比較的少ない戸数の住宅建設を、個人建設業者に行なわせるものであった。土地所有者が開発業者を兼ねることもあったが、土地所有者は、自分たちの土地すべての開発主体になろうとはしなかった。このように、投資やリスクを幾人かの起業家のあいだで分けるのは、今日の敷地分譲開発においても存在し続けているパタンである。エドワード・シェファードは、一七二〇年代半ば頃からロンドンのグロヴナー広場をデザインしたが、ジョン・サマーソンは、その正面《フロンテージュ》の一部に着目した。彼は、イニゴ・ジョーンズのコヴェント・ガーデンのように、同様な住宅を繰り返しの単位とせず、また、ロンドンで規範となっていた異なった住宅の群れによる無作為なパタンにもしなかった。シェファードは、独立住宅によって列を創り、それをあたかも中央柱廊《コロネード》とペディメント（三角形の切妻壁）を持つ、単一の宮殿風建物であるかのように扱ったのである。このコンセプトは、完全に成功したデザインには至らなかった。なぜならばシェファードは、スクエアの正面全体を統制しなかったからである。しかしサマーソンは、これこそバースにおいてウッド父子の開発を成功させ、他の多くの建築家に影響を与えることになるアイデアの芽生えであるとして、説得力のある議論を行なった。

どうやらウッドは、バースに大きな開発ブームが押し寄せると考え、その建築家になろうと積極的に模索していたようである。当初より彼は、かつてローマ人の都市であったバースが、フォーラム（公会広場）やサーカス（円形広場）といったローマ風の特徴を持つべきであるという考えも併せ持っていた。

一七二七年から一七五〇年代にかけて、ジョン・ウッドがバースで建設した住宅地の敷地計画は、ロンドンですでに確立したパタンである街路とスクエアに従ったものである。しかしながらクイーン・スクエアでは、ウッドは、中央ペディメントから末端の別館《パヴィリオン》まで統一した、単一の宮殿風ファサードの後ろに、八棟の住宅の列を建てた。彼は、単に敷地計画の典型に従うだけでなく、建築を三次元的に実現したのである。一七五四年、ジョン・ウッド父が死去する直前より、サーカスの建設が始まったが、これは完成した建築コンセプトとして、都市デザインの歴史上、前例のないものであった。

バースにおけるサーカスは、三本の街路の交差点にある円形広場《サークル》と、そこに配置された三三戸の住宅の群れにより構成される。平面図を見ると、この円形広場は、庭園設計に由来するロンド・ポイントや、マンサールによるパリのヴィクトワール広場《プレイス》や、ピエール・パットの円形の広場《プラザ》——一七六五年に、パリの合成地図に著わしたが実現されなかった——に似ていた。そしてレンが、ロンドン計画で示した円形の広場にも似ている。しかしながら、円形広場においてレンが想像した建築が、どんな類のものなのかは明らかでない。ウッド父子は、エンゲージド・カラム（壁に半分埋めこまれた円柱）を用いて、簡潔で統一感のある三階建の立面《エレヴェーション》形状を選んだ。円柱《カラム》は、一階がドリス式、その上がイオニア式、最上階がコリント式であり、エクステリア上はこの建築的シークエンスを用いて、ローマにおけるコロセウムを暗示するものである（図18・19）。

ジョン・ウッドの古典に対する博識は、せいぜい「印象派」どまりであったように思える。ローマのキクルス・マキシムスは、円形ではなく長い楕円形であり、コロセウムは楕円形であった。ウッドは、引用したローマ時代の古典のうち、サーカスがどれにも似ていないことを、おそらく気にとめなかったのであろう。我々の眼前にあるものこそが、「結果としての質」なのである。

ジョン・ウッド子は、サーカスから放射する街路から少し離れたところで、より興味深

図18　ピエール・パットによるパリ都心のデザインを、アルベルト・ピーツが描いた投影画。パットは一七六五年に計画案を発表した。

図19　一七五〇年代にエマニュエル・エレ・デ・コルニがデザインした、ナンシーにおける公共空間のシークエンスを、アルベルト・ピーツが描いた図。

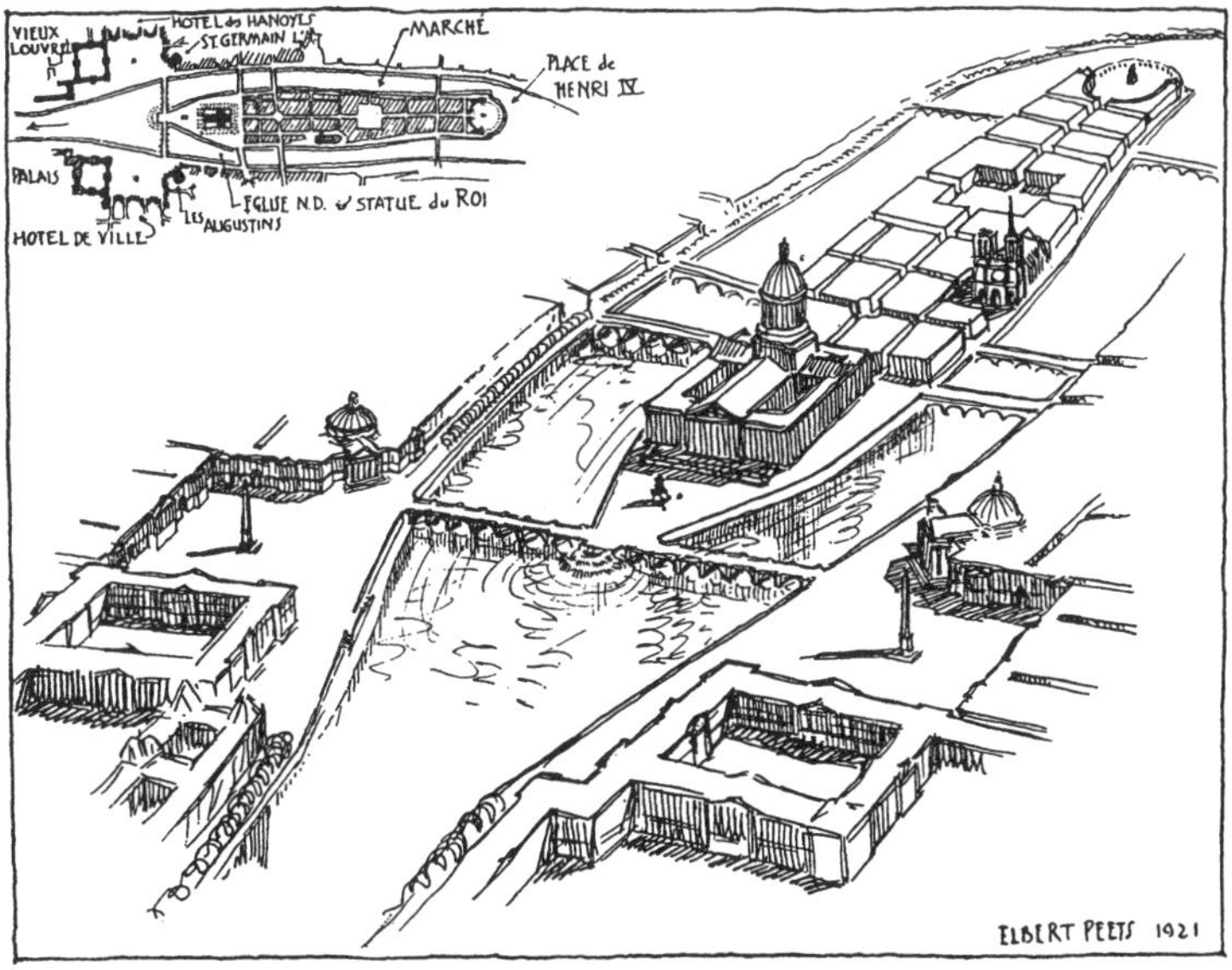

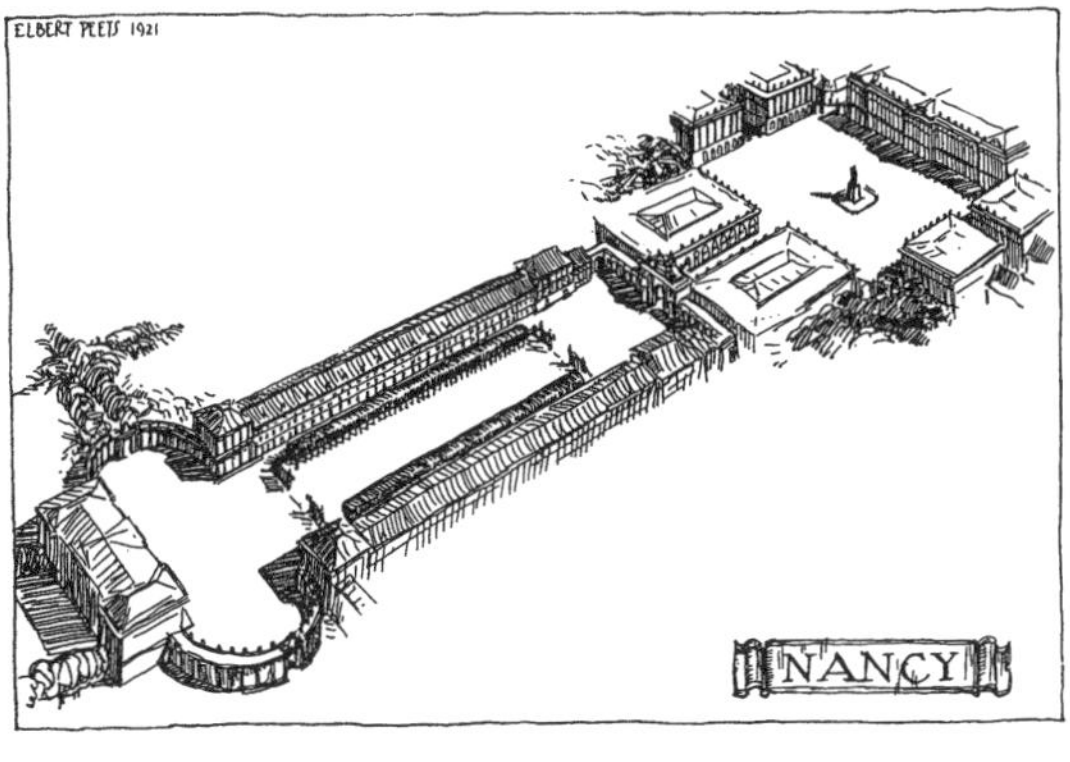

図20　バースにおけるロイヤル・クレセントは、ワシントンDCと同様に、自然景観の開けたヴィスタに対抗して、ひとつの幾何学的な建築物の構成を設けるものであった。開発のスケールはナンシーに匹敵しているが、建物は王室事業ではなく、不動産需要に応じて漸増的に実現されたものである。スケッチで示した視点は、図21のジョン・ナッシュによるリージェント・ストリートにおけるクワドラントの図と比較すると、このクワドラントの建築コンセプトが、ロイヤル・クレセントのそれを裏返しにしたものであることを示唆する。図22は、時代は下り一七五〇年代半ばから建設されたエジンバラの地図の一部である。これは、バースでのウッド父子とロンドンでのナッシュの技術革新が、都市デザインに対してどのように新しいヴァナキュラーを創ったかを示すものである。

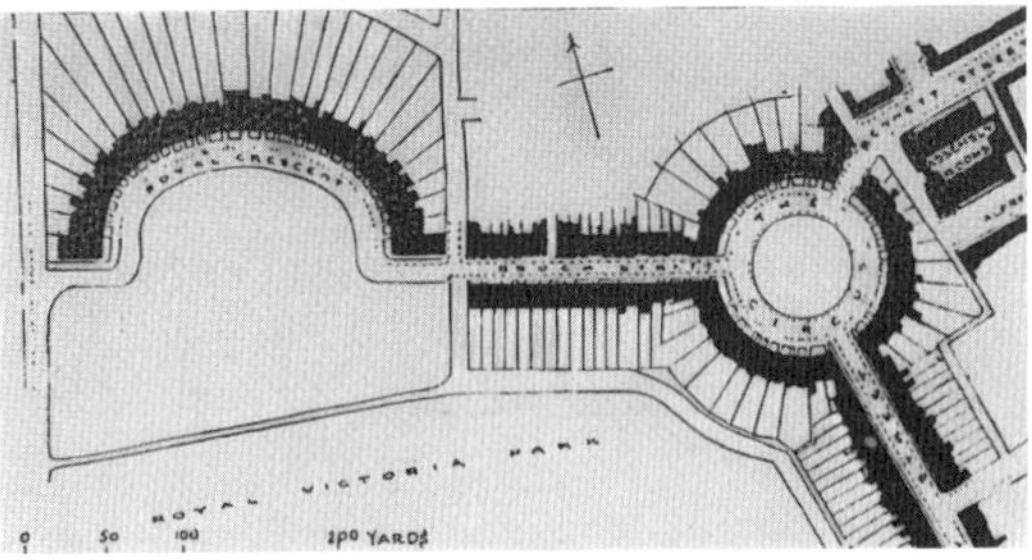

リージェント・ストリート・クワドラントのかなり統一された建築は、ナッシュが先例を踏まえ、交渉を通じて確立したものであるが、図24における街路ルート自体を造り出すためにも、同様な手段を必要とした。

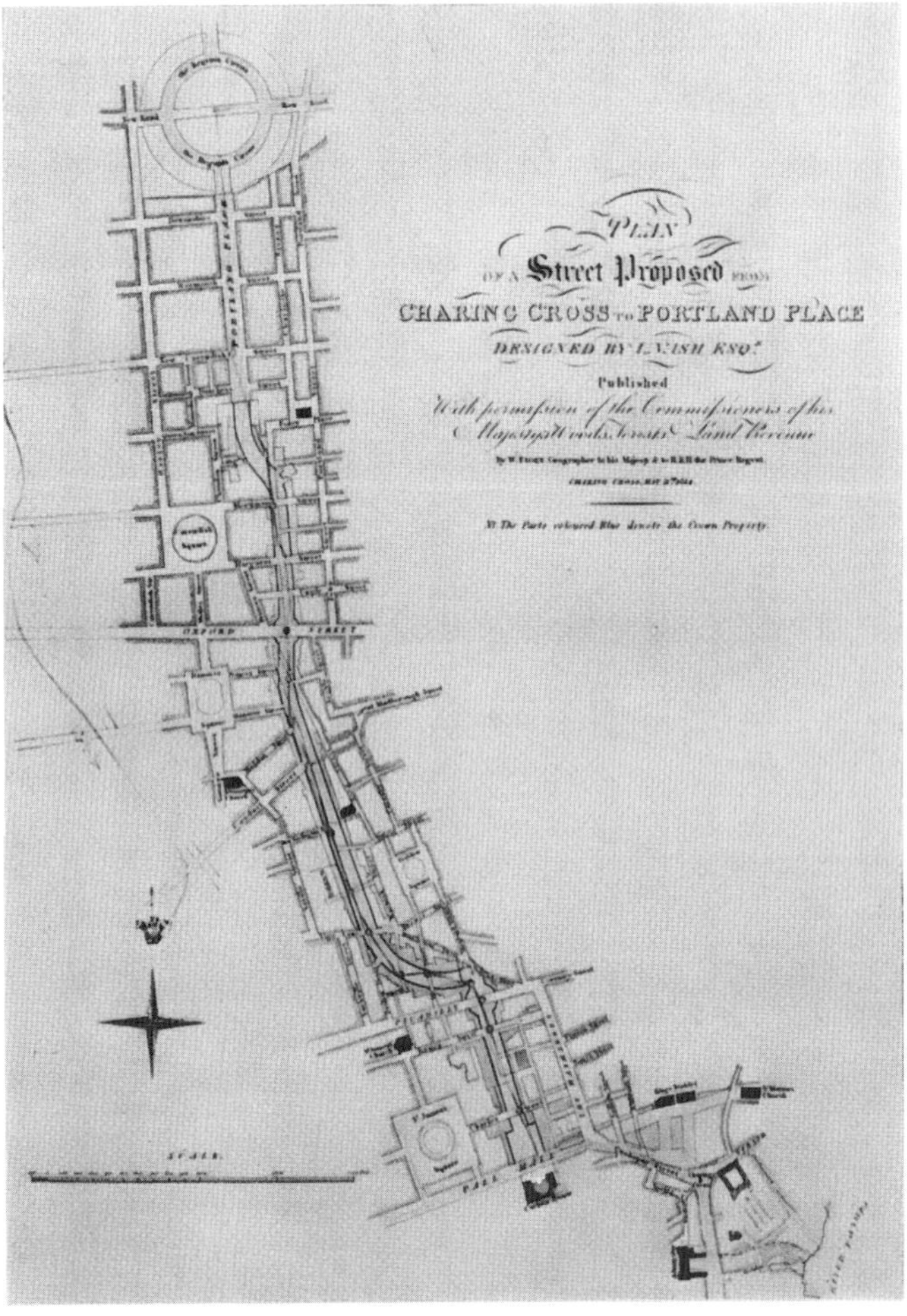

く、大きな影響を及ぼすことになる住宅群――ロイヤル・クレセント――を完成した。基壇《ベースメント》と二階建の円柱をより明確にした立面形状によって、力強く統一感のある建築を生み出したのである。この敷地において、住宅群を円形競技場のような形象で配置した理由は明らかであろう。各々の住戸から壮観《スペクタキュラー》なヴィスタを得るためである（図20・21）。ロイヤル・アヴェニューやヴィスタが、専制君主に対して与えた手段と同じ意味で、ウッド父子のサーカスやクレセントは、統制を要しない自由市場経済を保つ都市をデザインする上で、中産階級にひとつの手段を供するものであった。サーカスとクレセントは、一八世紀半ば以降、一九世紀の多くの間、とりわけイギリスの海岸リゾート地や、ロンドンのウエスト・エンドや、エジンバラの新興地区において、広く影響を与えるようになる。エジンバラでは、すでに一七六七年、ジェームズ・クレッグが、ジョージ・ストリートの各端で、フォーマルに秩序づける要素として、スクエアをデザインしていたが、一九世紀初めになり、そこに一連のサーカスとクレセントが付け加えられた（図22）。

ヨーロッパ大陸では、都市が要塞化され続けたため、その発展はイギリスよりも不活発であった。要塞そのものに多くの投資が行なわれたためである。グルーベルが描く、仮想のドイツ都市の発展の最終図は、一七五〇年の状況を示している。大聖堂《カセドラル》や他の中世風住居とともに、中世都市の基本的な平面形状は残っているものの、川岸にある四分の一ほどの地区が、対称形の建物や中庭や長方形のスクエアを有するルネサンス様式によって、再築されている。明らかに、古い商人社会の建物に対し、大宮殿を創り出す社会が、取って代わっているのだ。旧市街の内部でさえ、バロック風の教区教会とともに、ルネサンス様式

図25　この図はカール・グルーベルによる一連の図の最後にあたり、一五八〇年から一七五〇年の間に仮想的なドイツ都市に生じたことを示している。大砲の使用に対抗して増設した要塞技術を有するだけでなく、都市の構成と輪郭も変化していた。いま市街地は、スクエアや中庭の周りで非常に規則的に組織化されており、先端の尖った中世風のシルエットからバロック風の広く対称的なかたまりに置き換わっている。

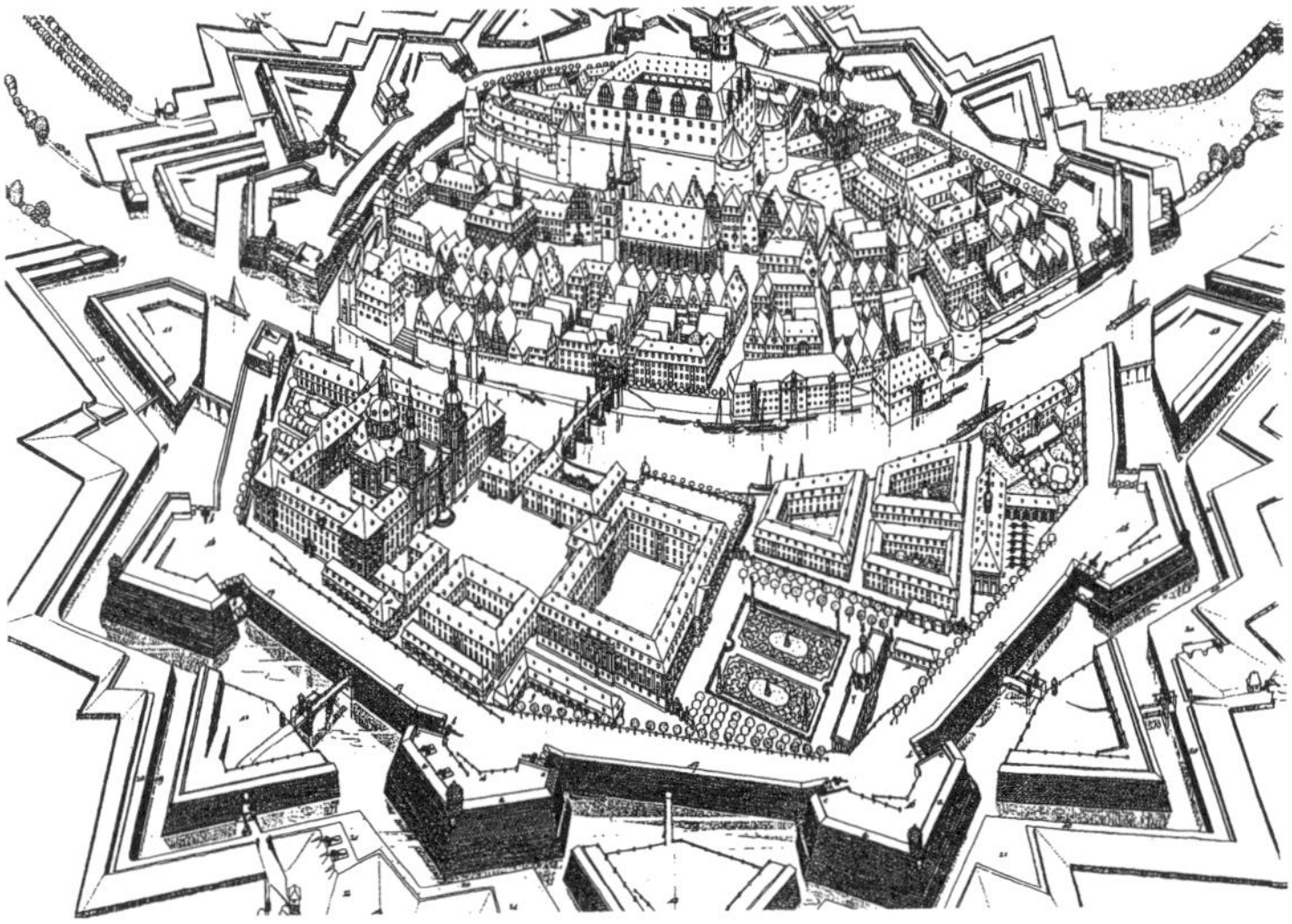

が見られる。しかしながら最も驚くべき変化は、星形の城壁《ランパート》と堀によるシステムである。この図は、一七世紀半ばに、たいていのヨーロッパの都市が、要塞化されたことを例示している。要塞の規則的な幾何学パタンによって、それらの都市は、一五世紀以来理論家たちが描いてきた、理想都市の星形ダイアグラムに似るようになったのである（図25）。一八世紀のヨーロッパにおいて、専制君主と商人社会を結合させた、驚くべき都市デザインは、おそらくカールスルーエであろう。ここは、要塞化するほど重要でないと考えられていた州都であった。一七一五年ごろに建設が始まった宮殿は、放射状の大通りを伴う完全な環の中心となる。大通りの約三分の二は、伝統様式に則って庭園《ガーデン》と森林を走り抜けていたが、その他は街路となる。しかしながら市街が発展し続けるにつれ、商業街のスクエアと通り《ストリート》が、専制君主の大通り《アヴェニュー》といびつに交差することになり、改良できそうにない、具合の悪い街角を形づくることになった。

ワシントンDC計画

大通り《アヴェニュー》とブロック、ヴィスタとスクエアをより洗練して合成したのは、ワシントンDCの計画案を準備したピエール・シャルル・ランファン少佐であった。ランファンは、一七七七年、二三歳のときにフランスより渡米し、工兵としての訓練経験を活かして、ワシントンの率いる部隊に入隊した。彼は芸術家の家系の出であり、父は宮廷画家でフレンチ・アカデミーのメンバーである。独立戦争後ランファンは、建築の仕事に携わるためにニューヨークに移り住んだ。そのため、ジョージ・ワシントンが新首都計画を準備する際、仲のよかったランファンを選んだのである。ワシントンは、首都候補地を選定する上で大きな役割を果たした。首都づくりのために、彼自身が地主たちと交渉を行なったのである。地主たちは、自分たちの土地の半分と、さらに新街路や公共施設に必要な用地のすべてを供出する見返りに、新開発によって、残った土地に生じる付加価値を得た（公園用地に対しては補償金が支払われた）。一七九一年三月末にワシントンは、候補地でランファンと会い、そのあとすぐに新首都のアイデアを同封した書簡を彼に送る。ランファンは、トーマス・ジェファーソンからも、彼が大統領になった後、新しく獲得することになる、西部諸州の計画に似た大規模グリッドのスケッチを受け取っていた。ランファンは、明らかにきわどい立場にいた。彼は一団のコミッショナーたちに対しても責任を負っていたが、かつて測量士《サーヴェイヤー》として訓練を受けたワシントン大統領や、この時代における建築学の最高の知性のひとりであるジェファーソン国務長官からも、アドヴァイスを受けていたのである。

デザインの力量という点において、ランファンはこの挑戦に値するものであったが、政治的手腕の点ではそうではなかった（彼はこのとき三七歳であった）。ワシントンへの手紙において、彼はトーマス・ジェファーソンのグリッド・プランがなぜ適切でないのかを説明しているが、これは機転のきかない典型例と言えるだろう。その手紙では、規則性のあるグリッドは、敷地を一様にする点のみで適切であるとし、「うんざりするほど面白味のない」「偉大で美しいという感覚が欲しい」と記している。ランファンは、議事堂や大統領官邸の建築委員会を気づかうあまり、建築図面の準備作業に労力をかけ過ぎてしまい、

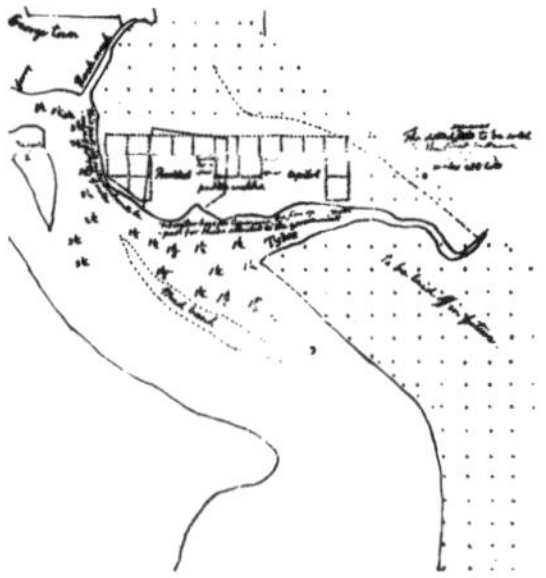

図26　ピエール・シャルル・ランファンのワシントンDC計画をアンドリュー・エリコットが描いたもの。図が一部未完成なのは、委員長とランファンとの論争を反映する。ランファンは、ホワイト・ハウスと議事堂の周辺地区の設計を完成する前に解任された。図27(次頁上図)は、ジェファーソンがグリッド・プランを示唆するために、リッチモンドの都市計画に似た図を描いたスケッチ。

図28　ランファンによるワシントン設計アイデアについて、アルベルト・ピーツが描いた系統図。彼はランファンの思考に与えた影響を追跡した。ランファンの計画案は、新しい社会の首都をデザインするという依頼の範囲と趣旨に対する、非常に革新的で大胆な回答であった。

批判を招いたのである。年末までには、彼は図面をすべて委員会に没収され（それらは後に消失）、委員たちの監督を避けようと大統領との関係を利用しようとしたが、結局、解任されてしまった。

ランファンの失敗にもかかわらず、彼の手を離れたこのデザインの最終形は、仕事仲間が描くことになる。アンドリュー・エリコットが永遠の成功者となったのである。ランファンが何を参考にしたのか、直接の文献的証拠は存在しない。しかし、都市計画家で都市デザインの理論家であるアルベルト・ピーツは、ランファンのデザインが、ローマのシクストゥス五世やヴェルサイユやロンドン再建計画から、どのように影響を受けたのか、系統図を描いて分析結果を発表している。ピーツは、ランファンが計画上の原則を設ける上で、ヴェルサイユをどのように参考にしたのかをほぼ明確に示した。ランファンの父親は宮廷画家であったので、おそらく彼はヴェルサイユで少年時代を過ごしたことであろう。そして彼は、その庭園をよく知っていたはずである（図26・27）。

地形について言えば、ランファンはワシントンに説明したとおり、議事堂を最も高い地点に置き、大統領《ホワイト》官邸《ハウス》をもうひとつの丘の上に置いた。ホワイト・ハウスと議事堂の各々から伸ばした軸線を直交させて、三角形をつくると、これは、ブロンデルがヴェルサイユ計画で示した、宮殿自体から運河を走る軸、直交する中央内湾の軸という二つの軸線でつくるグラン・トリアノン（大三角形）の、正確に一倍半になることが明らかになっている。ランファンのモールの幅は、ほぼ正確にヴェルサイユの運河の幅と等しく、一方、ペンシルヴェニア・アヴェニューは、トリアノン・アヴェニューの幅にほぼ等しい。ピーツはま

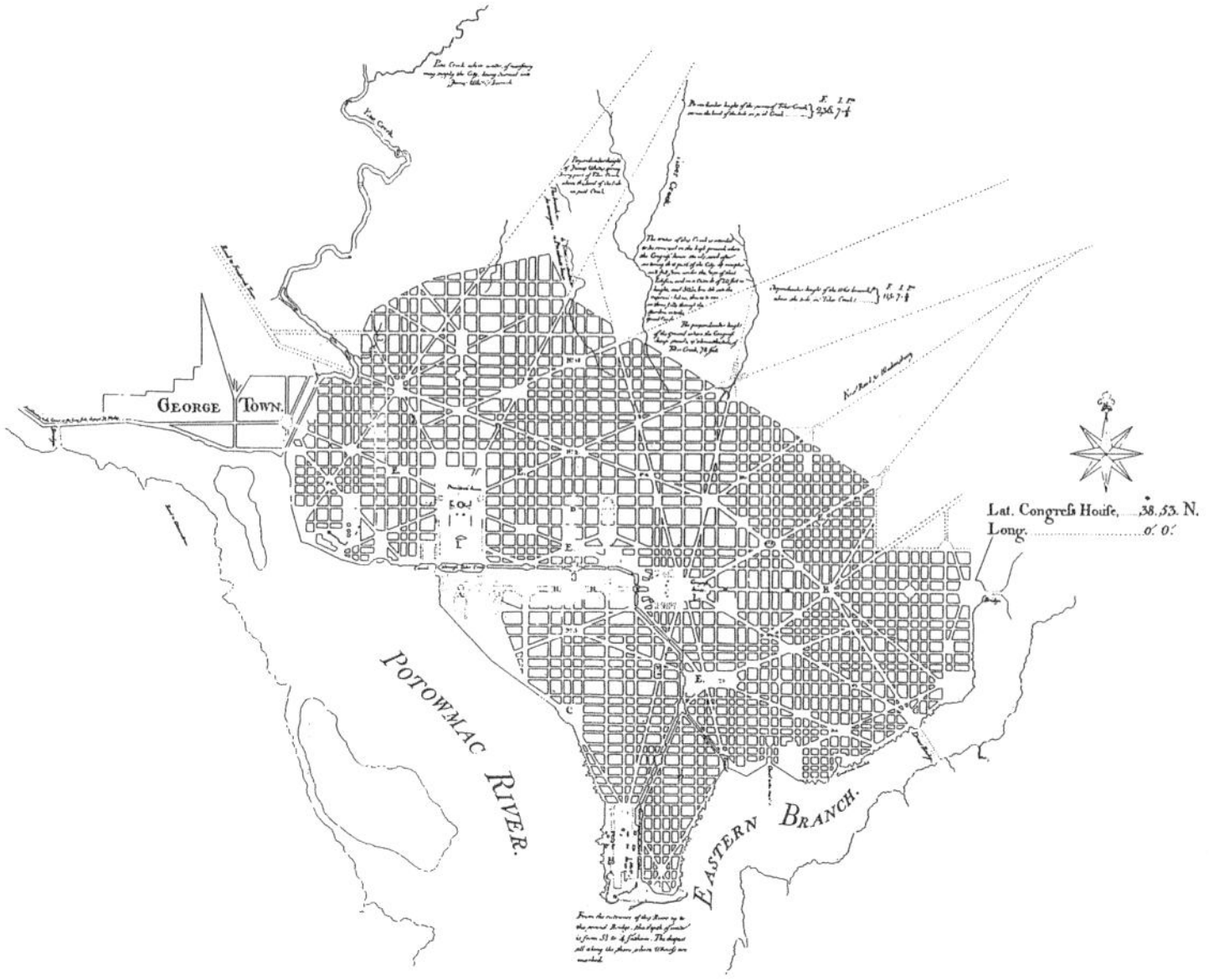
GEORGE TOWN.
POTOWMAC RIVER.
EASTERN BRANCH.
Lat. Congress House, 38.53. N.
Long. 0.' 0.'

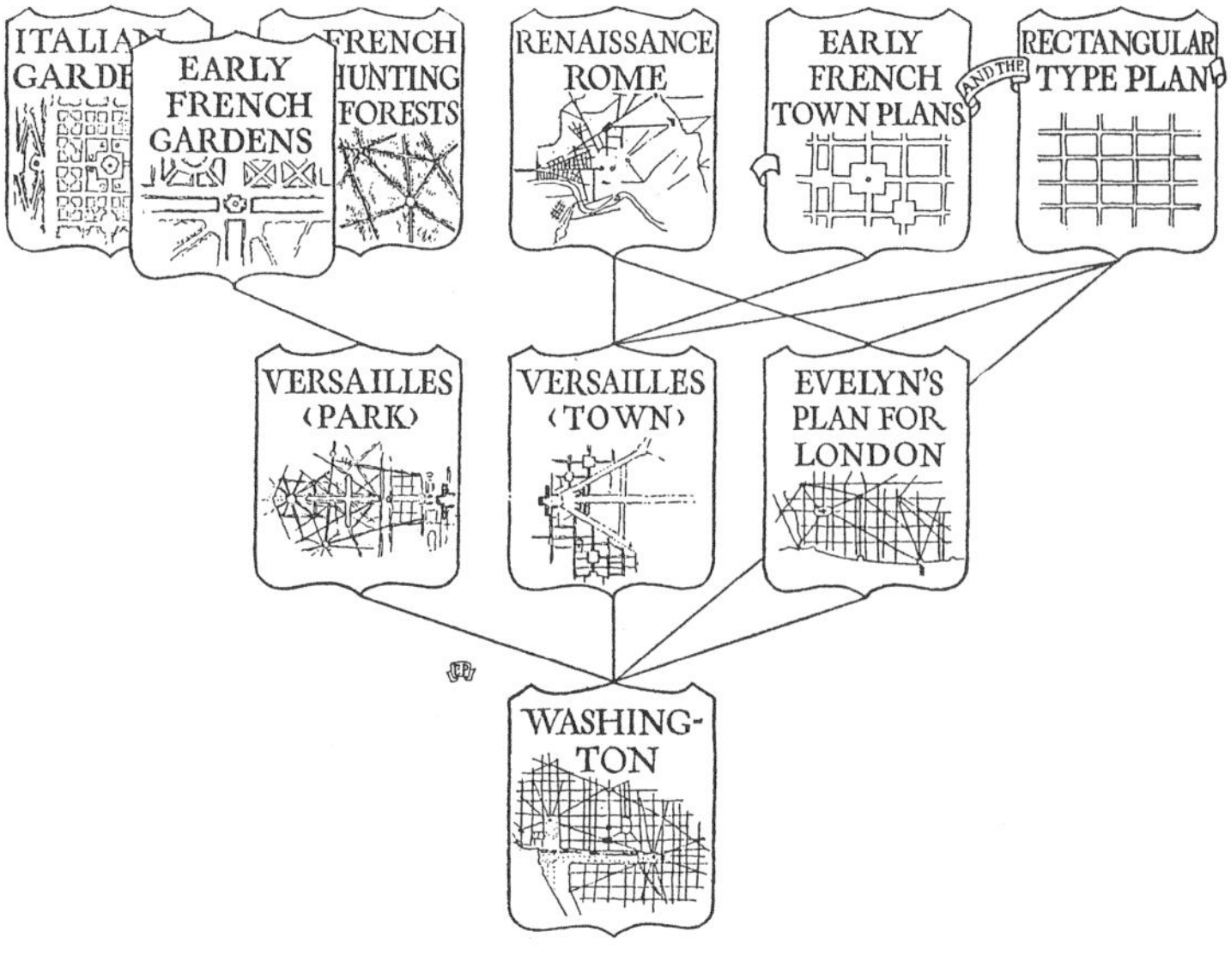
ITALIAN GARDENS
EARLY FRENCH GARDENS
FRENCH HUNTING FORESTS
RENAISSANCE ROME
EARLY FRENCH TOWN PLANS
AND THE
RECTANGULAR TYPE PLAN
VERSAILLES (PARK)
VERSAILLES (TOWN)
EVELYN'S PLAN FOR LONDON
WASHING-TON

た、ランファンの計画した大統領官邸を囲む方形広場《スクエア》の形状が、ヴェルサイユ宮殿の市街側における、二つの前庭《フォアコート》にどのように由来しているかも示した（図28）。更にピーツは、ランファンが、ジョン・イーヴリンによるロンドン再建計画の第三案に非常に影響を受けていた、と推理している。イーヴリンは、レンとともに再建委員会に仕え、総合再建案を都市商人たちに受け入れさせる希望を持って、計画案を模索し続けていたようである。最終案において、イーヴリンは、新しい街路体系を提案していたが、そこで教区教会の大部分をもとの位置に保つ方法を、彼は見出していた。

ワシントンDCがイーヴリンの計画案と似ていることは否定できないが、レンのロンドン計画案にも似ていた。おそらくランファンは、イーヴリンやレンのロンドン計画を知っていたのであろう。というのは、イーヴリンやレンの計画のある案に、共同で出版されたものがあり、ランファンはおそらく、これを見たであろうと考えられるからである。ランファンは、ヴィスタや空間を強調していたレンのデザインに、建築上はより共感していたのではないだろうか。もちろんランファンは、ロンドン計画を参考にしなくても、敷地分割の最も実践的な方法として、強い政治的支持を得られる街路グリッドを用い、このグリッドと卓越軸線や地形を調和させようとした論理的帰結として、今のデザインに達したとも考えられる。

ランファンは機転のきかない男だったので、トーマス・ジェファーソンと不仲になってしまったかも知れない。しかしランファンが地形に着目したことによって、ジェファーソンも、大規模建築を構成する方法について、アイデアを変えることができたのではないだろうか。ランファンの案では、議事堂からの軸線が、モールのオープン・スペースに沿って、川を横切り丘の向こうまで走っている。また、大統領邸からの軸線が、直接ポトマック川に向かって下っている。この二点に、ジェファーソンによるヴァージニア大学のデザインの予兆を見ることができる。

明確に分節された建築空間と、人手の入っていない自然とのあいだを、軸線で結ぶこのような関係は、バースにおけるロイヤル・クレセントにも見られる特徴である。しかしながら、一九世紀半ばのチャールズ・F・マッキムに、アピールしなかったことは明らかだ。マッキムは、ヴァージニア大学の軸線を建物で閉ざし、ワシントンDCの二本の軸線を、リンカーン記念館や潮泊渠を用いて、閉ざしてしまうのである。

ジェファーソンは、結局ランファンの計画案を受け入れ、その開発を推進した。しかし、彼のグリッドに対する好みは、彼が大統領在任中に獲得した、西部諸州を区画する一マイル・スクエア・パタンに見ることができる。成長した合衆国の市や町の多くは、測量士の設けたスクエアや長方形のブロックが、基本的な都市デザインを規定しているが、このグリッドは、そのようなところで次第に浸透効果を持っていったのである。

フランスの都市デザイン

ランファンの計画案は、一七九〇年代にパリで展覧されている。そこでは、その革新性や印象的なスケールが注目されたことであろう。ランファンによるワシントンDCのデザインが、彼の母国に直接的な影響を与えたという証拠はない。しかし当時のフランスでは、大規模な都市デザインに密接に関連した議論があった。一七九三年、ルイ一六世の処刑後、革命コンミューンは、すべての王室所有地を没収し、パリを再計画するために芸術家委員会を任命した。委員会は、目抜き《グランド》通り《アヴェニュー》を造って、高密居住地域を長い直線街路で切り開くという、最初の詳細な提案を行なったのである。

一七九九年にナポレオンが権力を握ると、この提案は実施され始めた。一八〇一年にシャルル・ペルシエとピエール・フォンテーヌのデザインした、リヴォリ街が有名である。彼らはテュイルリー庭園の街路《ストリート》正面《フロンテージュ》も創った。街路に面する建物の一階部分をアーケードと店舗に充てる。その上に住居をふつう二層分、さらに最上階と屋根裏にも住居を設ける。立面図を見ると、これは、中央にも末端にも別館《パヴィリオン》を置かず、簡素な要素を用いた連続的な繰り返しとしてデザインされている。

絵画や舞台風景や個々の建物に、ヒントが多くあるにもかかわらず、フォンターナやレンやランファンが描いた長い直線街路《アヴェニュー》が、三次元的にどのようにデザインされていたのか、明らかになっていない。このリヴォリ街は、街路正面が均一な建築として完全に実現されている。しかし、これ以前のデザインは、必ずしもそうではなかったようだ。

リヴォリ街における建物のデザインは（図29）、モジュールと繰り返しを用いるものであるが、多くの点で一七九〇年代におけるフランス建築の理論と教育における騒動の結果であった。革命が変化をもたらし、古い建築学界は抑圧された。もっとも、学校は縮小したレベルで機能し続けていたし、教師のひとりにシャルル・ペルシエがいたのであるが……。新しい学校としてポリテクニークが創設され、そこで一七九五年から一八三〇年ま

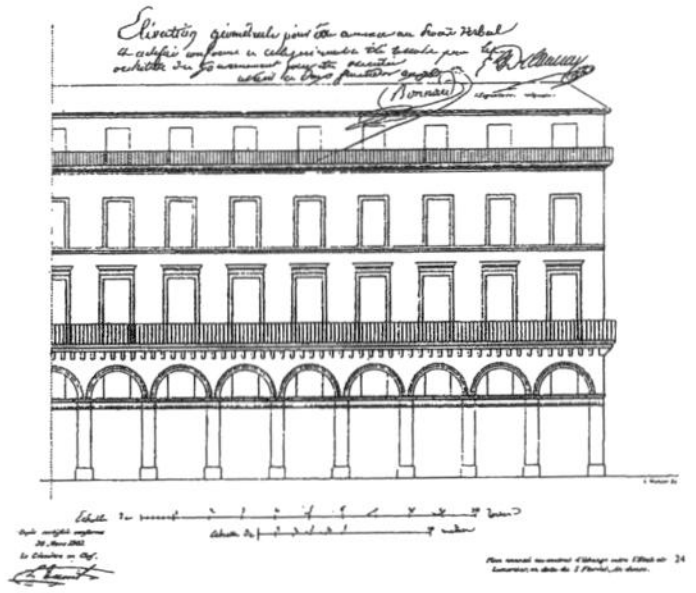

図29　一八〇五年にリヴォリ街を対象とした法定のデザイン規制。一二年と記されているのは、フランス革命より一二年目で、ナポレオンが皇帝に即位した年である。これら連続したファサードによる屈曲していないデザインの基本寸法は、一九世紀初めの建築における、より実際的で科学的な態度を反映したものである。

で建築学教授を務めたのが、ジャン・ニコラ・ルイ・デュランであった。ポリテクニークは主として工科系の学校である。これは、敵対する君主国に囲まれた革命政府が、大量の軍事技術者を早急に必要と感じたこともあって、発足したものである。J・N・L・デュランの教程と彼の教科書『建築課程の概要』は、一八〇二年から一八〇五年にかけて初版が刊行された。これは、建築の本質を単純化・コード化する企てである。

一五世紀末にレオーネ・バッティスタ・アルベルティが書き著わした建築とは、宇宙の土台をなす「調和」を得ると信じられていたものを具現化するための、建物の構成とプロポーションによる緻密な体系であった。この代わりにデュランは、類型に従って建物のデザインを分類し、簡潔なモジュラー・グリッドに基づいて、建築物の各部を配置する体系を創り出したのである。

おそらくデュランにとっては、工科系学生の頭に建築学の知識をできるかぎり詰め込むニーズが動機となったのであろう。しかし、ポリテクニークは――少なくとも初期には――アンシャン・レジームが追求した建築デザインに対して、革命的な代替案を供するものとして見なされていた。

その動機が何であれ、明瞭に表現された規則と簡潔に繰り返すパタンを有するデュランの教程は、近代科学技術の発展において重要な時期であり、都市の変化が急テンポになり、かつてない規模になった時代でもある、一八世紀末と一九世紀初めの時代の気質にふさわしいものであった。

一九世紀初めに、都市の工業化によって生じた最初の効果は、富の巨大な増加や、その結果生じた中流・上流階層の新規住宅の大量増加を反映したため、まったく肯定的なものであった。汚染や過密など産業がもたらす負の効果は、一八三〇年代に鉄道網が発達したのち、都市にやってくることになる。初期の工場は水力資源の近くに造られた。当時のほとんどの都市は、航行可能な水路沿いに建設されていたが、水力資源である滝が航行上やっかいな存在であったため、工業は既存の都市から充分離れたところで始まったのである。

ナッシュのリージェント・ストリート

コヴェント・ガーデンにおいて、一六三〇年代にすでに生じていたパタンに従うように、都市は成長を始める。すなわち、都市の繁華《ファッショナブル》街側《サイド》の地所が細分化され、住宅として売られる。これを、地主よりもひとつ下の社会的地位にあり、地名の持つ名声を享受しようとする富裕層が求める。そのあと馬車《キャリッジ》商売《トレード》が続き、商業がやってくる。店舗も名声を求めて「華やかな」住宅地に侵入する。富裕層が去ると、コヴェント・ガーデンと同様に、全体が商業地区になったのである。

イギリス本島と北アメリカでは、このパタンがヨーロッパよりも早く現われた。ヨーロッパでは要塞があったため、都市成長が妨げられていた。アメリカの都市における「華やかな」地区の拡大は、都心から丘に向かい、あるいは他のふさわしい場所に向かって走る、マンション通りの様式をとっていた。ボストンにおけるビーコン・ヒル、ニュー・ヘヴンのヒルハウス、ニューヨーク市のブロードウエイ、ボルチモアのチャールズ・ストリートなどがそうである。

イギリスは、新産業の発展が最も著しいところとして、記録的な富の蓄積を享受していた。そしてロンドンのウエスト・エンド全体は、急速に洒落た住宅による通りやスクエアが連続する街へと成長する。ジョン・ナッシュは、この新しい拡大に対してデザイン様式を与えた最高の建築家として、ロンドンの不動産開発を特徴づけた漸増《インクリメンタル》的な成長と、都市デザインの理論の一部となって久しいが、ロンドンではこれまで達成されていなかった、長く見通しのよいヴィスタとを、両立することに苦心したのである。

ナッシュは一八〇六年に王室建築監《オフィシャル ロイヤル アーキテクト》となり、以降一八一一年まで最も重要な活躍の機会が与えられた。摂政殿下《プリンス リージェント》（彼の父ジョージ三世は存命中であったが狂人と診断されたため、慎重に執務から遠ざけられていた）が、ナッシュに対し、ロンドン西方の急速な拡大の縁にあった、未開発の大区域である、王室所有地の計画を準備するように依頼したのである。

ナッシュは難問を抱えこんだ。というのは、王室所有地は既存の繁華街の北側にあり、王有地から南に向かってロンドンの主要部に新しい街路を繋がない限り、開発の成功が見込めないためであった。実際上唯一可能なルートは、繁華街に隣接した西側——すでに貧困街が形成されていた——の端を通ることであった。不規則なルートにすると、理論上都市デザインの標準語彙とも言える、長い直線街路が不可能となり、また単一の開発主体で行なうには、必要とする用地が広大になり過ぎたのである。

ナッシュによるリージェント・ストリートのデザインは、発明とコーディネーションによる傑作である。ロウアー・リージェント・ストリートは、もともとのカールトン・ハウスの敷地や、摂政殿下の邸宅や、その北隣にある新しいスクエアであるウォータールー広場から始まっている。ウォータールー広場から、通りはピカデリー・サーカスにおける一連の交差点を通って北に走る。このサーカスは、バースにおけるウッド父子の技術革新を用いたものであった。それから、リージェント・ストリートは西方に転じ、クワドラントと称する裏返った曲線に沿い、それから真直ぐに北には走らずに、別のサーカスでオックスフォード・ストリートと交差する。通りの続きは、すぐ北側において再び西向きに転じ、ランガム広場《プレイス》の万霊教会堂の尖塔のある交差点でグレート・ポートランド・ストリートと突き当たり、さらにナッシュがデザインした新しい地区であるリージェンツ・パークの玄関であるクレセントに向かって北上する。

デザインの組み立て《フォーミュレーション》が印象的なもうひとつの事例として、リージェンツ・パークがある。ナッシュは、田園都市デザインの開発原則を感じさせる方法で、この地区を計画した。これについては次章で論じたい。ナッシュは、街路とスクエアの繰り返しパタンではなくて、田舎の地所におけるグラウンドのように、ひとつの大きな公園を造った。その公園は、外縁を囲む住宅の列と、中心付近の円形の開発クラスターとの間にあって、グリーン・ベルト（緑地帯）を供するものである。公園における北側の境界線の周囲に沿って運河があり、この運河は、摂政殿下の地所の南東部にある市場《マーケット》地区にサービスを供していた。

リージェンツ・パークの開発は完成することがなかったが、ナッシュはリージェント・ストリート全長の完成まで、監督することができた。この成功によって当時の摂政、のちのジョージ四世は、バッキンガム宮殿に移り住むことができ、カールトン・ハウスを取り壊すことにした。跡地にはセント・ジェームズ・パーク正面《フロンテージュ》を開発したが、これもまたナッシュのデザインによるものである。

建築家としてのナッシュは、大規模建築を構成する際に、壁紙のようなファサードを用いたとして非難を受けた。作品の多くをスタッコ（化粧しっくい）で仕上げたため、しばしば石造物に比べて劣ったものとみなされたのである。確かにリージェント・ストリート沿いの建物には、詳細につくりこまれておらず、洗練されていないとして非難されかねないものが多くあるのも事実である。しかし多くの場合、ナッシュは、ストリート全体の一体的な開発を推進した起業家として、交渉術を駆使してこれら建物のコーディネーションを完遂したのであり、彼自身が建物を直接デザインしていた訳ではなかった。ナッシュは、ヴィスタを妨げるような、あるいはストリートが方角を変える際に重要なアクセントとなるような、ファサードのみを統制することに苦心した。そして全体構成における連続性を担保する際に、彼が必要な建築要素を見落とすことは、まずなかったのである。

J・N・L・デュランが提唱した建築の変革に並行して、同時に感覚《センス》の変化も生じていた。規則的に要素を繰り返す技法は、部分的には大規模化と急造化の帰結によるものかも知れないが、知的で審美的な選択でもある。

三次元都市デザインとして見ると、リージェント・ストリートは当時でも前例のないもので、これに匹敵するものはまず存在しなかった。二〇世紀の評論家トリスタン・エドワーズにより、ロンドンにおけるナッシュの貢献が初めて評価されることになる。一九二三年、改築のため、ナッシュのリージェント・ストリートの大部分が撤去されることになった時、エドワーズはエッセイにおいて、スタッコを、美しく光を反射する素晴らしく統一的な建築素材として擁護して、ナッシュへの批判に反論しようとした。そして、窓同士の間隔や窓・壁比といった、ファサードの間の統一性を維持するために、ナッシュが行なった工夫を分析することによって、さらにスタッコの弁護を続けたのである。今日ナッシュの才覚は理解され、高く評価されている。そして、再開発や戦禍を免れた彼の建物の多くは再建された。しかし、リージェント・ストリート自体は失われてしまった。街路の配置は残っているものの、新しい建築は、当初の統一性から生じる部分から部分、建物《ビルディング》から街路《ストリート》への注意深い関係を欠くものである。

パリ改造

ルイ・ナポレオンは、ロンドンに追放された頃、リージェント・ストリートやナッシュによる公園に面した宮殿風の長い住宅ファサードを賞賛した。ナポレオン三世として、彼がパリに戻り、皇帝の座についたとき、パリでリージェント・ストリート以上のものを創ることを望んだのである。

一七九三年委員会による長い直線街路の計画案は、手に負えない暴徒を鎮圧する手段として、先代のナポレオンにアピールしたと言われている。ナポレオン三世にも同じ動機があり、彼は、セーヌ県知事にちょうど任命したエネルギッシュな行政家である、ジョルジュ・ウジェーヌ・オースマンに対して、街路改良事業の優先順位を付した地図を手渡したのである。

パリ市議会での説明において、着任後まもないオースマンは、新しく提案する街路体系の長所が暴動の統制にあると言及した。しかしながら、他の狙いとして、スラム撤去と交通改善があり、特に新しく建設された鉄道駅を互いに結び、あるいは重要な都心の目的地まで結ぶことがあった。新しい街路体系が有する軍事的利点が何であれ、一八七一年に生じたパリ・コンミューンを防ぐことはできなかったのである。

オースマンは一七年間かけてパリ改造を断行した。これは、新しい街路や建物のみならず、上水道供給の総合的な再建、新しい下水道体系、大規模な公園改良を含むものであった（図30）。

長い直線による街路のコンセプトを採用したのは、オースマンである——当時までの街路の歴史は三世紀以上も遡ることができる——そして、彼は既存都市を再設計する際、初めてシステマティックな方法を適用したのである。彼は、今日であれば行き過ぎとの非難を浴びる手段——超過《エクセス》収用《コンデミュエーション》——を用いた。これは、新街路の用地だけでなく、両側の開発用地も取得するものである。この不動産は、連続したファサードの統一性を保証するため、規制を設けたのち、開発業者に売り渡された（図31）。

この新しい街路における建築物の基本型は、ナポレオン風のリヴォリ街の先例を踏襲したもので、一階部分に店舗、もし中二階があればそこに店舗とオフィスを設けた。しかしリヴォリ街のように、正面部分を独立住宅風に縦割りにする代わりに、オースマンは、

図30　アルファンの『パリのプロムナード』からのこの地図は、ナポレオン三世の治世にオースマン男爵がセーヌ県知事の期間に創始した、公園と大通りを示している。都市内部へと続く細い黒線は鉄道である。多くの新しい街路が、鉄道ターミナルと伝統的な都心目的地を繋ぐために必要となった。

図31　オースマンが造った並木大通り（ブールヴァード）は、建築的な統一性を有していた。それはもともとすでにあったリヴォリ街の経験のうえで建設されており、初期における長い直線の街路のコンセプトに含まれていたものである。しかし以前には、このような大規模なスケールで実現されていなかった。高さの統一性は、一部には人びとが階段で登ることのできる限度で自然と決まったものである。しかし全体デザインへの配慮は、規則により実施された。

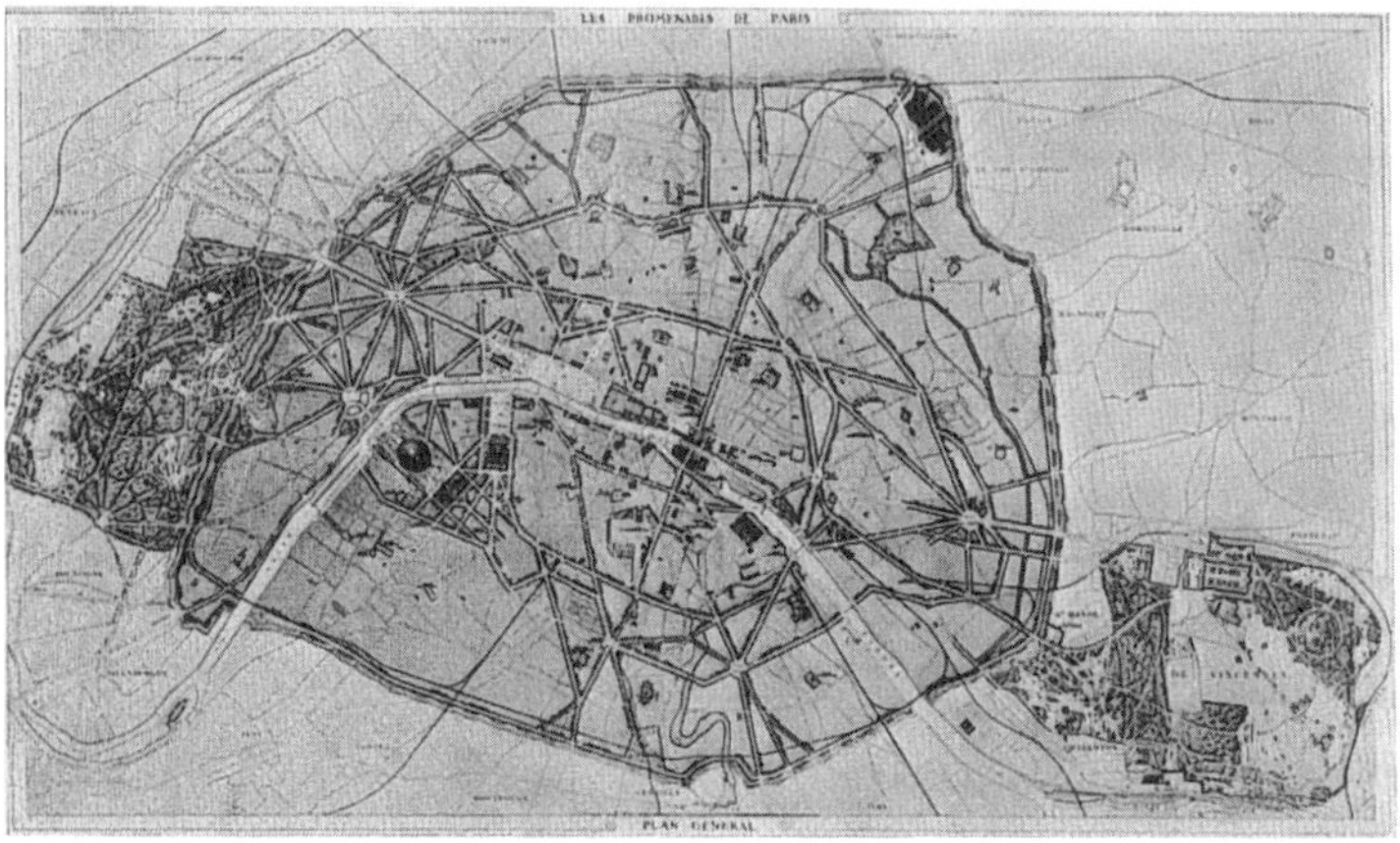

ヴォージュ広場やヴァンドーム広場といった、ロンドンやパリにおけるスクエアのように、大ブロックを水平割りにして用いた。三階建の雄大《スペイシャス》な集合住宅《アパートメント》があるとしよう。その屋根裏には小さな住居があり、階段をさらに七段上った第二の屋根裏にも小さな部屋がある。水平的分割を表現するために、ベルト・コースやバルコニーやコーニスを有するファサードがデザインされていた。規則的な間隔のフランス窓の列が街路にリズムを与えている。

この新しい街路――広い歩道と並木づくりの余地を残すもので、ブールヴァード（並木大通り）と呼ばれた――のオースマンの組み立て方は、ヴェルサイユから学んだというよりも、むしろナッシュや一八世紀末からイギリス風のスクエアで維持されてきた庭園から学んだものであろう。並木のある街路そのものは、シクストゥス五世やクリストファー・レンなど、外来のコンセプトであろう。同様に、パリ風のブールヴァードの中心には時折、樹木付きの庭園がある。オースマンは、新しい未熟な地区に対して「完全な感じ」を与えるために、新しいブールヴァードに成樹を移植することもあった。オースマンの景観技術者であるジョアン・アルファンがデザインした公園は、パリ計画全体において重要な部分をなすものであった。アルファンは、腎臓《キドニー》形状《シェイプド》の小径《パス》とイギリス庭園風の技巧的で形式ばらないヴィスタを採用して、それらをイギリス風というよりもむしろフランス風のシステマティックな方法で用いたのである。ブローニュとヴァンセンヌの二つの森は、市壁を撤去したのち全市域を囲むことになる、グリーン・ベルトに編入される予定であった。しかしオースマンは、この箇所について政治的な支持を取り付けることができなかった（図

図32 パリの街並み（アーバン・テクスチャー）。やや不規則なパタンで古い住区を貫通した直線の街路は、オースマンが創造したものである。

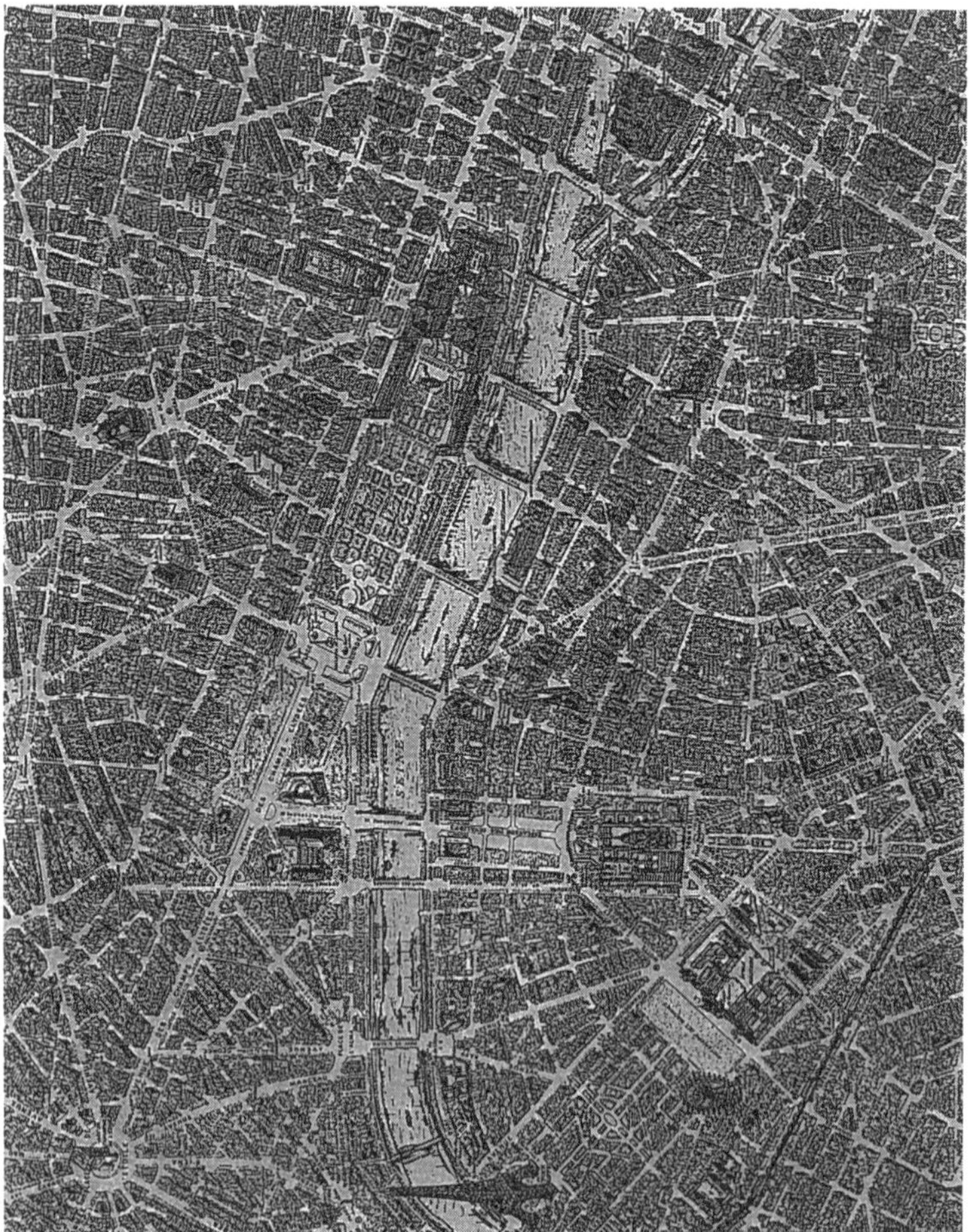

32)。

オースマンのやり方は高圧的なものであったが、合法的に実施された。収用された土地の所有者に対して支払われるべき補償は、裁判所が定めた。補償はとにかく民間に有利なもので、不動産投機者に対して非道理な利益を許すものと批判されることとなる。用地取得と建設の資金は、計画的改善で創り出される不動産価値の増加で生じる、将来の歳入を当て込んで借り入れられた。この原理は、開発利益還元《ヴァリューリキャプチュア》や地価税《タックス》増収引き当て債《インクリメントファイナンス》といった現代理論に似たものである。しかしながらオースマンは、順守すべき法制をなおざりにして、最初に資金を借り入れてしまう。法的な監視を避けるため、彼は短期の借金に危険なほど頼るようになった。

オースマンの計画案は、非常に総合的であったので、特に新しい街路をパリ西部の繁華街に通したとき、次第に多くの政敵をつくっていった。ナポレオン三世の政治的統制力が弱まると、オースマンは、負債記録と議会未承認の公共支出を抱え、一八七〇年に役所を追放されるまで、さらに危ない立場に立たされることになる。オースマンは皇帝のために働いていると考えていた。彼は、絶対主義体制の表面に隠されていた、民主主義体制への胎動を理解しそこねていたのである。

オースマンのパリ再設計は、ルネサンス期以降に進化してきた、モニュメンタル（記念碑的）な都市デザイン原則の集大成であった。これは、既存の大都市に対して、初めて総合的に適用されたものであり、また現実的な意味において、最後のものであった。世界中の都市で、オースマンの並木大通り《ブールヴァード》が巨大な影響を与えたにもかかわらず、モニュメンタルな都市デザインの原則は、実践的な設計技法からユートピア・コンセプトへと急速に変化するのである。

モニュメンタルな都市デザイン・アイデアの実施が困難になったのは、これが独裁権力との結託を必要とするためではなかった。ニューヨーク市のスラム撤去や公園、ハイウエイ建設の局長を四〇年以上も歴任したロバート・モーゼスは、明らかにオースマンの後継者を自任していたが、一九四二年に出版された記事において、オースマンの経歴をレビューしている。オースマンの方法は現代民主社会においてもまったく適用可能である、とモーゼスは結論づけた。オースマンの失脚は、もし彼が世論や法制整備に注意を払っていたとしたら、防ぐことができたとする。ロバート・モーゼスが用いた手続きも、今日の視点で見れば、受け入れ難いほど高圧的に思えるが、近代都市において大改造が実施されていることは事実なのである。不幸なことに、独裁者はいつの世にも存在するが、その中で、オースマンのパリを今日見ると、なかなか得難いヴィジョンのように思える。

モニュメンタルな都市デザインにとって障害となる出来事は、乗客用エレベーターの発明や、引き続いてもたらされた自動車により生じた、都市の分散化であった。

モニュメンタルな都市デザインにおいては、建築物の高さは人びとが階段を歩いて登ることのできる最大距離に等しく、どちらかと言えば、地区は統一した密度で徐々に開発されるという暗黙の仮定に基づいている。エレベーターによって高層ビルディングが可能になり、基礎をなす地価の影響が直接、建物の高さに表現されるようになった。建物所有者は、つねに望むだけの高さを選択できるためである。鉄道は、都市の分散化の引き金を引いた。もっとも、開発は鉄道駅に集中することになるが。また、自動車の登場によって、ある場所から別の場所に跳び移るような開発が可能になり、地主の転用動機や当局の黙認といった比較的無秩序な要因によって、事実このような開発が行なわれるようになったのである。

パリで行なったように、行政規則によって、建物の高さや密度を維持することは可能である。しかしながら規則は、それが経済上の現実性に反するにつれて実効力が伴わなくなる。

アメリカの「都市美」運動

モニュメンタルな都市デザインと、近代技術や経済とのあいだのコンフリクト（対立関係）についての最も直接の実例は、合衆国における「都《シティ》市美《ビューティフル》」運動の歴史である。ボザール建築とオースマン流の計画原則は、「都市美」運動で初めて合体することになるが、これは一八九三年にシカゴで開かれたコロンビア博覧会において、中央地区の建築物群のデザインが公衆に対し大成功を収めたことに始まる。景観建築家フレデリック・L・オルムステッドと年下の同僚ヘンリー・コッドマンがデザインした配置計画に、中央池の周辺にある「栄誉広場《コート オブ オーナー》」における建物の建築家たちが、従うことに同意したのである。建築家たちは、フランス風のアカデミックな古典主義に基づき、対称的な軸線とコーニス・ラインといった要素を、統一的な建築語彙を用いてコーディネートした。デザイン過程において、池の奥にあるリチャード・モリス・ハントの管理棟が有する支配性に対抗するため、二つの建築事務所が、自発的に建物から中央のドーム状の要素を省略したのである（図33）。

木摺《ラス》としっくい《プラスター》で造られ、巨大な建築・土木空間を有するこの博覧会場は、デザイナーが都市をどのようにデザインすることができるのか、すべきなのかを示し、アメリカの公衆に対して、自分たちの都市に適した公共空間とは何かを示そうとしたものであった。建築家の伝統的な役割は、クライアントが新しく達した地位に適した背景、すなわち舞台装置をつくることであり、これによって彼らを支援することにある。合衆国は富める新興国家であり、一八九三年博の建築家たちは、合衆国が即興の文化遺産を創ることに役立ちたいと願っていたのである。

ダニエル・バーナムは、博覧会の総合コーディネーターとして国家的な名士となった。彼は米国建築家協会の会長に選ばれ、のちにワシントンＤＣにおける政府建築物の意思決定に関与するようになり、コロンビア委員会の上院地区の委員長である上院議員ジェームズ・マクミランのイニシアティブもあり、一九〇一年に設立された上院公園委員会の委員長となった。

委員会の他のメンバーには、一八九五年に父親が引退したのち親族会社の監督を引き継いでいた、フレデリック・ロウ・オルムステッド・ジュニアや、ほかにマッキム、ミード＆ホワイトにおけるチャールズ・Ｆ・マッキムがいた。マッキムは、シカゴ博のデザインに関与したおそらく最高の知性であり、バーナムの心強い友となった。

公園委員会の計画案――マクミラン・プランと呼ばれている――はランファンのワシント

図33　月明かりに照らされるシカゴ・コロンビア博覧会の池。一八九三年。理想化された即席の建築遺跡は、しっくいで実現されていた。この博覧会によって、都市はどうあるべきかを人びとが考える上で大きな影響を与えることが明らかになった。

図34　マクミラン委員会によるワシントンDCの計画案。ダニエル・バーナム、チャールズ・F・マッキムとフレデリック・ロウ・オルムステッド・ジュニアが設計者であった。ランファン・プランにおける精神の多くを再生したものの、自然景観として開放して残した軸線を締め出してしまった。マッキムは、ジェファーソン設計のヴァージニア大学キャンパスにも同様の修正を施すことになる。

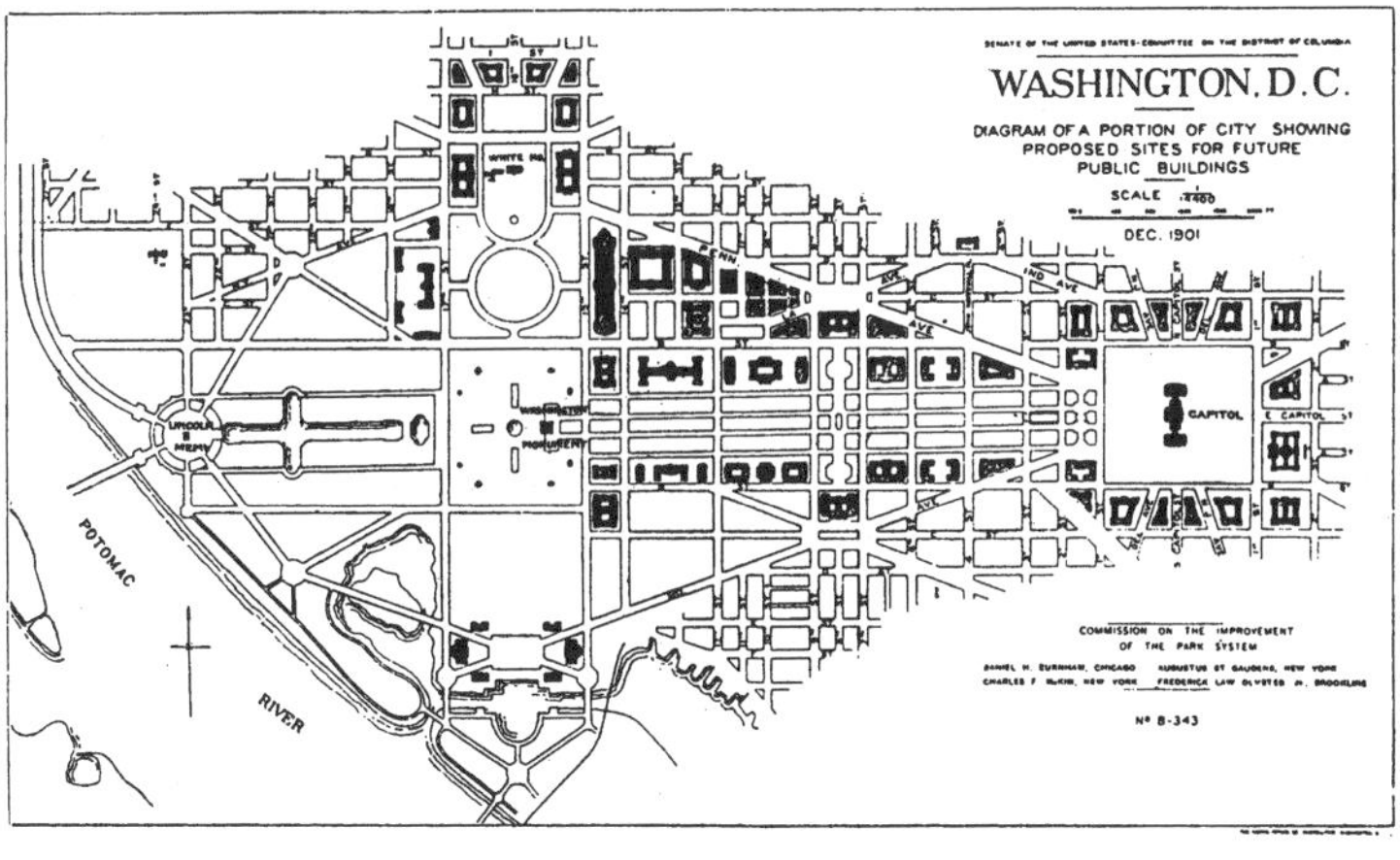

ンDCの設計原案を復活させて精巧にしたものであり、次の四〇年間におけるモニュメンタルな政府建築物の大部分、特にフェデラル・トライアングル（政府建造物による前述の三角形）やリンカーン記念館やジェファーソン記念館などを計画する際、基礎を与えることになった。バーナムは、鉄道線路や駅を議事堂正面のモールの外に置き、代替地としてキャピタル・ヒルの北のユニオン駅を造ることを鉄道会社に同意させ、一方、政府にはモールの下に線路を設けるため、トンネルの資金を出すことを同意させて、交渉を成功させたのである。彼はモールそのものを、まさにランファンの意図そのものであるフランス庭園のデザインと調和するよう再計画した。その際さまざまな付属要素を取り除き、またスミソニアンの正面にあるアンドリュー・ジャクソン・ダウニングのピクチュアレスク風イギリス庭園を取りこみ、ワシントン記念塔を置くためにモールを少しだけ曲げた。このモニュメントは、基礎工事の都合で、議事堂とホワイト・ハウスの両方の軸線から離して建てられており、モール全体の中心部にある。ホワイト・ハウスからの軸線が見えるよう、ワシントン記念塔を配置するために、マッキムは精巧な計画案を描いたが、その案は実施されなかった。先に述べたように、マッキムは、モニュメンタルなワシントンDCの全体構造を、自己充足的で静的なものにするために、ランファンが大胆にも開放した、ホワイト・ハウスや議事堂からのヴィスタを、リンカーン記念館や潮泊渠を配置して、閉ざしてしまう。ジェファーソンのヴァージニア大学における軸線を、三棟の建物で閉ざしてしまったのと同じように（図34）。

しかしながらランファン案を維持し、モニュメンタルなワシントンDCの連続性を担保す

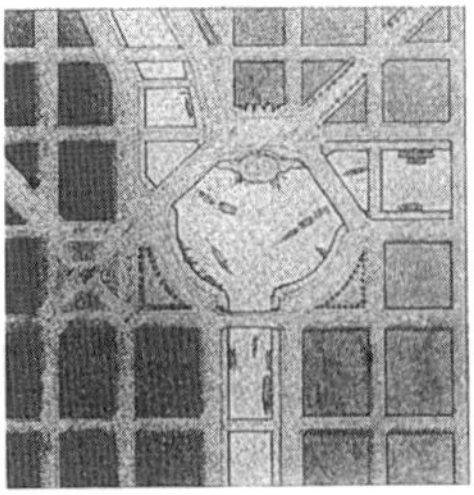

図35・36・37 ダニエル・バーナムとエドワード・H・ベネットによる一九〇九年のシカゴ計画は、オースマンの並木大通りやそれに付随する統一的な建築物の高さや調和した建築を、シカゴに移転しようと試みるものであった。この計画案は、主要道路を確保したり鉄道や公園を改良する上で、効果的手段となることが明らかになったが、パリで創られたような建築上の統一性を取り入れることはできなかった。この案は、オースマン時代以来供用していたエレベーター付き高層鉄骨ビルの存在を認めていたが、図で示したような統一性を創るオフィス、ホテルや集合住宅タワーの形態、規模、配置を規制するメカニズムを持ってはいなかった。前頁は、官庁街の立面図。左および次頁は三叉のシカゴ川の合流部についての提案である。

る上で最も重要な行為は、連邦議会が制定した、非耐火建築物六〇フィート、住居地区通り沿いで全建築物九〇フィート、最も広い街路沿いで一三〇フィートという高さ制限を、マクミラン委員会が一八九九年に適用したことである。バーナムが、ワシントンのモニュメンタルな都市デザイン・コンセプトの効力を維持する上で、この法規を非常に重要であると理解していたかどうかは明らかでない。高さ制限の議題は、委員会が活動を始めたときから取り上げられていたらしい。おそらく第二次大戦のころまで、ワシントンでは高層ビルに対する需要がほとんどなかったようである。以降、ワシントンの高さ制限を超える多くの提案がなされてきた。しかし結局、ほんの小規模な修正のみで規制が保たれている。

高さの問題は、一九〇九年に発表されたバーナムのシカゴ計画案の成否にとって重要であった。バーナムのシカゴ計画案は、「都市美」運動において最も有名なものであり、都市デザイン史における重要な資料でもある（図35・36・37）。

このときまでにバーナムは、彼の故郷で都市計画の準備を依頼されていた。また彼はクリーヴランドの官庁《シヴィック》地区《センター》を設計し、マニラと夏期首都であるバギオを計画し、エドワード・ベネットとともにサンフランシスコ市を計画する。これは、一九〇六年大震災の直前に完成し、採用されていた。サンフランシスコの計画案は総合的なデザインであり、マーケット・ストリート上の公共建築物群が、市内のすべての地点に向けて放射するオースマン流の並木大通り《ブールヴァード》の焦点となるものであった。しかし大震災のため、総合計画案の実施が困難となる。一六六六年のロンドンと同じように、最優先事項は都市を復興させることと

なり、都市を再編することではなくなった。しかしながら、計画が提案されてから随分あとになって、少々異なる位置であるが、官庁地区の建物群が創られた。そして公園計画の一部も実施されることになる。

バーナムとベネットによるシカゴ計画の目的は「公共《シヴィック》空間の美化《ビューティフィケーション》」にあるが、彼らは、基礎となる輸送交通問題も注意深く検討していた。この案は、シカゴの既存のグリッド状の街路《ストリート》体系の上にパリ風の並木大通り《ブールヴァード》を重ね合わせて置いたものである。また、鉄道線路を再編することによって、一連の記念公園用地として湖岸を整理した。シカゴの特徴である、美しい湖岸とミシガン・アヴェニューの並木大通りは、大規模なＰＲキャンペーンを通じてプロモートされた、この計画によるものである。しかしながら、計画それ自体の説得的な力を補完して、その指示に従うよう民間投資家に要求する、ワシントンの高さ制限のようなメカニズムは存在しなかった。ウォルター・Ｌ・フィッシャーは、シカゴ計画書の最終章で法律的所見を表明したが、彼は、公園や公共施設や新街路の建設は、資金借入のために市当局にこれまでにない権限を付与する点を除いては、法制上の障害がないとしていた。ウォルター・フィッシャーは、オースマンがパリで用いた超過収用制度の適用について、公共目的としてこのような土地取得が正当化されうるのかと疑いを持っていた。この意見書は、もし法律がイリノイ州議会を通過することができれば、この問題は解決できるだろうと結論づけていた。しかし筆者には、連邦裁判所が州の行為を合憲と認めるかどうかについて、多少のごまかしがあるようにも思えるのであるが。ゾーニング条例は、すでにヨーロッパでは実施されており、ニューヨーク市のゾーニング条例に向けての検討がわずか四年後に開始されることになる。しかしながらフィッシャーもほかの誰も、モニュメンタルな計画を実効させるメカニズムとして、ゾーニングを考えていたとは思えない。

バーナムは、彼のモニュメンタルなデザインに対し、高層ビルが問題を提起していることを分かっている必要があった。彼が都市計画に従事しているあいだ中、オフィスでは高層ビルを生産し続けていたのである。シカゴ計画では、エレベーター付きのビルディングに対して均一の高さを規定することによって、この問題に対処しようとした。しかし実効性を担保するメカニズムはなく、均一の高さ制限は、シカゴの業務地区で見られるような不動産価値の多様性に逆行するものである。

一八九三年の博覧会から一九三二年の経済恐慌までのあいだに、「都市美」運動の影響下で生み出された多数の都市計画案のうち、高層ビルなどといった民間投資をデザインに組み入れるために有効な手段を見出した例は、ひとつもない。結果としてそれらの計画は、遺産として公園・緑地体系やモニュメンタルな政府建物群を残したものの、単一で一貫したイメージを得ることができたのは、高さ制限とモニュメンタルな中心地区がその特徴の多くを規定していた、ワシントンDCだけであった。

キャンベラとニューデリー

シカゴ出身の建築家であり、景観建築家でもある（以前、フランク・ロイド・ライトのもとで働いていた）ウォルター・バーレイ・グリフィンとマリオン・マホニー・グリフィンは、一九一二年にオーストラリアの新首都であるキャンベラ国際設計競技で優勝した（エリエル・サーリネンのデザインが第二位で、フランス人D・アルフ・アガシェが第三位）。彼らのデザインは実質的には田園都市であり、これについては次章で再び述べることにする。しかし、この計画案にはモニュメンタルな中心地区があり、この意味においてバーナムとベネットのシカゴ計画と同じくらい力強い。ランファンと同様にグリフィン夫妻もまた、幾何学的構成の基礎として地勢を用いている。議事堂と官庁街区と市場地区の各々に当てられた三つの丘は、ひとつの正三角形を創るよう長い直線街路によって結びつけられている。議事堂を頂点として扱い、この議事堂から一本の直線である「地の軸」がこの三角形を二等分して、三角形の底辺である「自治の軸」と交差し、この都市の境界にある目立った景観上の特徴であるエンズリー山まで伸びて走る。頂点と三角形の底辺の中間を「水の軸」が内湾を通って走っている。内湾は「地の軸」に対して対称的に配置されるよう意図している。その三つの丘のあいだの谷には水が張られ、それからせき止められたモノンゴロ川の峡谷に沿って両方の方角に続く。三角形の頂点に近い一部「地の軸」のまわりに対称的に集められた地区は、政府建造物のための敷地とされた（図38）。インドに計画されたイギリス植民地の首都であるニューデリーもまた、モニュメンタルな中心地区を有する田園都市である。エドウィン・ラッチェンスとハーバート・ベイカーやデリー都市計画委員会の他のメンバーは、ニューデリーを造形する段階において、グリフィンのデザインに加え、キャンベラ設計競技に応募した七つ以上の傑出した作品を活用することができたのである。計画案は一九一三年三月末に完成した。当初の大英帝国事業

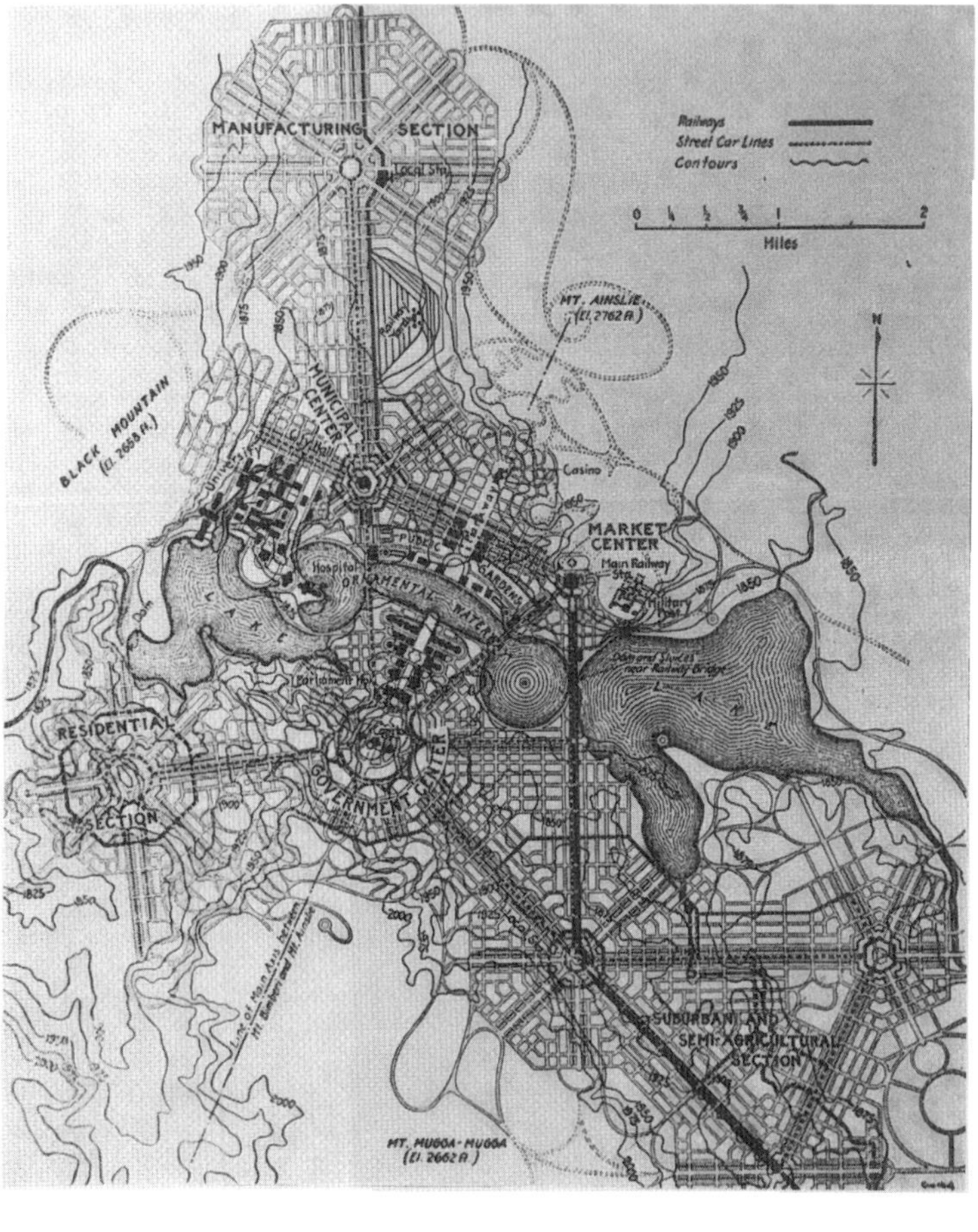

図38　ウォルター・バーレイ・グリフィンとマリオン・マホニー・グリフィンによるキャンベラ設計競技の優勝作品。オーストラリアの新しい首都は一九一二年に選ばれた。キャンベラは、田園都市の密度でデザインされているが、地勢に基づいたモニュメンタルで幾何学的な構成を有している。

図39　グリフィンのデザインは、エドウィン・ラッチェンス、ハーバート・ベイカーなどのメンバーによるデリー都市計画委員会にも活用された。一九一三年三月末まで続いたこの委員会は、実質的にこの図に似たデザインを完成した。キャンベラと同様に、ニューデリーは田園都市と言ってもよく、それは幾何学的な構成においてグリフィンのデザインと強い類似性がある。

としてではなく、のちに議事堂を加えて完成することになるが、当初のデリー計画では、多くの重要な相違点はあるものの、グリフィンのデザインの幾何学的構成と強い類似性がある。

ニューデリーの主軸線は、ほぼ東西を通り、中心には総督宮殿《ヴァイスロイパレス》と行政事務棟があり、それらは隣接した地区における最も高い丘の頂上に置かれた。事務棟を通して南北に引いた一本の直線は、二つの正三角形の底辺を形成している。西側の三角形は総督宮殿と庭園を囲み、東側の三角形の頂点にはメモリアル・アーチがあり、これは丘を登るモニュメンタルな大通り《アヴェニュー》の端となっている。この大通りは事務棟のあいだを通り総督宮殿で終わる。このメイン・アヴェニューの中間を横切って下る交差軸線が、北の環状の商業センターであるコンノート広場《プレイス》まで走っている。これはキャンベラの官庁地区と多くの点で似たものである。また、これはモニュメンタルな政府施設群全体を囲むもっと大きな正三角形の頂点を形づくる。メイン・アヴェニューから六〇度角で交わるもうひとつの重要な軸線が、コンノート広場を通って事務棟とオールド・デリーの中心にある大モスクであるジャマー・マスジッドを結んでいる。議会棟が付け加えられたとき、この棟はこのジャマー・マスジッドの軸上、事務棟の北隣に置かれた（図39）。

ニューデリーにおける宮殿と事務棟は現在、二〇世紀建築における最高の業績のひとつとして認められている。ラッチェンスとベイカーは、他の多くのモダニズムの実践家たちがあえて避けた「生命力《ヴァイタリティ》」とでも言うべきものを、このモニュメンタルな建築によって、得ることができたのである。その理由はおそらく、建設が始まったときにすでに時代錯誤

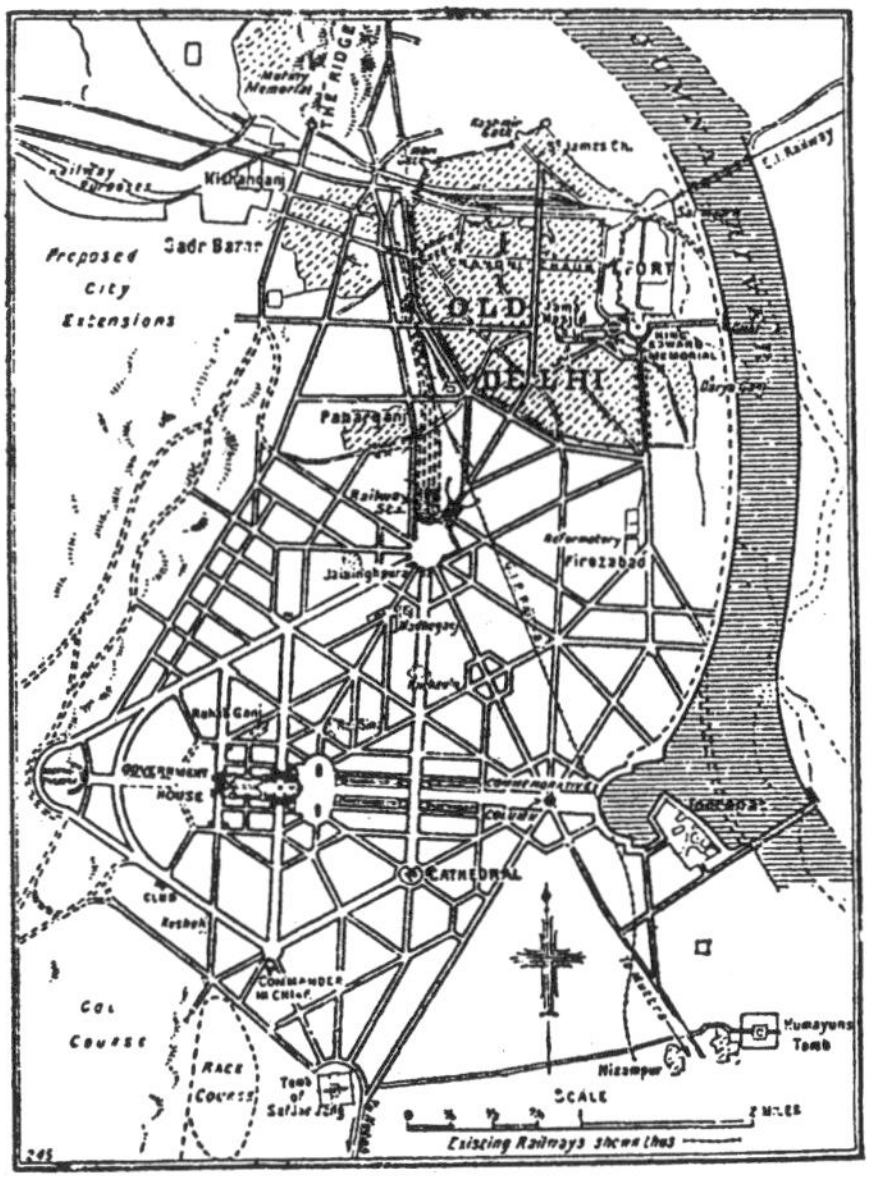

図40・41　ニューデリーにおけるモニュメンタルな中央地区の建築物群にアプローチするメイン・アヴェニューは、ラッチェンスとベイカーの間の有名な論争の主題であった。ラッチェンスはベイカーの断面図を誤解し、総督宮殿の支配性が損なわれることを理解しないまま設計を承認した。これらの古い写真は、ベイカーが設計した事務棟のあいだを抜ける道路によって、総督宮殿が見えなくなっていることを示している。

であった独裁制によって、彼らの事業が徹頭徹尾、伝統的なものであったためであろう。

事務棟のあいだのメイン・アヴェニューは、総督宮殿の建築家で都市全体のマスター・プランナーであるラッチェンスと、彼の同僚で事務棟の建築家であるベイカーとの、よく知られた論争の原因になった。ラッチェンスは断面図を誤解して、参拝用の東西大《グレート》行進《プロセッショナル》路《ロード》が総督宮殿を隠してしまうことを理解せず、これを承認してしまった。この道路は、大きな勾配で事務棟間を走っていたのである。ラッチェンスが最初に抗議したときには、あまりに多くの関与や意思決定がなされてしまったため、その坂道を修正することができなかった。ラッチェンスは、あらゆる策を弄して何年間もこの決定を覆そうと執拗に努力したが、成功しなかった。勾配を変えられないという決定は、財政的理由によるものであったが、これには審美的な問題も係わっていた。急坂の大通り《アヴェニュー》をデザインしたベイカーは、これを間違っていると思っていなかったのである。ラッチェンスが、メイン・アヴェニューのこの勾配に反対した理由は、総督宮殿はひき続きこの構成における頂点として認知されるべきであり、宮殿へのヴィスタを妨げることは総督の象徴的な重要性を減じ、また宮殿と事務棟の全体効果《アンサンブル》で創られる囲い込まれた空間の感覚を壊すということにあった（図40・41）。

カミロ・ジッテ

ラッチェンスとベイカーの論争と言えば、カミロ・ジッテが、一八八九年に初版を刊行した『広場の造形』において、オースマン風の計画を批判したことを思い起こす。ジッテは、ザルツブルクにおける官立職工学校の長、のちにウィーン校の校長であり、伝統工芸のチャンピオンである。彼は過去の大規模な公共空間を分析することにより、それらのデザイン原則を導き出そうとした。彼の著書には多くの中世都市のスクエアが見られるが、ジッテは大きなルネサンス風広場《プラザ》にも同じく関心を持っていた。シクストゥス五世以来、都市デザインでは、広く長い大通りを強調することが支配的であり、たいていの「都市美」計画の特質となっているように思えるが、ジッテにとって、適切なスケールで囲い込まれた空間ほど重要なものは、他になかったのである。この違いは、大通りにおける両端の空間において生じる。ジッテは、適切に囲い込まれた空間が、放射街路の向こうに見える重要建築物の眺めよりも優先すると信じていた。特に、パリのオペラ座のような建物の敷地を、交差する街路の真ん中に浮かぶ島であるとして、彼は反対した。ジッテは、この種の重要建築物こそ、囲み型の構成をつくるに値すると論じたのである。ヴォティーフ教会などのウィーンの有名な建築物に改良を施すことにより、もっと小さい周囲の建造物にとっても適切なコンテクストになるであろうと、彼はダイアグラムを示して著書に掲載した。

ジッテの著作は、中世都市の形態に対する関心の復活に一役買ったため、彼はよく、ロマン主義者で、曲がりくねった通りや不規則な空間を好むチャンピオンであるとされる。しかしながら、計画実務家としての彼は、秩序ある交通流や敷地《ランド》併合《アセンブリー》のような、実務上の問題を緩和・解決することにも、関心を持っていると述べている。彼は、目的にかなうのであれば、直線街路や長方形のブロックを用いることができた。にもかかわらずジッテは、田園都市や田園郊外のために創ったピクチュアレスク風の建築構成に、偉大な影響を与えたのである。

高層ビルディングの影響

オースマン同様、ジッテは高層ビルについて言及しなかった。エレベーターの存在は、長いあいだ、多くの国で直ちに都市計画の問題を提起したようには見えなかった。大戦間期には、北米を除いては高層ビルは比較的珍しく、旧市街の中心に建てられた近代建築でさえ、既成のパタンのじゃまにならないよう街路《ストリート》接面部《フロンテージュ》を装飾して、適合させるのがふつうの形式であった。

しかしながら合衆国において高層ビルは、都市デザインで広く受け入れられていたコンセプトを破壊し続けた。ルイス・サリヴァンのプルデンシャルやウエインライト・ビルディングのように、最初、高層ビルは街路の接面部に建築的装飾を施して建設された。どういうわけか次第に、すべてのビルに「高さ」が期待されるようになり、その結果として側面や背面に余分な資金を費やすことがなくなってしまう。一九二〇年代までに高層ビルは、ロウ・ハウスやパリの集合住宅ブロックよりも大きな隣棟間隔を要するると、理解されるようになる。そして、伝統的であるモニュメンタルな構成が、この「新しい高さ」に合わせて修正されることになった。

ニューヨーク市の最初のゾーニング条例は、一九一六年に適用されたが、これは、モニュメンタルな計画を簡略化したものを、法的要件のなかに組み込んだものである。街路幅から数学的に求められる高さにビルディングが達する時、斜線制限線よりセットバック（後退）させることが要求されるようになった。その結果セントラル・パークやリヴァーサイド・パークやパーク・アヴェニューなどに面して、一九一六年条例のもとで建てられた（一九六一年に全面改正された）集合住宅ビルの低層部で見られる疑似的な均一性など、その程度や規模はパリの並木大通り《ブールヴァード》に遠く及ばないものの、どことなく似たものが創り出されたのである。

マンハッタンのミッドタウンやウォール街地区では、ゾーニングはデザイン上の連続性を創り出すことに成功しなかった。条例の立案者は、セットバック要件の論理的帰結として、すべてのビルが採算上、高階にゆくほど徐々に床規模を小さくするため、先細り形を採用するだろうことが分かっていた。そこで一九一三年のキャス・ギルバートによるウールワース・ビルディングをモデルとして用いて、ゾーニング制度は、いったん塔型《タワー》ビルが敷地面積の二五％になる点にまで後退したら、それ以上の修正なしで垂直に建てることができるとされた。

塔型ビルの量感と高さは、街路のような連続的な要素よりも、むしろ開発主体がまとめることができる敷地の規模に規定されるものであった。一九三一年に現在の形でデザインされたロックフェラー・センターは、建築可能な敷地の規模の大きさゆえ、ニューヨーク市ゾーニング条例の下で、さまざまな高さの高層ビル群を構成しようとする、数少ない意義深い試みのひとつである。

レイモンド・フッドが率いるラインハルト＆ホフマイスター、コーベット、ハリソン＆マクマレイ、フッド＆フイルーの合同オフィスによるこのデザインでは、ＲＣＡビルと連合通信ビルによる軸線を形づくるために、五番街《フィフスアヴェニュー》に二対の六階建ビルを配置する。一本の軸線で前庭と関係づけて設ける一棟の高層タワーのコンセプトは、この高さが七〇階建のときでさえモニュメンタルな伝統に近いものとなった。しかしながら、支配的なこのＲＣＡビルディングと複合開発地区《コンプレックス》内における他の高層ビルとの関係に、同様な論理はなかった。

一九三〇年代には世界的な経済恐慌によって、都市デザインの焦点が民間投資から政府活動に移った。モニュメンタルな建築群は、政府建築物にとって好ましい表現になり続けた。しかしながら第四章においても示すが、この時期は、補助付き住宅などの政府プロジェクトが、都市デザインにおけるモダニズムのアイデアを実験した時期でもあった。

ナチスの都市デザイン

ナチスのイデオロギーは、近代建築を退廃とみなし、高層ビルや鉄骨構造にさえ疑問を呈した。アドルフ・ヒトラーは、若き日ウィーンのファイン・アート・アカデミーの建築学部への入学を認められなかったが、彼の公式建築家アルベルト・シュペーアのスタジオに頻繁に立ち寄り、一九三九年のベルリン計画の進行をチェックし、注文をつけた。ヒトラーは、オースマンのパリやウィーンのリンクシュトラーセのモニュメンタルな建物を大いに賞賛した。そして彼は、自分の首都でそれらに勝るものを模索したのである。

ベルリン計画は、多くの点でこの時期における他の都市計画に似たものであった。政府や企業の管理部門のビルが立ち並ぶ並木大通り《ブールヴァード》におけるモニュメンタルなシークエンスは、既存の街《シティ》並み《ファブリック》を変えることなしには達成できなかった。土地は政府により併合され、個々の敷地は異なった政府部局に配分されるか、企業本社のショーケースとして関心のある民間企業に売却される。並木大通りのデザインには機能的な目的があった。それは鉄道網を合理的に配置する計画と結び付いたもので、新しい並木大通りのシークエンスの各端には大きな鉄道駅がある（図42）。

シュペーアによる一九三七年の「ニュー・ステイト・チャンセラリー」は、ワシントンDCも含めて、一九三〇年代における他の首都の建築と比べて、大きく異なるものではない。そして、新しい並木大通りとともに計画した政府建造物の多くは、ペーター・ベーレンスが計画したAEG本社ビルのような民間ビルがそうであったように、紋切型で陳腐なものであった。ただ、全体プロジェクトの巨大な規模や大ホールや凱旋門といったものが、背後にある誇大癖を示している。シュペーアは、凱旋門や大ホールが民間の寄付によって造られるべきであると主張した。これは、当時描かれつつあった外国侵略の大計画に沿ったもので、ユダヤ人の財産没収という点で考えると不吉な言明である。

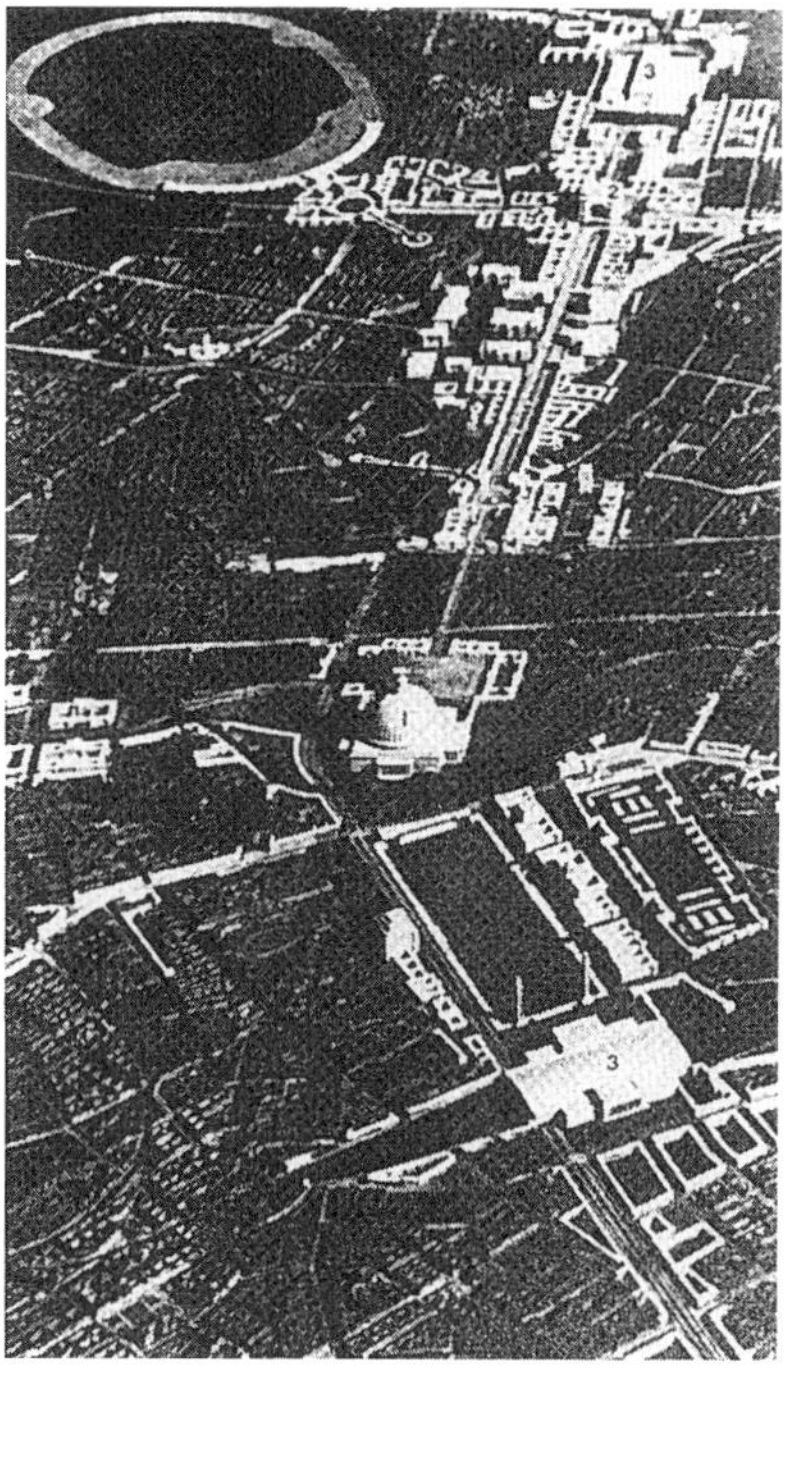

図42　アルベルト・シュペーアによるベルリンのモニュメンタル・センターは、アドルフ・ヒトラーの諮問により多くが準備されたものであるが、これは多くの点で、他の首都で計画されたモニュメンタルな並木大通りと異なっていなかった。大ホールと凱旋門だけが裏に潜んだ誇大癖を示している。

第二次大戦後、モニュメンタルな都市計画アイデアに対する人々の反感の理由を説明する際に、ナチスやファシスト・イデオロギーや独裁主義と、モニュメンタルな建築との同一化《アイデンティフィケーション》が挙げられるようになった。戦後における変化の主たる原因は、ほとんどすべての都市で主な構成要素として高層ビルが出現したことにあり、さらに、かつて優勢であった都心を均一の密度に分散させる作用を有する自動車の影響が増加したことにあった。しかしながら、モニュメンタルなデザインに取って代わった近代建築が、並木大通り《ブールヴァード》やスクエアや対称軸線に代わる大規模デザインのコンセプトに進化することはなかった。円柱やアーチに完全に取って代わるファサード調節のシステムは、存在しなかったのである。その結果、建築家は、構成上アカデミックな原則を用いながらビルディングの群れを創る問題に直面した。ニューヨーク市のリンカーン・センターなど多くの事例はあるが、その印象から言えば、モニュメンタルな構成は時代に逆行するもので、もっとよいアイデアがなかったため用いたという感じである。

近代建築批判としてのモニュメンタルな都市

以来、近代建築に対する批判を構築する手法として、モニュメンタルな都市への関心が強く復活してきた。都市デザインにおけるこの関心の一部は、コーネル大学教授コーリン・ロウが提起したものである。彼は、まる三〇年間建築学を教えていたが、都市空間を規定する要素として、街路や軸線や建物の量感の重要性を無視しなかった。ロウはまた、旧市街は撤去可能であり、そうすべきであるという信念を生み出す原因にもなっている、近代主義における強いユートピア的構成を明瞭に批判してきた。ロウとフレッド・コッターは、『コラージュ・シティ』と題した近代の都市デザインに対する批評を出版した。最初は一九七五年八月の『アーキテクチュアル・レビュウ』誌で、その後、手の込んだ版を一九七八年に著書として世に出したのである。

ロウとコッターの基本的な論点を述べると、都市デザインは一枚のドローイングというよりもむしろコラージュのようなものである、また、都市デザイナーは、古いと思われる都市の発達の経緯を考慮に入れて、手になじむ素材を用い、これを新しいデザインに変換すべきであるとする。しかしながら選び出されたイラストを見ると、モニュメンタルな都市デザイン事例への志向が見られ、強い偏向がある。

「図」と「地」のゲシュタルト的関係を表現した有名な（図―地）図は、コーリン・ロウが好んで用いた教訓的《ディダクティック》なテクニックのひとつであった。しばしばロウは、ジャンバティスタ・ノリによる一七四八年のローマ地図をプロトタイプとして用いた。ノリは、平面図中のすべての建物から中庭や大きな室内空間を除いた固いマッス（かたまり）を示した。これは地図のテクスチャーにおいて、空間をひとつの明瞭な質、すなわち建物のマッスと表裏をなすものとして読ませるためであった。もちろんこの効果は地図技法から生じたものではなく、一八世紀半ばにおけるローマの特徴、つまり実質的に均一な高さの建物が狭い隣棟間隔で並んだために生じたものである。

のちにローマのアメリカン・アカデミー専属の建築家となるマイケル・グレイヴスは、一九七八年にコーリン・ロウを含む一二名の建築家を招待し、ノリの地区における一二区分のひとつであるローマの区分を取り上げ、思い思いに彼らに再設計をさせた。このイヴェントは、ロウが提唱した一種の改竄による暗示――コラージュ技法――を示すもので、「時代喪失後のローマへの介入」と解釈できる「ローマ・インテルロッタ」と称した。当然のことであるが、その反応は極めて多様であった。ジェームズ・スターリングは、区画を構成する上で自分の建物でいろいろ変形をつくって用いた。ロウと同僚は、新しい要素を規則的に繰り返すことによって生じる質感を除けば、ノリの地図それ自体のようにみえるドローイングを描いた。おそらく最も予想できなかったコラージュは、レオン・クリエのデザインによるもので、これは、サン・ピエトロ広場やコルソ通りやカンピドリオ広場やナヴォーナ広場を、同じ構造を持つ異なるヴァージョンに修正したものである。円柱《カラム》が長い梁を有する隅棟《ヒップド》屋根《ルーフ》を支えているが、その円柱は実は各々が七～八階建の独立したビルディングで、その平面計画は階あたりひとつの芸術スタジオくらいの大きさにすぎない。

レオン・クリエによる「ローマ・インテルロッタ」のドローイングを見ると、これまでのモニュメンタルで対称形のメガストラクチュア・プロジェクトのためのデザインから、幾分伝統的なたぐいのモニュメンタルな都市デザインに、彼は作風を移行させたものと思われる（「メガストラクチュア」の意味については第五章で論じる）。クリエのプロジェクトには、人びとが期待するような彼流の一九世紀初期風の表現形式と比べたとき、好古家的な面の強いものと弱いものの双方がある。彼は、モニュメンタルな並木大通り《ブールヴァード》によって地区《ディストリクト》を小地区《プレシンクト》に分節する平面計画を好む。それは単なる地区ではなくて、中世都市よりも規則的なものである。このように彼の計画案は、既存の街《シティ》並《ファブリック》みをオースマンの並木大通りで貫通した、パリのテクスチュアに似たものであり、連続的で規則的なグリッド・パタンの上で重ねられたワシントンやシカゴのバーナム・プランとは異なっている。しかし、レオン・クリエは、オースマンに対するカミロ・ジッテの批評を理解していたように思える。彼は、ヴィスタよりもむしろ囲い込まれた空間が重要であると考えて、初期バロック風の平面計画を拡張したのである。彼はしばしば二本の並木大通りの交差点において、建築群で屋根を支えることにより覆ったモニュメンタルな屋外空間が生じるようにした。これは一九世紀末になるまで、技術的に不可能であったもので、全体的には非伝統的なコンセプトである（図43・44・45・46）。

ロブ・クリエはレオン・クリエの兄であり、ウィーン工科大学の教授であるが、モニュメンタルな都市デザインによる一連のプロジェクトを発表している。これは、あたかも高層ビルや建築上の近代主義革命がなかった都市が発達したかのように見える。レオン・クリエよりも伝統的な点として、彼は都市空間と庭園における豊かなバラエティを示した。そして、宮殿風の建築様式に近代集合住宅の小部屋を適合させることに長けている（図47）。

メガストラクチュアの探究を経て、モニュメンタルなデザインに達した都市デザイナーとして、バルセロナの建築家リカルド・ボフィルがいる。彼の出発点は、一九二二年のシカゴ・トリビューン・コンペにおけるアドルフ・ロースの作品、巨大なドリス式円柱の形を持った高層オフィス・ビルかもしれない。このプロジェクトは、ロースを新しい感受性の開拓者とみなしていた近代建築史学者から、長い間困惑の対象にされてきた。彼らは円柱

図43・44・45　近年のレオン・クリエは、アルベルト・シュペーアの建築を擁護しているかのようである。クリエは、自動車と高層ビルディング以前の都市の構成要素に実質的に戻って、都市デザインに関する一連のプロジェクトを展開している。ここで示すプロジェクトは、クリエによるルクセンブルクの旧市街を採ったもので、スクエアや並木大通りやモニュメントを、既存の建物と同化させて、新しい全体パタンとしてデザインすることにより、新しい構造を組み付けたものである。

図46　クリエの建築上のアイデアは、それを表した彼の表現スタイルと比べたとき、決して好古的なものではない。ポーチコ付きの建物は、シャンディガールにおけるル・コルビュジエの高等裁判所のデザインと強い類似性を有する。

図47　レオン・クリエの兄であるロブ・クリエも、高層ビル以前の都市構成に回帰する都市デザインを実験している。彼は近代的な小規模集合住宅に着目し、伝統的なヨーロッパの並木大通りに並んだ建築物の類の内部に、それを適合させた。

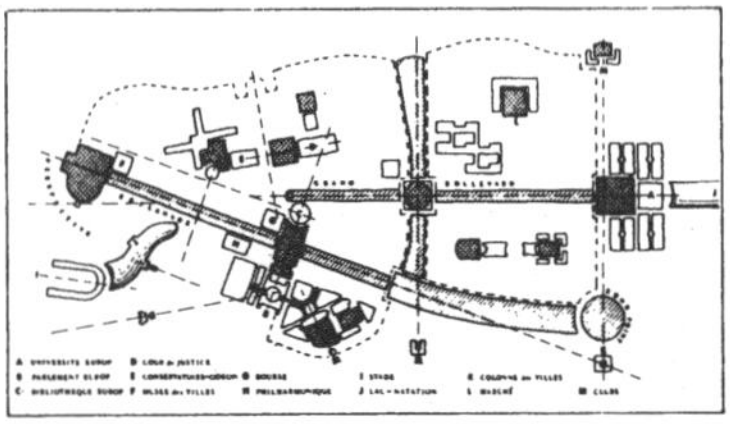

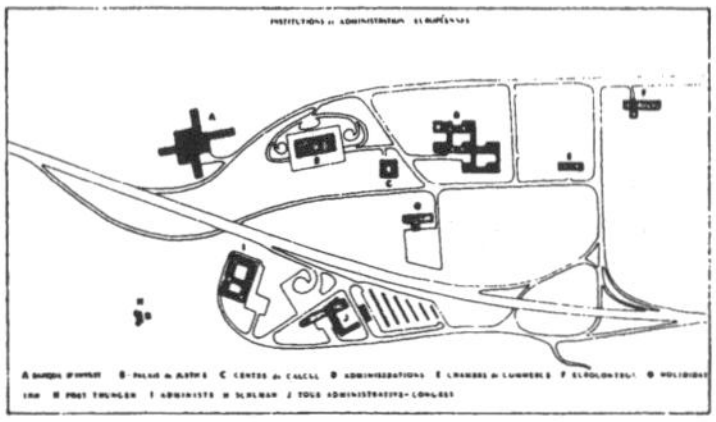

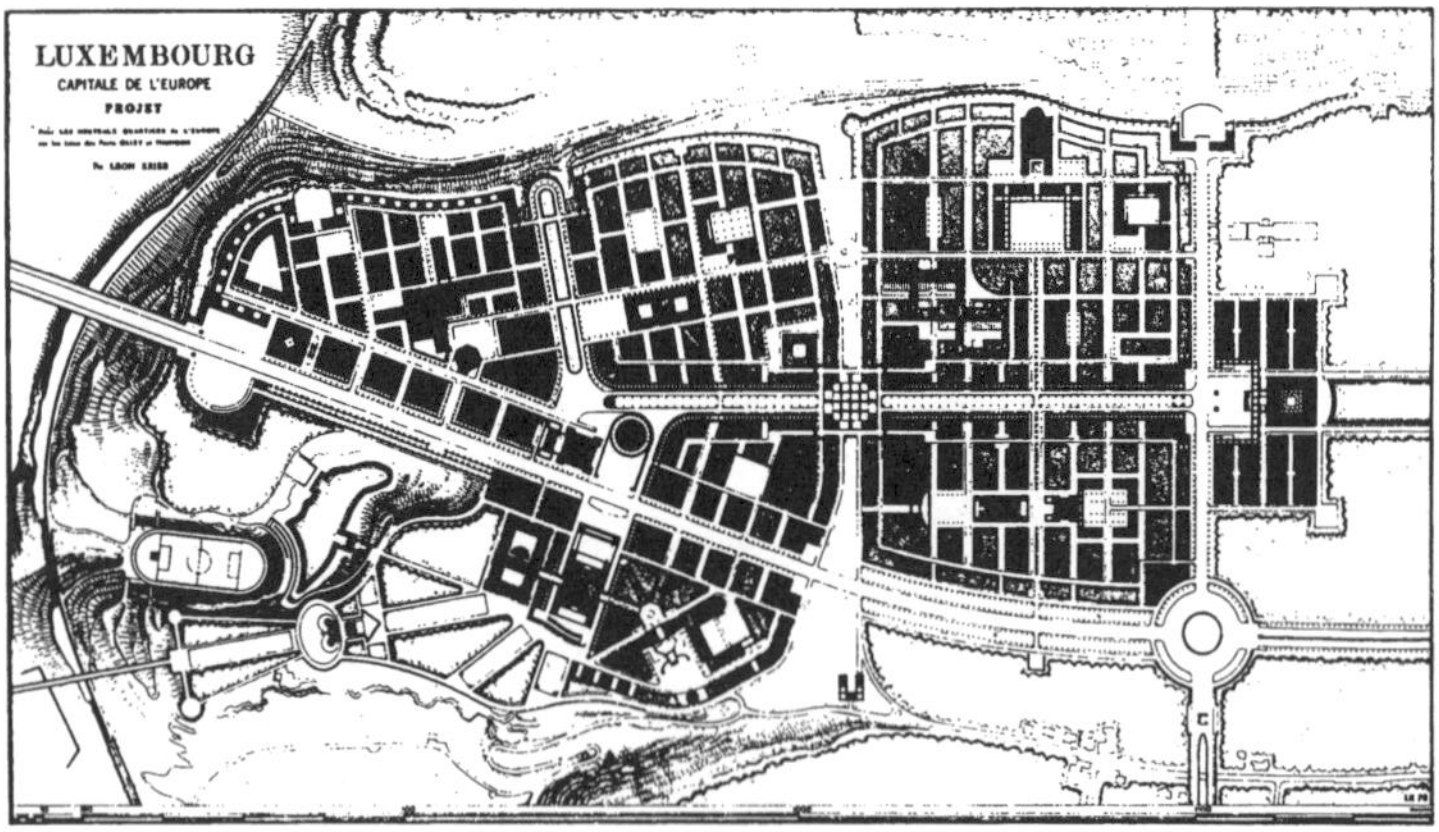

図48・49　リカルド・ボフィルは、高層ビルと伝統的なモニュメンタルな都市デザインを調和させる上で、異なるアプローチを追求している。彼は、円柱とアーチあるいは中庭とエクセドラ（古代建築における半円形の壁の凹所）のスケールを、近代的な集合住宅塔のサイズにまで膨らましたのである。

がまったくの冗談であることを望んだが、ロースが本気なのは明白であった。

ボフィルは、建築的には袋小路ともいえるこのアイデアを用い、巨大に膨張したスケールの円柱とエンタブレチュア（柱式の梁状部分）を構成要素として持つビルディングの全体群を創ることによって、表現のメディアへと転化したのである（図48・49）。これは少なくとも理論的には、モニュメンタルな都市デザイン原則によって高層ビル群を構成する際に利用可能なひとつの手法であるが、結果として実際はメガストラクチュアとなったのである。ボフィル自身は、モニュメンタルな巨大主義から、モニュメンタルな構造を持つ、より伝統的なものへと離れてゆくように見える。

しかしながら、最近のモニュメンタルなプロジェクトについて考察してみると、結局は高層ビルをどのように扱うのか、に帰着せざるを得なかったことが分かる。そして、このような作品における多くの特徴である、鉄骨構造や鉄筋コンクリートによって可能になった高層ビルの類は、都市デザインでは非常に限定した位置しか占めていない。これをひとつのアクセントとして簡素に用いることはできるが、街《アーバン》並《テクスチュア》みは、エレベーターやベッセマー製鋼法による大量生産が発明される以前の都市のままでなければならない、ということになる。

第三章　田園都市と田園郊外

ハワードの田園《ガーデン》都市《シティ》

エベネザー・ハワードは、建築家でも都市計画家でもなく、ロンドン法廷の速記記者であった。一八九八年、最初に彼は『明日・現実改革への平和な途』と題した書物を出版する。しかし、その後改題した『明日の田園都市』が広く知られるようになった。この短く簡潔に書かれた著作は、都市デザイン上、深遠な効果を持つことになる。

ハワードは田舎の学校で教育を受けた。そして就職のためにアメリカの開拓地に移住して、アイオワ州で農民になる。しかしその経験で、田舎の生活があまり好きではないことを知った。彼は農業に向いていなかったのである。一八七二年から七六年までのあいだ、大火後の再建期にあるシカゴに彼は住んでいた。そこで彼は、その後の生活を支えることとなる速記を学んだだけではなく、社会構造が開放的なこの地での生活を通じて、革新的なアイデアを持つ人びとが受け入れられ、成功しうることを知った。シカゴは、当時イギリス内にあった無意味な階級構造とはまったくかけ離れた雰囲気を持っていたのである。その後ハワードは、産業化の最中でヴィクトリア時代の自由放任的な資本主義が隆盛して

図50　一八二七年のロンドン。フリート・ストリートよりラドゲート・ヒルを望む。この風景はまだ産業化以前の都市を示しており、作者が馬のフンや蠅を描かなかった事実を認めるにしても、まったくもって魅力的である。

図51　一八七二年にギュスターヴ・ドレが描いたほぼ同じ視点からの風景は、近代世界における汚染と交通混雑を示している。

いたロンドンに戻った。当時ロンドンで何が起こっていたか、フリート・ストリートからラドゲート・ヒルを望む二枚の風景画が、いくつかのアイデアをわれわれに与えてくれる。一八二七年に描かれた最初の風景画『一九世紀のロンドン』は、都市がまだ産業化されていないことを示していた。画家が馬のフンや蠅を描かなかったという事実を考慮に入れたとしても、まったくもって魅力的なまちである。一八七二年のギュスターヴ・ドレの『ロンドン巡礼』における、同じ場所の風景には、すでに近代世界における汚染や交通混雑が描かれていた。この画集におけるほかの絵には、富裕層の多事で華やかな生活などとともに、困窮層や没落層の言語に絶する状況が記録されている（図50・51）。

一八九〇年代までにいくつかの社会改革が実施されるものの、極度の貧困や不衛生な居住や過密が、いまだにロンドンの大部分を特徴づけていた。田舎での生活はもっと悪く、長期化した農作物不況が農民の土地離れを引き起こし、土地価格は下落した。

ハワードには発明の才があり、事務所で使っていたタイプライターなどの機械を改良するほどであった。アメリカでエドワード・ベラミーの『顧みれば』が出版されるとそれを読み、社会問題にこの発明の才を発揮し始める。ベラミーの小説は、西暦二〇〇〇年のボストンを描いたもので、この都市では「協力」が社会の推進力を成しており、このユートピアの実現された経緯を語るものであった。ハワードはこの本にたいへん夢中になり、直ちにイギリスでの出版を画策し、本人も一〇〇部の販売を確約したほどである。

ロンドン市内の混雑や煤煙のなかを、彼は歩いて法廷まで通勤していたので、新しい種類の都市をつくろうと考え始めた。その都市は、農村地域に活気をもたらすもので、田舎の

PARTINGTON & C
LLOYDS NEWS
STANDARD

美や健康と、当時は混雑した不健康な大都市でしか見つけることのできなかった機会、つまり近代的なオフィスや工場への就職といったものとを、結びつけるものであった。ハワードは、『顧みれば』について考えるうちに、そのヴィジョンが独裁的で機械的であることに気づくようになった。そしてベラミーはどのようにして社会を新しい生活の方法に段階的に移行させることができるのかを、充分に考えてはいないと思うようになった。彼はほかの改革家の書――特に植民地化や土地所有の集権化、モデル・コミュニティといったコンセプトについて――を読み始めた。彼自身が執筆を始める以前のことである。彼の提案『明日の田園都市』は、明晰に整理された解説の見本とも言うべきものであった。不動産抵当権により保証された債券を発行することで、六〇〇〇エーカーの農地が購入される、と読者に想像を促すことから同書は始まる。この地所をひとつのトラスト（保管委員会）が所有し、その六分の一の面積に三万人のコミュニティを築き、残りを農地とする。

この新しい都市の中心部には、コミュニティ全体にサービスする公共施設として、市庁舎、美術館、劇場、図書館、コンサートホール、病院などがある。これらは公園の周囲に置かれ、公園にはハワードがクリスタル・パレス、つまり今日われわれがショッピング・センターと呼ぶ施設が並置される。このガラス屋根の建築物にこの都市のすべての店舗がおさめられる。魅力的な要素としてウインター・ガーデン（屋内モールに相当）が付け加えられている。この中心地区を取り囲んで住居地区があり、そこには質素なものから豪華なものまでさまざまな建築のために敷地が供給される。その周辺には工場があり、鉄道の環状側線で結ばれている。工場の外側では、農地がコミュニティ全体を囲んでおり、この農地は永続的に維持される。

鉄道路線によって、多くの農業地域が既存の都市ネットワークに直結できるようになり、都市の立地条件が以前と変わってしまったことを、ハワードは知っていた。もし交通網が適正に整備されるならば、農業地域を離れていた人口を呼び戻すことができるであろう。経済活動の見地で捉えると、不動産開発とは、つねに農地から都市への土地利用の転換であったと言えるだろう。ふつう不動産開発業者は、コミュニティから収益を徐々に回収する。その代わりにハワードは、工場や宅地による収益によって、ニュータウン開発の資金を調達することを提案して、この開発コンセプトの実行可能性を示すための想定バランスシートを描いたのである。

しかしハワードは、提案したコミュニティがどのように機能しなければならないのか、概略を述べるだけでは満足しなかった。いかなる懐疑論者も確信させるよう、充分に詳細を詰めることにしたのである。彼は、農地の経済学を論じ、園芸や野菜といった市場性農業が、新しいコミュニティと近接することにより実現可能になり、出荷や配送費用の点で地元の居住者に価格上の優遇を与えると指摘している。土地や都市サービスに対する世帯主の月々の支払いが、予算内でうまく機能することを、読者に理解させたのである。自治体の部局をどのように置くべきか、サービスはどのように供給できるか、コミュニティの負債が期待できる収入総額以内で回収できるのかなどを、彼は論じた。

彼は、自分が非実践的なユートピアンであると受け取られたくなかった。そのため、想像したすべてのことが、彼の生きている間に共益事業として完遂されるであろうということを明瞭に示した。もし、農民が（市場向けの）菜園よりも小麦畑を好むのであればそれでよい、しかし良好な市場に近いので野菜を栽培する農家があってもいいだろう。新しいコミュニティ内の工場は、ごく普通の工場であろう、そして保健上、建築上の規則を守る限りにおいては、田園都市公社は工場をまったく統制しない。

それからハワードは、成長の圧力が最初のコミュニティに収まりきれなくなったとき、どのようなことを起こすべきなのか、考えを巡らせるために自論を先に進める。コミュニティを拡大させる代わりに、農業地帯の向こうに二つめの田園都市を新設すべきである。彼は、ウィリアム・ライト大佐による一八三六年のオーストラリア・アデレードのイラストを用いて、成長の代替案を示した。ライト大佐は郊外、特にもともとの郊外住宅地である北アデレードからアデレード市を隔てるために、アデレード市の全周に緑地帯を計画した。北アデレードもまた緑地で囲まれていた。

しかしながらこの種の計画された成長は、政府の援助なしではいつまでたっても実現せず、田園都市を創設する際には、必然的に政府が主役を果たすであろう、とハワードは確信していた。彼は、最初の事業用地が交渉によって獲得されることを、鉄道創設の際における類推により理由づけている。鉄道網が大きくなり、国にとってきわめて重大になってくると、政府が鉄道会社の路線獲得を支援するために介入したのである。

新しい田園コミュニティが多数建設されたのち、ロンドンやほかの産業都市はどうなるのであろうか？　旧都市は負債をかかえて、国土の再編が必要となるまで、人口は薄く分散するだろうと、ハワードは予言した。不動産価値は下落し、スラムが取り壊されて公園になる一方、残った人びとは最良の住宅に移ることができる。このように彼は、実現可能で、実践的で、事実上必然とも言うべき、国土の再編そのものを提唱していたのである。早急な建設的変革をなしうるという彼の信念は、イギリス的なものではなく、明らかにアメリカの開拓地で生命を宿したものである。

ハワードの著作は、出版当初から絶賛をもって迎えられたわけではなかった。改革派《リフォーミスト》のフェビアン協会ですら否定的であり、その機関誌は、彼の計画案を、「もしイギリスがローマ帝国に征服されたとき、ローマ人に提案したのであれば」採用されたであろうと評した。しかしながらハワードは、疲れ知らずの努力家であった。彼は控えめな男であったが、公開スピーチに長けていた。彼の著作が出版された八カ月後、ハワードは田園《ガーデン》都市《シティ》協会《アソシエーション》を発足させて、田園都市によって目的の達成が支援される他の改革派グループと、協会が同盟を結ぶよう画策する。協会における初期メンバーの多くは、土地国有化協会の主要人物であり、ほかに影響力のある支援者として、法廷における仕事ぶりからハワードを尊敬する法律家も含まれていた。法律家のなかでのちに活躍するのがラルフ・ネヴィレで、彼は田園都市協会の議長となって、モデル産業村を支援する二人のフィランソロピストである、ジョージ・キャドバリーとW・H・レーヴァーを協会に引き入れ、ハワードを支援したのである。

一九〇一年と一九〇二年に、田園都市協会は年次総会を開いた。初回はキャドバリー・

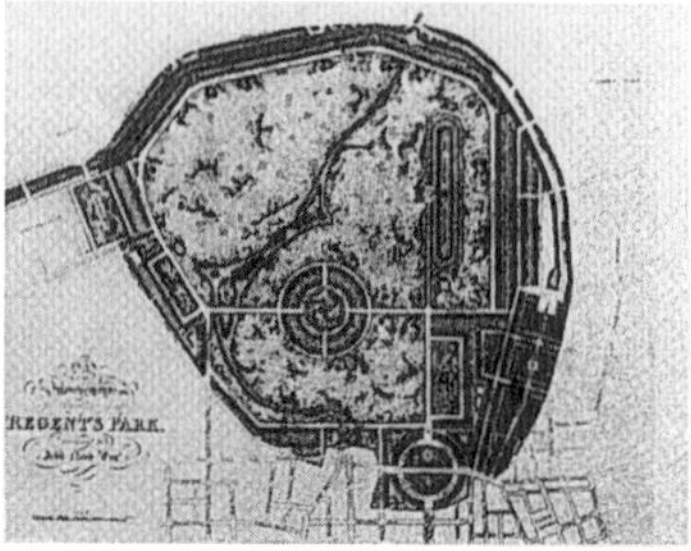

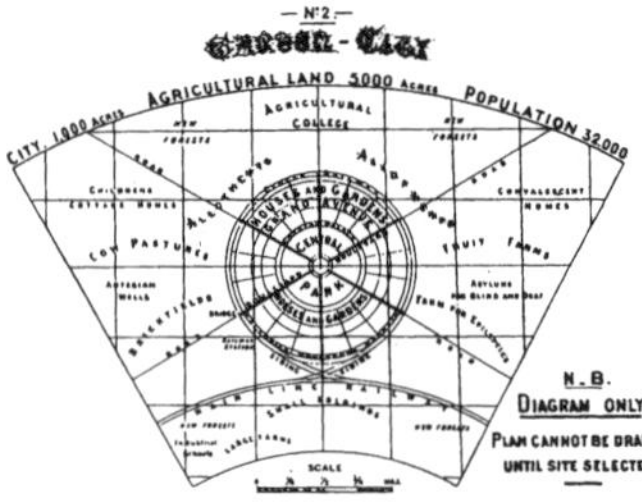

チョコレート社のモデル企業都市であるボーンヴィル、第二回はレーヴァー兄弟石鹸社によるモデル都市のポート・サンライトにおいてである。初回の会議では三〇〇名の出席者が、第二回会議では一〇〇〇名を超す出席者があった。この年、ハワードの著書は『明日の田園都市』と改題されて再版される。プロトタイプの敷地を取得するための会社が設立された。

一九〇三年中に、ハートフォードシャーのヒッチンの鉄道網の分岐点にあるレッチワースにおいて、三八〇〇エーカーを超える用地が集められた。次いで、土地を購入し、新しいコミュニティを開発するための会社が設立される。一九〇三年一〇月九日に起工式が行なわれた。

新しいコミュニティのデザインのために、理事たちは、レイモンド・アンウィンと、彼の義兄であり建築設計上のパートナーであるバリー・パーカーを選んだ。当時アンウィンが四〇歳で、パーカーは三六歳である。彼らは田園都市協会のメンバーであり、ヨーク近郊のイアーズウィックで田園都市の原則に基づいたモデル村落をデザインしたばかりであった。彼らは、田園都市それ自体に文字どおり形を与える機会を得たのである。

著書で掲載したイラストに、ハワードは「ダイアグラムのみ、敷地が決定するまでは計画案を描くことはできない」と注をつけるほど用心深かったが、もちろん彼は、田園都市がどのような形であるべきか、自分自身のアイデアを持っていた。ハワードによるデザインのアイデアは、すべて「協力」と「共有」のコンセプトに基づいていた。エドワード・ベラミーの『顧みれば』を読んで、深い影響を受けたためである。理想の都市規模について

図52　エベネザー・ハワードによるこの図案は、当時における混雑し汚染された大都市に代わる田園都市のクラスターを示すものである。ハワードは、「ダイアグラムのみ示す」と注意深く断り書きを入れているが、コンセプトは極端なまでに詳細に展開されている（図53）。ハワードのダイアグラムは、ジョン・ナッシュが設計したリージェンツ・パーク（図54）や、ジョセフ・パクストンによる一八四四年のリバプール近くのバーケンヘッド・パーク（図55）などをデザイン上の源流として持っているようである。後者は高密度のタウン・ハウスに公園状の景観を結合させたものである。

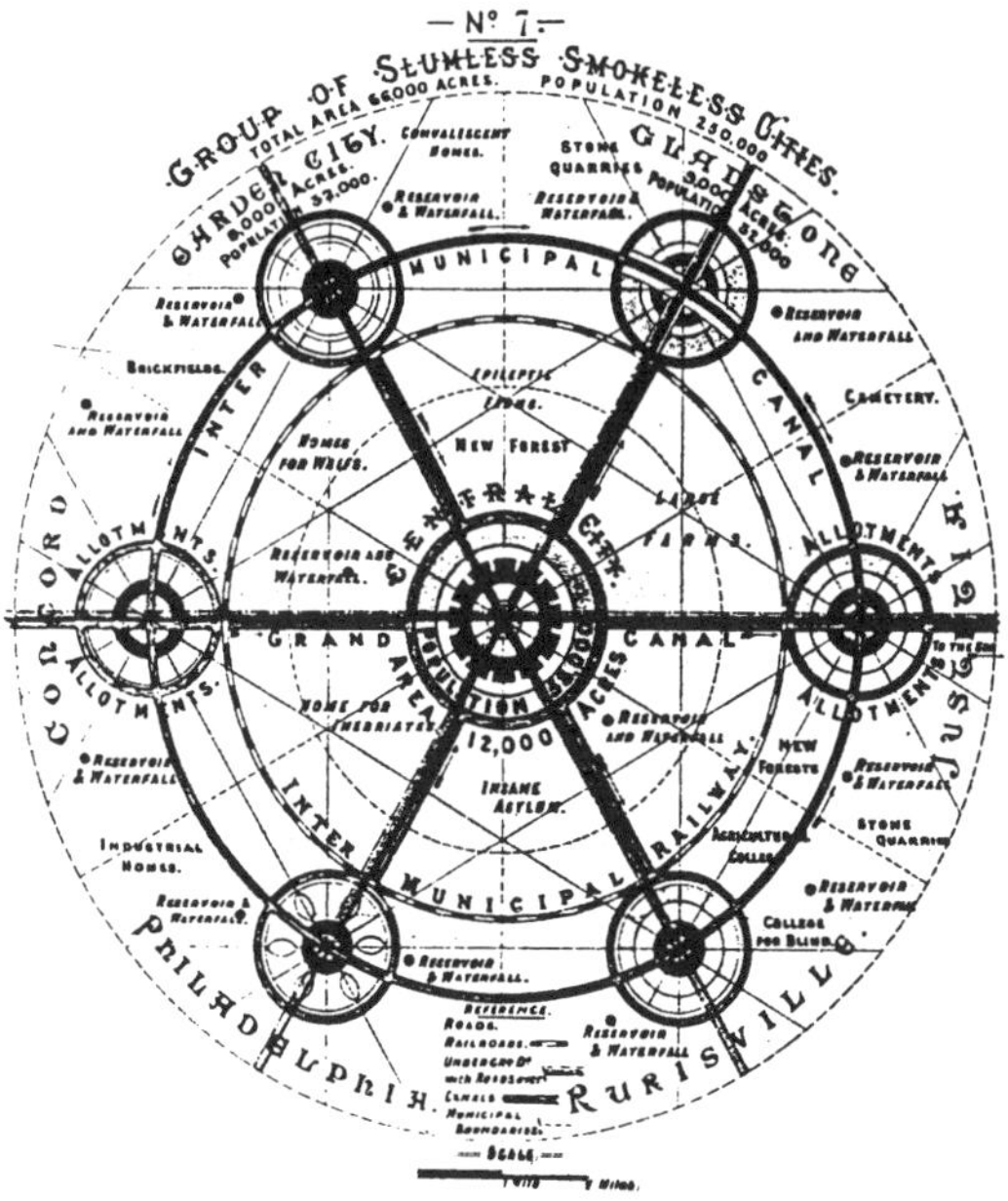

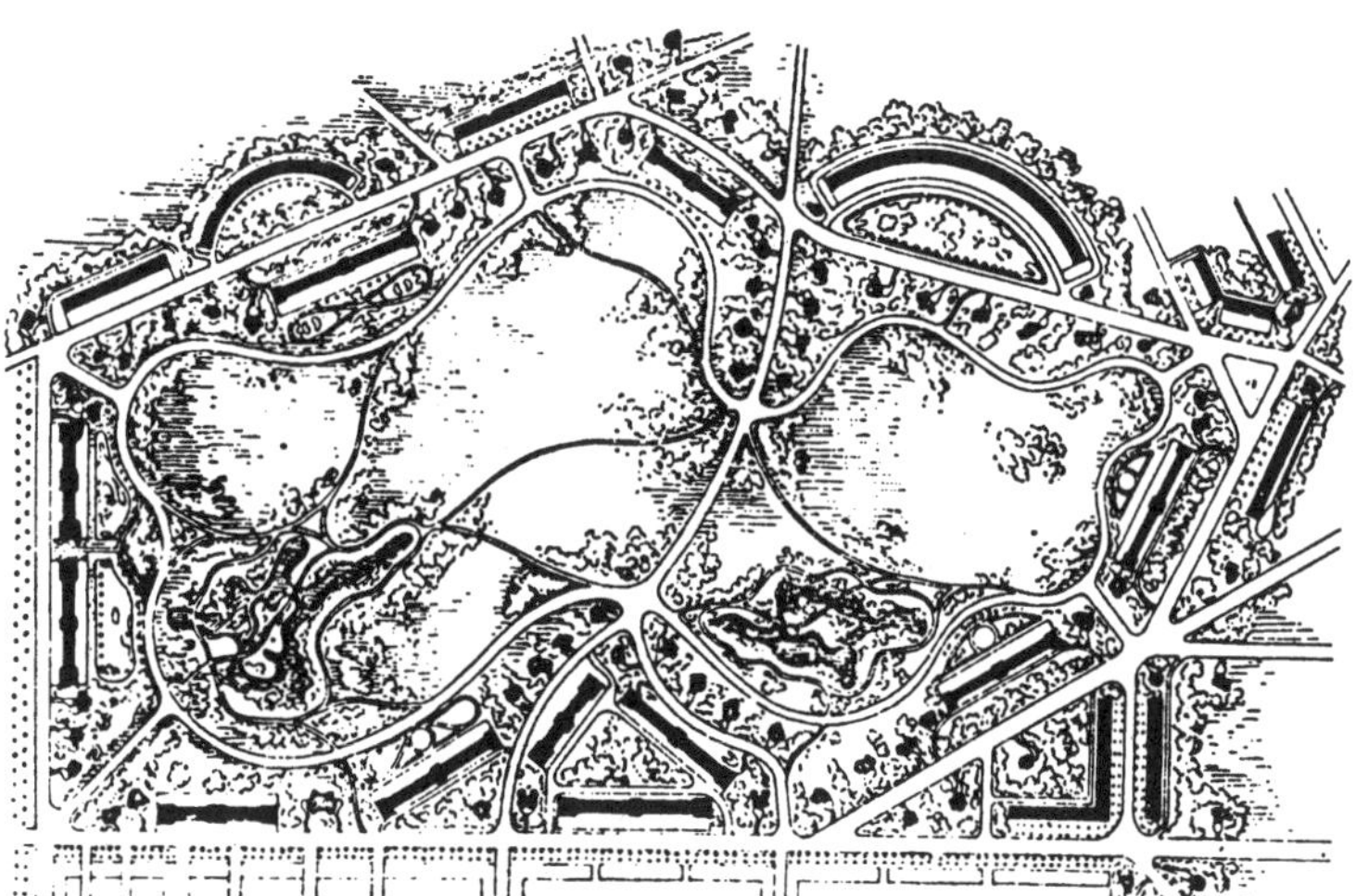

のコンセプトの一部は、ジェームズ・S・バッキンガムが『国家悪と実務的な救済』で書いた、ヴィクトリアと称する人口二万五〇〇〇人のモデル都市に由来する、とハワードは著書のなかで述べている。バッキンガムによるヴィクトリアのデザインは、厳密な対称性と集中配置という点で、ハワードのダイアグラムに似たものである。中央統制による社会を考えたバッキンガムは、中央統制の社会を空想していたので、そのデザインを本気で考えていたのかも知れない。ハワードは、空間形状と企業の自由な活動によって、統制されない多くの物事が生み出されるだろう、と考えていた。計画された都市成長のモデルとして、ハワードはアデレードに興味を持っていたことが分かる。なぜならば彼は、著書のなかで地図を掲載しているからである。また、ナッシュによるロンドンのリージェンツ・パークについても、よく知っていたはずである。もともとのデザインである公園に囲まれた円形の中心部は、ハワードのダイアグラムと強い類似性がある（図52・53・54・55）。アンウィンとパーカーは、この田園都市のデザインに対し、田園郊外やモデル村落といった、いわば既成のコンセプトを持ち込むことになる。このコンセプトとは、もともとデザイン上ならびに計画上の二つの重要なコンセプトの合成であった。ひとつは、一八世紀を通じて発達した、技巧的な人工景観によるピクチュアレスク風イギリス庭園づくりの伝統であり、もうひとつは、不規則でピクチュアレスク風の集住形態を持つ、使いやすく計画されたコテージ（田舎小屋）あるいはヴィラ（郊外邸宅）である（これも一八世紀末の発明である）。

図56　ハワードの最初の田園都市において、レイモンド・アンウィンとバリー・パーカーの計画に強い影響を及ぼした、ピクチュアレスク風庭園の伝統は、北欧の風景画や中国庭園についての旅行記に由来するものである。一九世紀初めのドイツの園芸書を出典とするこの彫版画が示すように、これはヴァナキュラーとして確立することになった。曲がりくねった小径は、一連の眺めを供するものとしてデザインされていた。技巧的に景観を配置したり、特別に休憩所を設計して、これらを背景とすることもあった。

ピクチュアレスク・デザインの系譜

ピクチュアレスク・デザインとは、その名前が示唆するように北ヨーロッパ・ルネサンスの風景絵画と密接に関連した技法である。遠近法における消点を隠し、距離感については、樹木や丘陵の斜面といった、背景に重ねあわせる自然の要素を小さくしてゆくことで奥行きを表わす。一五三七年に刊行されたセルリオの論文中における『サテュロス劇の風景』を見ると、この種の構図が、理想都市を形づくる厳密な遠近法のグリッドと同時期に行なわれていた、イタリア・ルネサンスの技法として理解されていることが分かる。セルリオの描画はまた、この種の芸術的な構図と、段階的な背景との結合を伝えている。背景の上で示される風景は、前舞台における木々を最大に、背景に近づくにつれサイズを小さくして表現することにより、広がりのリアリティが与えられるのである。

イギリスの地主たちの中でも、風景画を収集し、ピクチュアレスク上絶好な地点を注意深く選んで、スケッチすることを学んでいる人びとは、ピクチュアレスク風の景観を創ってみたいという欲求を抱いて、欧州《グランド》巡遊旅行《ツアー》から戻ってくる。彼らはまた、プッサンやクロードの作法を継いで、景観にエピソードを付け加えるために、荒れ跡や郊外邸宅《ヴィラ》も創ったのである（図56）。

加えて、ピクチュアレスク風のイギリス庭園づくりと中国・日本の風景庭園づくりとは、明らかに傾向が一致している。一八世紀のイギリスでは、旅行家や絵画を通じて中国庭園づくりの情報を得ることができたのである。

チズウィックにおけるバーリントン卿の庭園は、この初期の事例であった。チズウィック

図57・58　ピクチュアレスク風にデザインされた住宅団地には、田舎の農夫の純粋な作業小屋を置き換えたような、優れた構成のモデル村落があった。一七七〇年代末からのウィリアム・チャンバースとケイパビリティ・ブラウンによるミルトン・アバスや、一八一一年のジョン・ナッシュによるブレイズ・ハムレットはその初期事例である。

庭園の後半段階で、バーリントン卿とともに働いたウィリアム・ケントもまた、ケイパビリティ・ブラウンを長とするストウの庭園デザイナー集団のひとりである。ブラウンが、この種の庭園づくりの実務家たちを指導していたのである。住宅より得られるヴィスタとして、木々で縁どる前景、木立ちや小さな建築物を巧妙に置いた中景、それから注意深く段階的に植栽を設け、遠景を縁どる。森や原っぱを通る遊歩道を設け、遊歩道には適切な間隔で見晴らし台を置き、そこでこの「創られた絵画」を楽しみながら鑑賞できるよう、ベンチや休憩所を配していた。

建築家であり批評家であるリチャード・ペイン・ナイトは、ブラウンの造景を、自然を過度に飼い慣らしたものとして批判した。一八世紀の論説の様式である教訓詩を用いて、ナイトは、より自然主義的な景観設計の美点を唱えたのである。ナイトと同世代で、ブラウンより一世代若いハンフリー・レプトンは、ナイトの考えに近づいた造景家である。レプトンは、ブラウンと同様に巧妙であるが、もっと野生的で、人手の入っていない自然のように見える景観を創りだした。

ブラウンやレプトンといった庭園デザイナーは、囲い込み《エンクロジャー》運動《ムーヴメント》に助けられた面もある。当時、大地主は羊の放牧地を造るため、小作農や小自営農を立ち退かせていた。一八世紀後半に紡績機や織機が登場して、織布の需要が促進されたため、羊飼育は農業より利益が上がるものとなっていたのである。

田舎の村落は、経済的には悪かったので、同じように「編集」の対象、つまり景観を構成する際の要素とすることができたのである。一八世紀末から一九世紀初めに、田舎小屋《ルーラルコテージ》

の形態についての書物が数多く残っているが、小屋は、大地所のアトリエの窓から見ることができる構図の一部として、野良仕事用である本物の掘っ建て小屋《ホーヴェル》よりも、多分に「スタイリッシュ」である必要があった。

富裕層は、精巧に創られた田舎の簡素さに面白味を感じ始めていた。おそらく最も極端な事例は、マリー・アントワネットがヴェルサイユで建設したイギリス庭園と、造りものの農園であろう。

大地所のピクチュアレスク・デザインと、一九世紀初めの新しい都市デザインの問題とを結びつけたという意味で、ジョン・ナッシュは最も重要な人物であった。シュロプシャーにおける大地所の執事クロンクヒルのためのナッシュの設計は、一九世紀を通じて建築図集に描かれることとなる住宅のさきがけとなった。この住宅は、田舎小屋のピクチュアレスク風の構図と、大きく華麗な部屋を一体化したもので、新興商人の郊外住宅として、あるいは田舎教区の牧師や、伝統的な大地所という財源を欠いているが派手な生活を維持したいと望む者にとって、うってつけのものであった（図57・58）。

一八一〇年にナッシュは、大銀行の地所において慈善住宅《チャリティハウス》の群れであるブレイズ・ハムレットを設計した。彼は、住宅を一列に並べる代わりに、一カ所の緑地のまわりに集めて、ピクチュアレスクな景観の構図のもとで、前景、中景、背景を構成するように配置したのである。この戸建住宅《コテージ》のデザインは、のちに郊外生活様式の要素となる「株屋チューダー様式」を予期させるものであった。

ナッシュによる第三の重要な技術革新は、リージェンツ・パークの設計である。これは、大地所のスケールでタウンハウス（中低層の都市住宅）開発と、ピクチュアレスク風公園を結びつけたもので、最初に計画されたとおり開発されていれば、ひとつの景観として統合された五〇戸のピクチュアレスク風邸宅《ヴィラ》を含むものであった。リージェンツ・パーク開発の北端には、リージェンツ運河で分割されたパーク・ヴィレッジ・イーストとウエストがあった。さまざまな住宅が何列もなす姿は、後の田園郊外を予期させるものである。郊外における初期のピクチュアレスク風邸宅の多くは、簡易区画《コンヴェンショナル》街路《ストリート》によって生じた長方形の敷地に建てられていた。一八四四年にジョセフ・パクストンが設計した、リバプール近郊のバーケンヘッド・パークは、ロウ・ハウスにとってのリージェンツ・パークの配置がそうであったように、郊外邸宅にとって好ましい敷地を供することを意味する、ピクチュアレスク風配置を持つものである。パクストンは、一八三〇年代末にはピクチュアレスク風モデル村落である、エデンザーのデザインも手がけていた。これは、デヴォンシャー公爵のチャツワース地所の雇用者のためにつくられたものである。パクストンの仕事は、アメリカにおける田園郊外の開発に影響を及ぼすことがのちに明らかになる。フレデリック・ロウ・オルムステッドは、バーケンヘッド・パークを訪れて賞賛しており、その敷地計画と独立住宅における多様な建築の両方に感銘を受けたアンドリュー・ジャクソン・ダウニングは、エデンザーを賞賛することになる。ニュージャージー州、今日ウエスト・オレンジと呼ばれている地域にあるルエリン・パークは、イギリス庭園デザインと、華麗であるが比較的小さくて使いやすい住宅による村落のような構図とを、完璧に合成して田園郊外に取り入れた最初の事例と言えるであろう。

一八五三年にアレグザンダー・ジャクソン・デイヴィスが配置した街路は、イギリス風の庭園遊歩道のようである。住宅は、デイヴィスの友人であるアンドリュー・ジャクソン・ダウニングの『田園住宅の建築』の影響を受けていた。同書には、地方紳士のためにイギリスで発達してきた、インフォーマルさを取り入れた新種の住宅の平面図が描かれている。リージェンツ・パークにおけるパーク・ヴィレッジやエデンザーのように、個々の住宅の建築タイプは異なったものであった（図59・60）。

ルエリン・パークや、一八六九年にオルムステッドが計画したシカゴ郊外のリヴァーサイドでの住宅敷地は、地方の地所や農地に比べて小さいものであったが、個々の住宅が隣家から離れて見える程には充分大きなものであった。ウォルター・クリーズは、『環境の探索』という著書のなかで、ハワードがシカゴに住んでいた頃、リヴァーサイドを見ていたかも知れないと示唆している。ハワードは、大火前のシカゴが並木通りや手入れの行き届いた庭地によって、「ガーデン・シティ」として有名であったことを知っていたのだろう、と彼は想像する（図61）。

アンウィンとパーカー

レイモンド・アンウィンとバリー・パーカーが、レッチワースのデザインを始めた頃には、おそらく彼らは、アメリカの田園郊外に詳しくなかったであろう。この時期、多くの建築作品のリファレンスが進んで、選択肢が拡がっていたにもかかわらず、彼らは、直接のデザイン上のコンテクストとして、一九世紀後半に生じたヴァナキュラー建築――ふつ

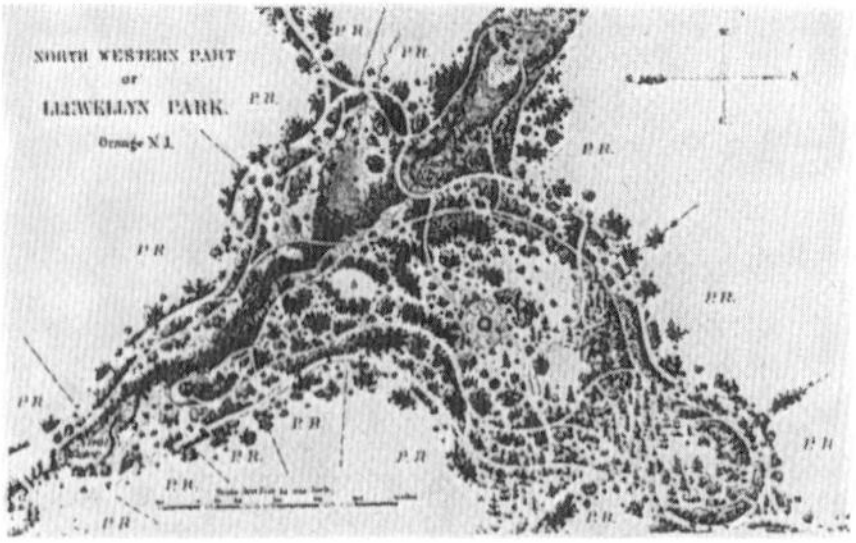

合衆国では鉄道の導入後、リージェンツ・パークやバーケンヘッド・パークのようなピクチュアレスク風のモデル村落や邸宅団地が、ピクチュアレスク風郊外として急速に変貌した。アレグザンダー・ジャクソン・デイヴィスは、一八五三年にニュージャージー州ルエリン・パークの平面計画を描いた。図59。図60のカルヴェール・ヴォーによる住宅は、ルエリン・パーク内の敷地にデザイン

うアン女王様式と呼ばれる——の復活を選ぶことになる。アン女王様式の復活期における都市計画上の重要な作品としては、ロンドンの田園郊外であるベッドフォード・パークがある。この「中の上《アッパーミドル》」知的階級を惹きつけたコミュニティは、ジョナサン・カーが開発したもので、彼自身、芸術的で知的な家系の一員であった。その建築上の基本的特徴は、リチャード・ノーマン・ショウという、おそらくこのヴァナキュラーな様式の復活に最も重要な役割を果たした建築家が確立したものである。各々独立した邸宅がそれぞれ建築上の性格を有していた、これまでの郊外住宅地のデザイナーと違って、ショウやベッドフォード・パークなどを創った建築家たちは、ひとつの村で、しかも間取りの充分な「中の上」クラスの住居による村として、単一の環境を創ろうとした。いまでもオックスフォードやケンブリッジで、アン女王様式の住宅の集まりを見ることができる。レンガや木といった素材を用いて、建築上のインフォーマルさを直截に表現した、アン女王様式風ともいうべきものが、知的階層に非常に受けていたのである（図62）。

アン女王様式を用いた住宅の他の例としては、啓発された工場主によって建てられた、ボーンヴィルやポート・サンライトなどのモデル村落がある。パーカーとアンウィンがモデル村落に最初に関与したのは、ロウン・ツリー・チョコレート・トラストによるヨーク近郊のニュー・イアーズウィックにおいてであった。イアーズウィックにおけるパーカーとアンウィンの作品は、チャールズ・F・A・ヴォイジィの簡素な戸建住宅《コテージ》建築に影響を受けており、ふたりは住宅の改良に強い関心を持っていた。そのころ、ふたりは二冊の著書——『住宅を建てるための技法』と『コテージのプランと常識』——を出版している。

されたものである。このピクチュアレスク風郊外邸宅は、当時までふつうに造られていた矩型の敷地に代わって、ようやくピクチュアレスク風の適切な配置を有することができたのである。

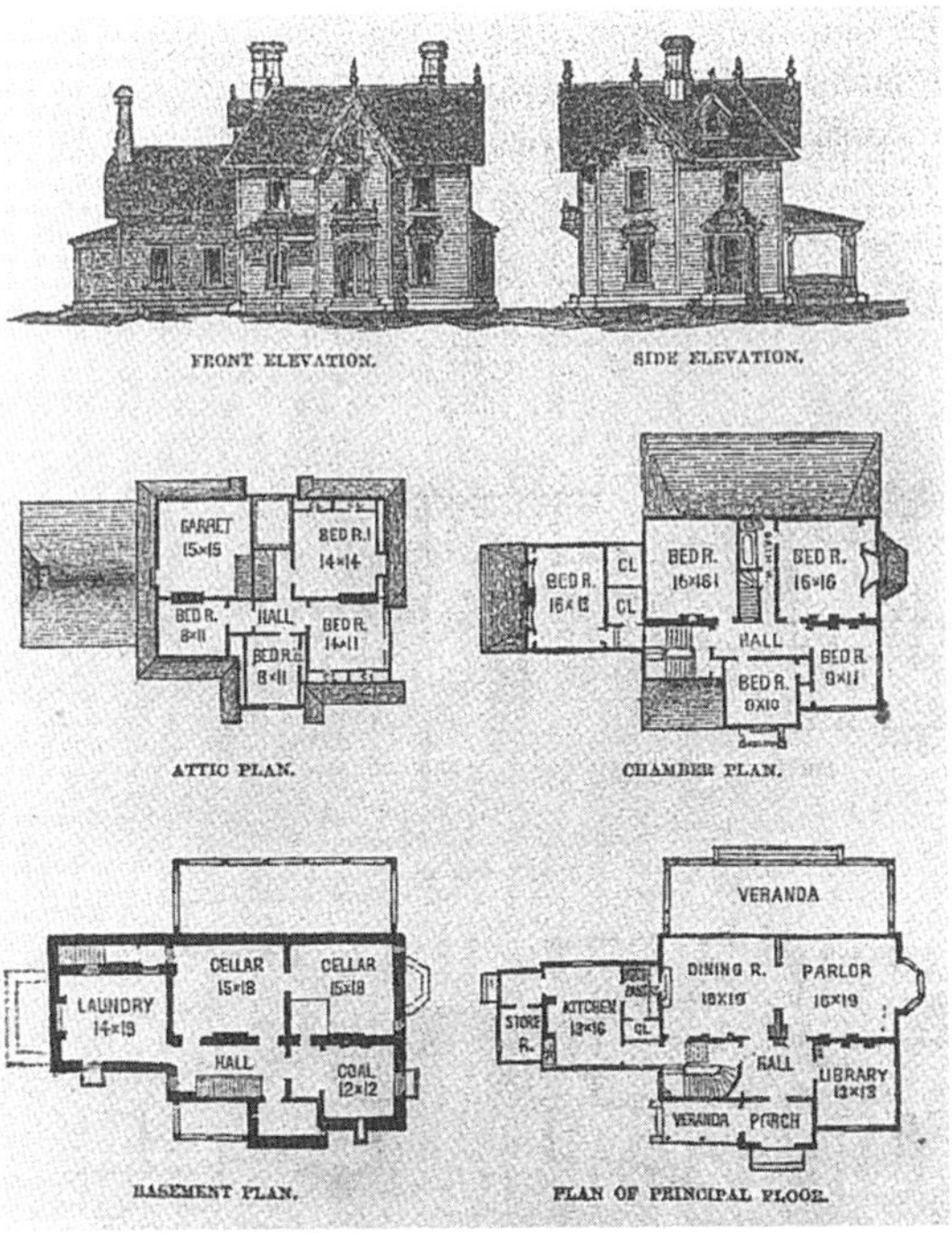

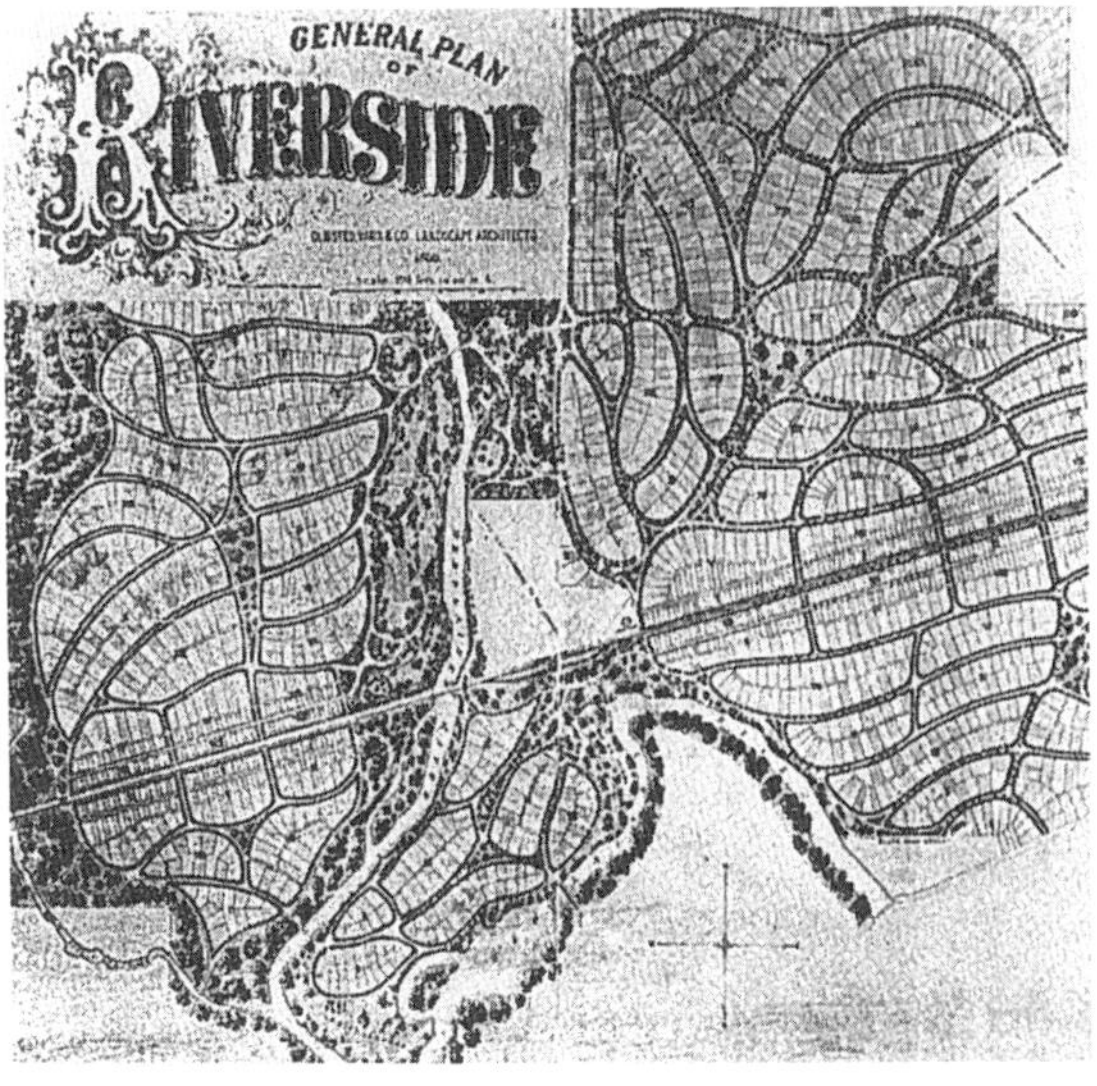

図61　シカゴ郊外におけるリヴァーサイドの平面計画は一八六九年にフレデリック・ロウ・オルムステッドがレイアウトしたものである。今日レイアウトされている郊外団地の平面計画としても通用し、この構成が永続性のあるものであることを示している。エベネザー・ハワードは一八七〇年代にシカゴに住んでいた頃、リヴァーサイドを見ていた可能性がある。

図62・63 アンウィンとパーカーによる、最初の田園都市レッチワースの平面計画。この図面は、ハワードの急進的な社会思想を、どのようにして彼らが、何者にも脅かされない環境として翻案したのかを示すものである。

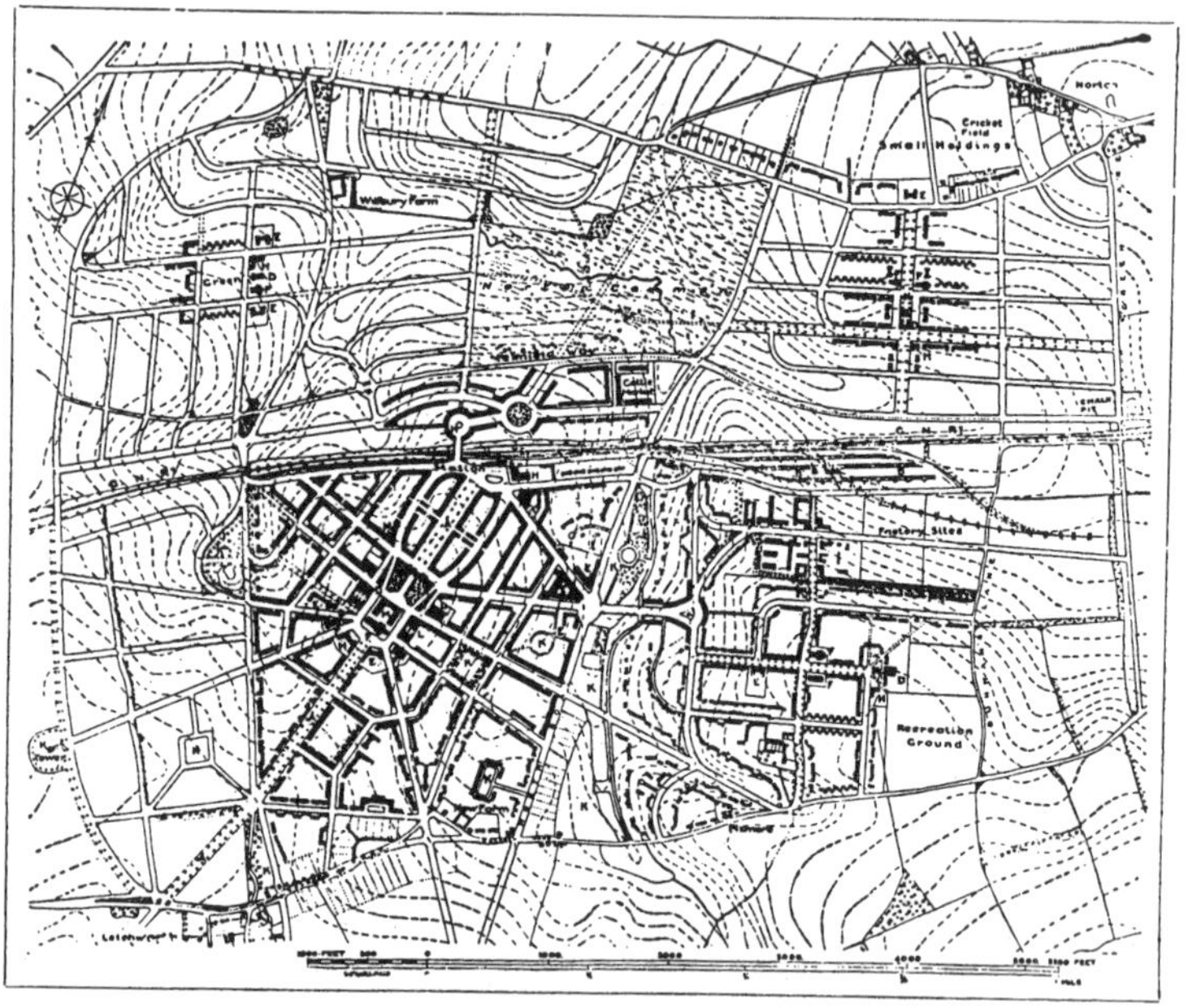

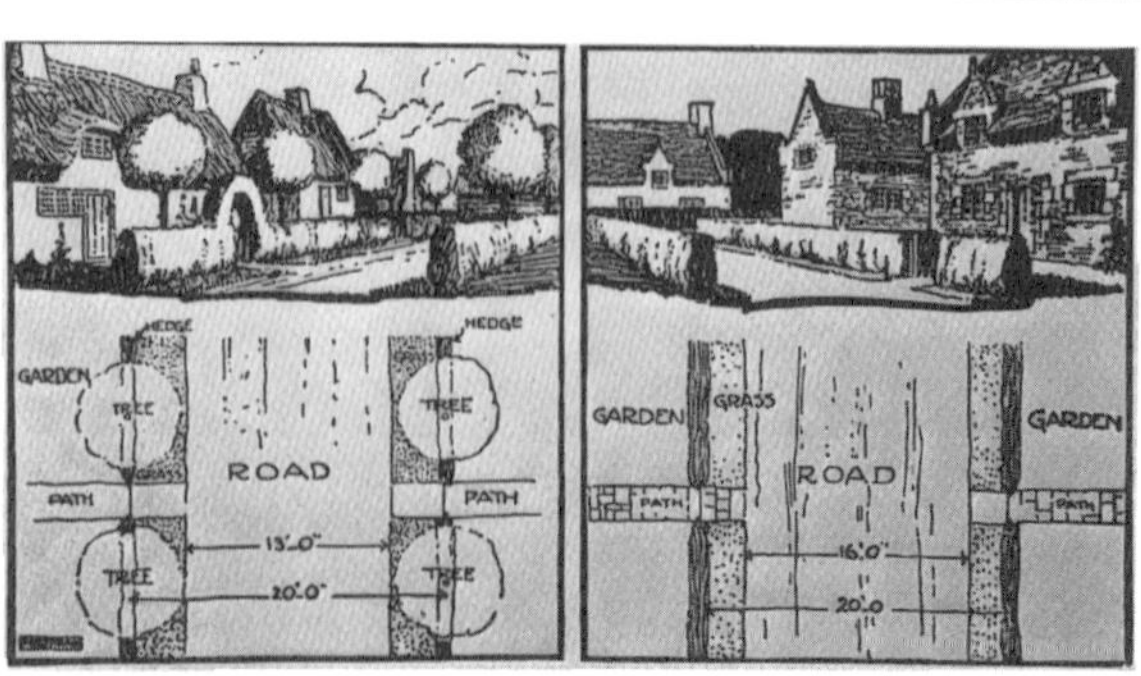

そこでは大きな部屋や便利なオープン・プラン（間仕切りをしない）を好むなどイギリスの村落の伝統的価値を強調し、小住宅で玄関《フロント》応接室《パーラー》などといった無駄の多い俗っぽい要素を取り除くことを提唱していた。これに対して社会改革家たちが、ヴァナキュラー建築を改善したり、村の生活の美点を取り込むことに興味を持っていたため、アンウィンとパーカーにレッチワースの仕事を依頼し、その結果、ピクチュアレスク風デザインによるイギリス伝統の良さが生み出されたのである。

アンウィンとパーカーによるレッチワースの平面計画は、大雑把に言って、東西に走る鉄道線と、ノートン・ウエイという南北に走るメイン・ストリートによって、四つの区画に分割されている。小高く平坦な土地の上に設けられた中央《タウン》広場《スクエア》は、南西の区画にある。モニュメンタルな並木大通り《ブールヴァード》であるブロードウエイは、中央広場と駅前広場を結んでおり、中央広場から南西に拡がる居住地区の中央部を装飾している。南東区画には、鉄道線路際に集まっている工場敷地や、比較的質素な低層連続《アタッチド》住宅《ハウス》による地区が多い。店舗地区は駅の南側、ノートン・ウエイとの間にある。北東区画では、線路沿いに工場敷地が多く、開発地区はノートンの既存の村落の周りに集まっている。北西区画は最後に開発されたものであるが、ここには七〇エーカーの保存緑地であるノートン・コモンや、鉄道沿いに軽工業の用地が並んでいる（図62・63）。

デザイン・コンセプトについて言えば、敷地計画はフォーマルとインフォーマルの合成である。中央広場に向かう直線街路が何本もあるのに対し、道路網全体は、曲がりくねってはいないものの、慎重なピクチュアレスク風で、インフォーマルな感じがする。しかしながら住宅群は、建築空間を形成するよう巧妙に配置されているものの、様式としてはバラエティのない、建築上は等質の群れが計画されていた。アンウィンとパーカーは、コミュニティを、鉄道に接するというよりもむしろ、ハワードがダイアグラムで示したように、斜めに横切って配置したのである。彼らは、卓越風や既存の植生といった地勢を基礎として、敷地デザイン上の意思決定を行なった。宅地の東側に工場を配置したのは、卓越風によって工場の汚染物質を住宅地区から遠ざけようとするためである。ハワードが示唆したようなクリスタル・パレスはどこにもないが、メイン・ストリートにある商店街は、ハワードのダイアグラムの八分の一を占める商業地区であると解釈でき、実際にこれでレッチワース規模のコミュニティを支えるものと期待されていた。

アンウィンとパーカーがレッチワースで行ったのは、革命的なハワードのアイデアに対し、イギリスの伝統村落を思い起こさせる巧妙なデザインを用いることにより、表現上の問題を解決するというものであった。

田園《ガーデン》郊外《サバーブ》イメージの影響

レッチワースは、ハワードの新しい社会秩序のヴィジョンに最初の物的形態を与えた意味で重要であるが、一九〇五年にアンウィンとパーカーが次の依頼で敷地計画の開発を行なったハムステッド田園郊外は、都市デザインに対してより広範な影響を与えるものとなった。依頼者は、ヘンリエッタ・バーネットという社会《ソーシャル》改革家《リフォーマー》で、その夫のバーネット司祭はセツルメント運動（貧しい人の住む地域に定住してその改善や啓発にあたる）の先駆者であった。ロンドン北方、ハムステッド・ヒースのゴルダース・グリーン地区の敷地は、一九〇七年に地下鉄快速線が延伸された結果、まさに通勤圏に入ろうとしていた。この社会事業は、多様な収入層を近接させて住まわせることにより、階級障壁を打ち壊しうるという希望を持って、開いたコミュニティを創ろうとしたものであった。ハワードが示唆したように、都市と農村の両方の有利な点を具体化して、コミュニティを可能な限り理想環境に近づけようとするものである。

しかしながらハムステッドは、拡大するロンドンの郊外にある。しかるに、大都市の拡大要因である成長圧力を田園都市に振り向けるべきであるとする、ハワードの基本理論とは矛盾があった。このため、依頼を引き受けたアンウィンとパーカーは、しばしば田園都市運動に対して背信的であるかのように扱われた。しかし実際には、ハワードの新しい学説とは対照的に、田園郊外のコンセプトは、異端とは考えにくいほど既に確立されていたものである。

アンウィンとパーカーは、ハムステッドのデザインを始めた頃までに、カミロ・ジッテの理論を知るようになり、ジッテや同志の都市デザイナーたちの作品を掲載したドイツの雑誌『都市建設《シュタッテバウ》』を読むようになっていた。この雑誌は、専門的学問としての都市計画学を創り出す原動力となる。一九〇九年に出版されたレイモンド・アンウィンの『実践の都市計画』は、イギリスで初めてジッテ理論について本格的に言及したものである。

ジッテのアプローチは、平面計画の論理に着目するのではなく、建物のそばを歩く観察者が実際に見るものに着目し、比較体験に基づいて原理をコード化するものである。変化する視点に応じて都市の移り変わりを認識することは、イギリス庭園デザインにおけるピクチュアレスクの美学に非常に近い。ジッテは、モニュメンタルな広場《プラザ》の多くがあまりに大きいと確信していた。重要な公共建築物は目立つ位置にあるべきである一方、広場の壁面を形づくるように他の建物に密着するか、密接に関連づけられるべきである。このように空間は、都市計画のなかに暗示的にではなく、明示的に含まれるものであるとする。ジッテの作品や『都市建設』誌を読むことによって、アンウィンやパーカーは、ドイツでの実践で頻繁に言及される都市デザインの事例に注目するようになった。アンウィンが彼の著書で選んだイラストレーションから判断すると、ローゼンベルクのように非常に良好に保全された中世都市が、特に関心の対象となったようである。

ハムステッド田園郊外のデザインを語る上で、もうひとつ重要な影響を与えたものとしては、都市計画ならびにいくつかの主要な建物の建築家として、エドウィン・ラッチェンスとの共同作業が挙げられよう。ラッチェンスは、建築の風景画法的効果に通じていて、力強い建築のデザインを創造することについては、アンウィンやパーカーよりも洗練されていた。しかし、アンウィンやパーカーと比べて、ラッチェンスは社会目的よりも建築そのものを優先する傾向にあった。建築家としてラッチェンスは、ハムステッドでの中心部における建物の高さと規模をめぐって、ヘンリエッタ・バーネットや執行委員会と途方もない闘いに入っていた。ラッチェンスは、コミュニティを支配するかのように大きい教会建築を二棟建てようとしたが、委員会はそのようなものを不適当と感じたのである。委員会は、ラッチェンスにデザインの修正を命じた。建築学の視点で見れば、ラッチェンスはおそらく正しかった。というのは中央地区は、ハムステッドじゅうから直接見えないため、全体構図としての分かりやすさを失っているからである。しかしながら、中央に二つの教会がそびえていては、コミュニティの本質を誤って表現したことになる。ここは中世の村ではないのだ。

ハムステッドの敷地計画は、レッチワースの計画よりも引き締まっていたし、建築群ははるかに力強かった。ハムステッドがレッチワースと異なる重要な点として、クル・ド・サックの用い方がある。以前クル・ド・サックは、都市スラム地区で悪用されたため、建築条例上は非合法なまま造られていた。ハムステッドでクル・ド・サックを用いるために、英国議会の法律を必要としたのである。

クル・ド・サックは、独立住居へのアクセスのために純粋に必要な道路と、通過交通のための道路を区別することによって、道路に階層性を創り出した。これは、中庭《コートヤード》のなかに建築群を収めることを促したので、アンウィンとパーカーは、各戸が道路側と庭園側の双方の眺めを持つように、道路と庭園とを交互に配置するパタンで地区全体を構成したのである。このコンセプトは、のちにヘンリー・ライトとクラレンス・スタインが、ラドバーンで全面的に展開することになる（図64・65・66）。

エベネザー・ハワードの著作や彼の休みないプロモーションの努力によって、田園都市のコンセプトは国際的に知られるようになった。しかし、田園都市のイメージは、アンウィンとパーカーが確立したものであり、レッチワースというよりもむしろハムステッドの田園郊外のものである。建築学的に意味を持つ空間を設けた優れた敷地計画や、より多様な

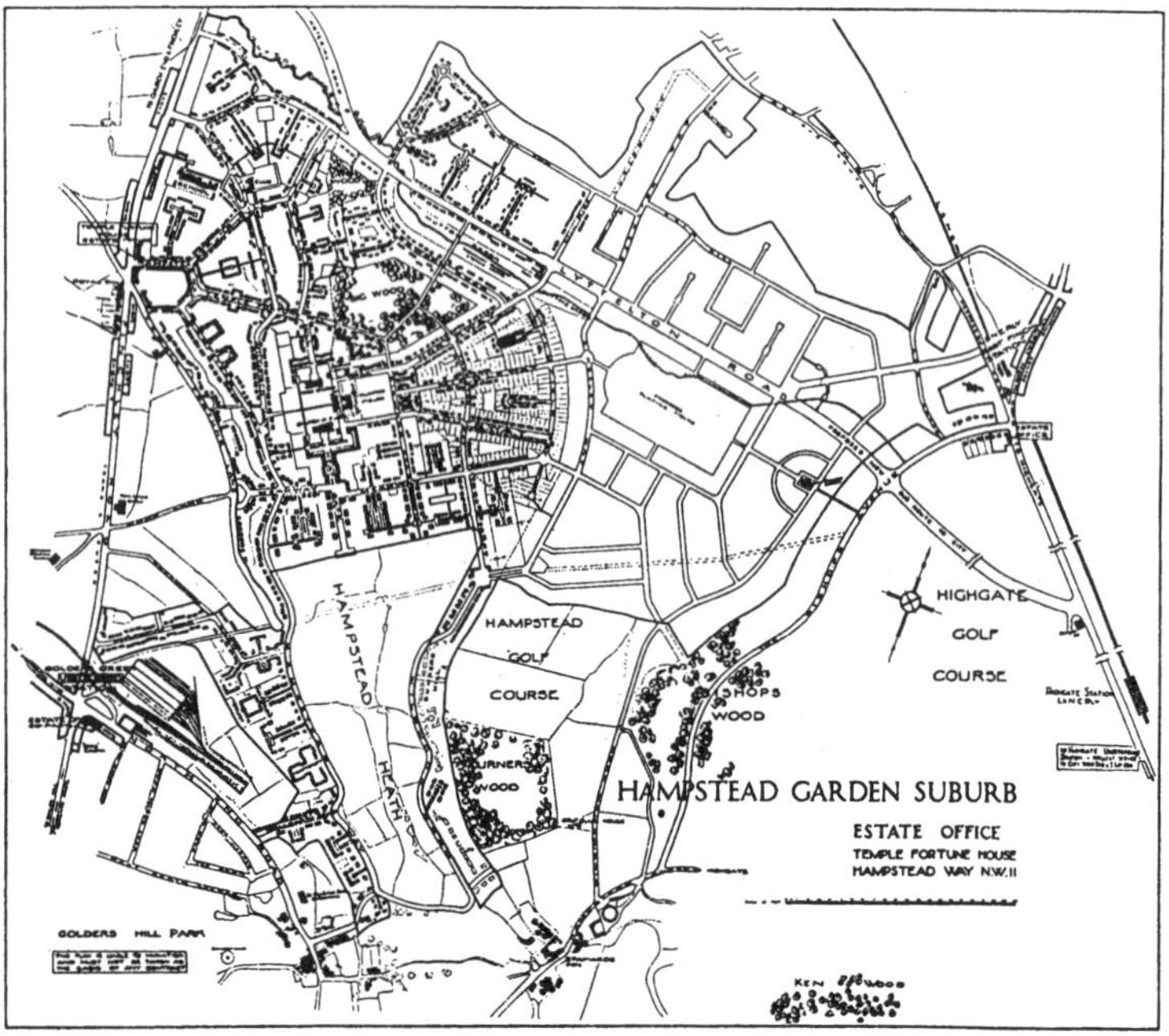
HAMPSTEAD GARDEN SUBURB
ESTATE OFFICE
TEMPLE FORTUNE HOUSE
HAMPSTEAD WAY N.W.11
HAMPSTEAD HEATH
HAMPSTEAD GOLF COURSE
HIGHGATE GOLF COURSE
SHOPS WOOD
URNERS WOOD
GOLDERS HILL PARK
ROAD

VIEW OF THE CENTRAL SQUARE – HAMPSTEAD GARDEN SUBURB

図64　クル・ド・サックは、いまや郊外デザインとして平凡なものであるが、アンウィンとパーカーによる技術革新の産物とみなすこともできる。当時までは、これは裏敷地に詰め込まれたスラム住宅と切り離せないものであったため、右の平面図に示したような、ハムステッド田園郊外でクル・ド・サックを用いるために、条例を改正する国法を必要としたのである。

図65・66　レイモンド・アンウィンによる一九〇九年の著作『実践の都市計画』からのハムステッドの図案。二つの教会とその周りの住宅の建築家でもあったエドウィン・ラッチェンスは、ハムステッドの中心地区のデザインにおいて、アンウィンやパーカーとともに働いた。アンウィンとパーカーがハムステッドのデザインを始めたときまでに、アンウィンはカミロ・ジッテを読んでおり、囲い込まれた空間についてのジッテのアイデアだけでなく、ジッテが賞賛したドイツの事例のいくつかにも明らかに影響を受けていた。ジッテのアイデアや、ラッチェンスの建築的な洗練の恩恵を受けたため、レッチワースと比べて、ハムステッドの平面計画は、より緊密に構成され、より建築的に見える。

所得階層を対象とした非常に傑出した多くの建築物――エドウィン・ラッチェンスによる中央地区の建築群やM・H・ベイリー・スコットによるウォーター・ロウ・コートやアンウィンとパーカー自身による中庭のある建築群を含めて――という点で、ハムステッドの方が分かりやすい。

ハムステッドのイメージは、ほとんどすべての郊外の開発において直接的な影響力を有していたが、一方、ハワードの基本計画のコンセプトが同様に理解され始めるのには、さらに一世代はかかるだろうと思われた。

アンウィンとパーカーは、カミロ・ジッテや『都市建設』から学んでいたが、彼らの作品は逆にドイツ語圏で影響を持ち始めていた。なぜならば、ヘルマン・ムテージウスが『イギリス住宅』と題する著作で、それらを紹介したためである。ムテージウスは、ロンドンのドイツ大使館における文化担当官であり、イギリス国内建築の本格的な研究を行なっていた。

ドイツ田園都市協会は、一九〇八年に田園都市を建設するためにドレスデンの近くのヘルレラウで創立された。ある意味でヘルレラウは、啓蒙家である家具工場主カール・シュミット氏が所有するドレスデン・クラフト・ワークショップ社の労働者のための企業町である。しかしながらこの町は、独立して運営されており、労働者用の連続《アタッチド》住宅《コテージ》などとともに、比較的大きな住宅による地区をもまた含んでいた。リチャード・リーメルシュミットが、ピクチュアレスク風のドイツ村落様式によって、すべての住宅をデザインした。ヘルレラウは、ハムステッドのように先進的な社会思想のセンターとなり、エミール・

ジャック・ダルクローズ（スイスの音楽教育家、リトミックの創始者）の有名な学校が設けられていたのである。

一九一二年に、ブルーノ・タウトがデザインした、ベルリンのファルケンベルク地区は、コーポラティブ・ハウジング協会がスポンサーとなった、より野心的な田園郊外であった。ここは、クル・ド・サックやロウ・ハウスやクレセントに至るまで、まるでハムステッドのようで、ヘルレラウよりも洗練された様式でデザインされていた。第一次大戦直前に着工した最初の建築物は、一九世紀初めの落ち着いた建築様式に似たものである。エッセン近くに計画された田園郊外マルガレーテン・ヘーエは、クルップ社の製鋼工場や軍需品工場の労働者のための一連のモデル企業町のひとつとして、一九一二年にゲオルク・メツェンドルフがデザインしたもので、明らかにアンウィンとパーカーの計画の影響を見ることができる。それゆえ、カミロ・ジッテ自身によるマリエンベルク・プランの現代版といっても過言ではないだろう。このほかに、ハムステッドの影響下に創られた田園郊外の初期の重要な事例としては、一九一六年にエリエル・サーリネンがデザインしたヘルシンキ郊外のムンキニエミ・ハーガや、一九一八年のオスカー・ホッフとハラルド・ハルズによるオスロ近郊のウレバールや、ストックホルムの田園郊外がある（図67・68）。レッチワースやハムステッド田園郊外の影響は、アメリカ合衆国でも直ちに見られた。ラッセル・セージ財団の支援により一九〇九年に開発が始められたニューヨーク市のモデル郊外である、フォレスト・ヒルズ・ガーデンズがそれである。景観設計者として、フレデリック・ロウ・オルムステッド・ジュニアが公園や曲線状の街路体系をデザインし、グ

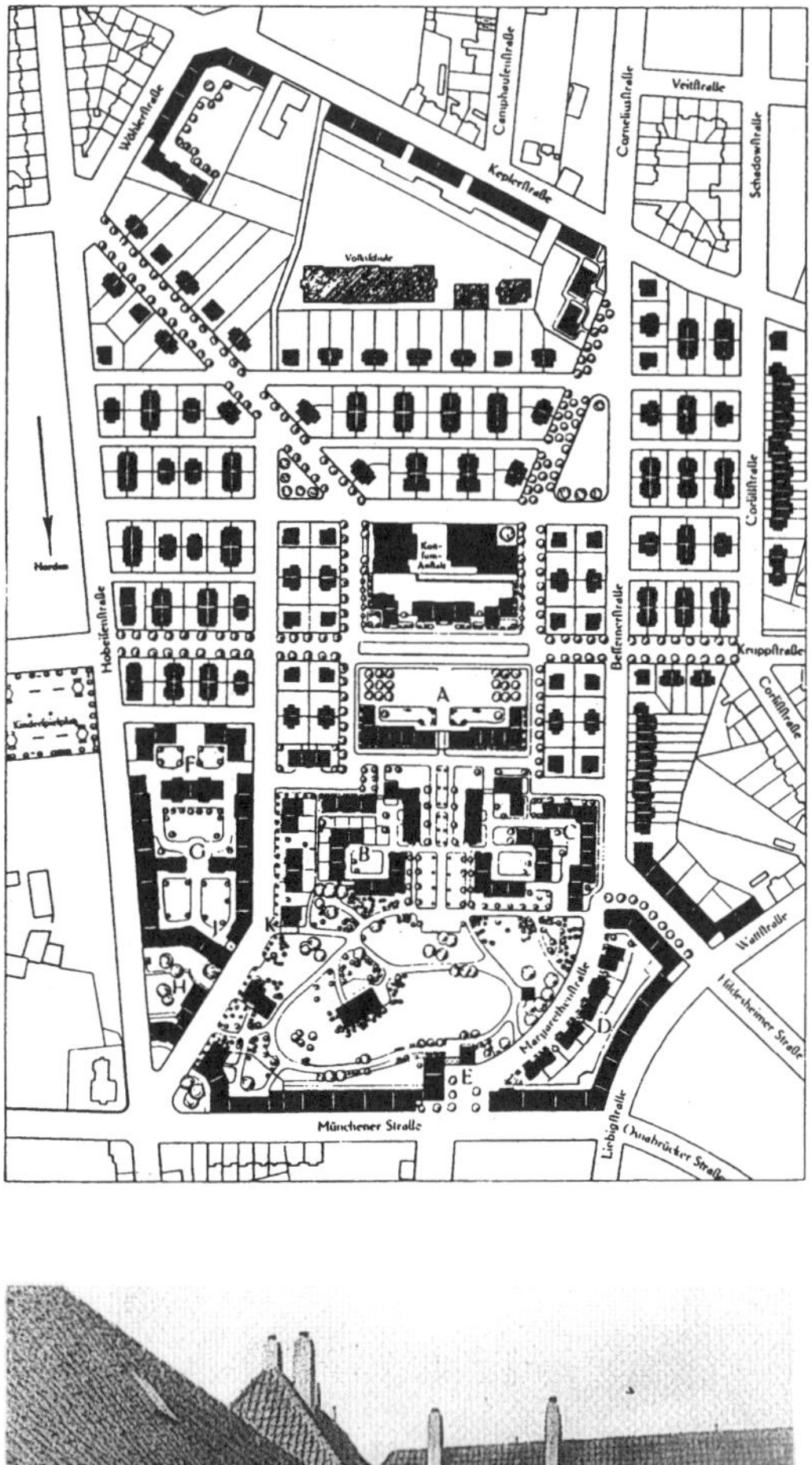

図67　エッセン近郊のアルフレッドホッフの平面計画。クルップ軍需産業により建設されたモデル企業町のひとつ。平面図の上側は一八九〇年代からのもので、一九一〇年からの下側、特に中庭をつくる建築物の群れなどは、ハムステッドにおける影響を示していると思われる。図68。

ロスヴェナー・アッタベリーが建築的な特徴を創り、重要建築物や住宅群をデザインした。フォレスト・ヒルズ・ガーデンズにおける多くの住宅は、一九〇九年においては実験的な建築材料であった注入鉄筋コンクリート製であったが、これらはレンガや石やしっくい細工で覆ったもので、ベッドフォード・パークで特徴的であったアン女王様式と比べて、全盛期の短かったチューダー様式を自由に解釈して用いたものである。気取りがなく快適で、「中の上」生活に適したこの住宅は、イギリス人の発明であり、イギリス風田舎《カントリー》住宅《ハウス》様式は高品質のシンボルとしてみなされた。フォレスト・ヒルズ・ガーデンズでは、ハムステッドのように、中心地区に集合住宅、線路わきに連続住宅やいろいろな規模の独立住宅を設けて、所得階層の混成を図った（図69・70）。

オルムステッド社は、フォレスト・ヒルズ・ガーデンズのデザインに取りかかる前に、一八九〇年代末にボルチモア北のローランド・パークで計画された田園郊外で、その経験を活用することもできたはずである。ローランド・パークでは、そのデザインは街路配置によって規定されてしまったが、しかしながらフォレスト・ヒルズ・ガーデンズでは、ハムステッドのようにリアルな建築空間を創ることができた。特に、アッタベリーによる鉄道駅近くのセンター地区や、住宅群のデザインがそうである。フォレスト・ヒルズ・ガーデンズやハムステッドが影響を及ぼした例としては、第一次大戦の時代、ペンシルヴェニア州郊外のジャーマン・タウンやチェスナット・ヒルにおける中庭を囲む住宅群や、一九一六年のハワード・ヴァン・ドレン・ショウによるイリノイ州レイク・フォレストにおけるセンター地区のデザインを挙げることができるだろう。レイク・フォレスト自体は、曲がりくねった街路と、広い住宅敷地を自由に構成した、一九世紀的な配置による古い田園郊外である。

イギリスの事例に影響を受けたアメリカの企業町として、一九一三年にオルムステッド社が計画したウィスコンシン州コーラーや、ニューメキシコ州タイロンがある。タイロンは、一九一五年に開発が始まり、未完のまま一九六七年に取り壊されたが、バートラム・

図69・70　フォレスト・ヒルズ・ガーデンズの平面計画。グロスヴェナー・アッタベリーとフレデリック・L・オルムステッド・ジュニアがデザインした、ハムステッドのモデルに基づくモデル郊外。ラッセル・セージ財団がニューヨーク郊外に造ったもの。フォレスト・ヒルズ・ガーデンズにおける駅前広場の建築は、アンウィンによるハムステッドのスケッチのいくつかのように、どこかドイツ風の外観を持っているように見える。写真は独立記念日の祭りのあいだに撮影されたもので、フォレスト・ヒルズ・ガーデンズの初期を特徴づけるコミュニティ精神を反映している。

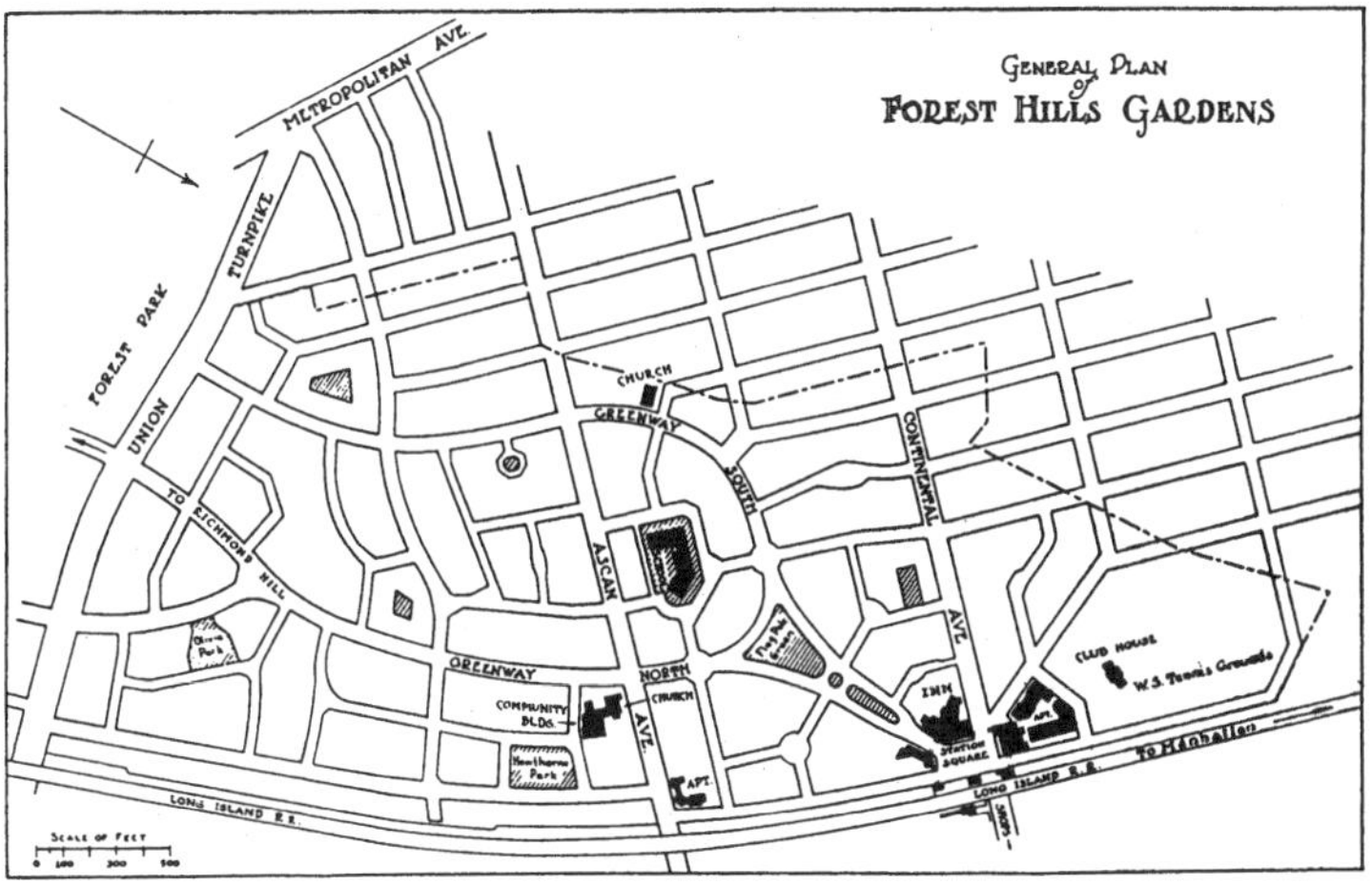

G・グッドヒューによるものでアンウィン＝パーカー・コンセプトの見事な翻案とでも言うべきものであった。フォレスト・ヒルズ・ガーデンズやレイク・フォレストでは、「慣用語」としてイギリス村落を用いたが、その代わりに、グッドヒューは、スペイン・コロニアル風やプエブロ（石や日干しレンガ作りのインディアン集落）風の様式を基礎に置いた「建築語彙」を用いたのである（図71・72）。

オーストラリアにおけるキャンベラ設計競技の優勝者であるウォルターとマリオンのグリフィン夫妻は、構成上はモニュメンタルな原則を用いたが、その全体密度の構成は田園都市そのものであり、人口構成におけるサブセンターを繋ぐ鉄道線路の使い方も、田園都市の理論に関連している。

グリフィン夫妻は、フランク・ロイド・ライトのもとオーク・パークで仕事をしていたが、彼らのキャンベラ計画案は、ライト事務所で生み出されたいかなるものよりも、シカゴにおけるバーナムのデザインに近い。等高線図に描かれたキャンベラには、三つの丘が政治・商業・軍事のセンターとして選び出され、それらは正三角形を構成するよう長い直線状の大通り《アヴェニュー》によって結ばれていた。正三角形のなか、パーラメント・ヒルとほかの二つの丘とのあいだの谷間には、一続きの湖があり、フォーマルにパーラメント・ヒルに接するよう内湾が設けられた。パーラメント・ヒルから走る三番目の軸は、中央部の内湾を横切り、ローマやヴェルサイユの表玄関で見られるように、三本の放射軸線が同様なシステムを創るものであった。

長い並木大通り《ブールヴァード》やサブセンター周辺の放射街路など、この街路体系が、実質的にフォーマ

図71　エドムンド・B・ジルクライストによるペンシルヴェニア州セント・マーティンのリンカーン・コート。この大きな住宅の群れは、ハムステッドでの独立住宅による中庭構成に似た方法で配置された。

図72　バートラム・G・グッドヒューが、田園都市をスペイン・ヴァナキュラー建築に翻案したニューメキシコ州タイロンのデザイン。フォーマルに構成された地区センターから離れた所にある、丘の中腹の曲がりくねった道路沿いに、労働者用住宅の列を自由に配置した。

ルである一方、注意深く等高線で調整されており、近隣住区は戸建住宅の敷地に合わせてスケールが調整されている。

キャンベラのプランナーとして、外国人であったグリフィンが選ばれたことや、新首都の全体アイデアについては、根強い政治的な抵抗があり、彼にとってコンペでの勝利は試練に転じた。グリフィンは、一度造成されたら、もう誰も創り直そうとはしないだろうからと、根気強く一九二〇年まで街路体系を地図に描く作業に専念した。その結果、多くの変更にもかかわらず、グリフィン・プランの骨子は実現されたのである。

戦時住宅プロジェクト

フォレスト・ヒルズ・ガーデンズ以降、合衆国における田園都市コンセプトによる影響の最も顕著な徴候は、第一次大戦中に始まった巨大産業の好況に対応して造られた、応急用住宅のデザインで見られた。

一九一七年に合衆国が参戦したとき、工場に急遽動員された膨大な労働者を住まわせるために、空前の量の新規住宅が必要となることが明らかになった。そのため連邦部局のうち二つが、住宅建設を支援することになる。戦時艦隊事業団の住宅部は、このニュー・タウンを建設する民間企業に対して融資を行ない、合衆国住宅公社は住宅を建設・管理する。そして前者は、九〇〇〇戸の家族住宅と七五〇〇戸の単身者用住居や寄宿舎を完成し、後者は二七のプロジェクトにより六〇〇〇戸の住居を完成したのである。

のちに米国建築家協会の編集者になるチャールズ・ホイテーカーは、この戦時住宅を一時的なバラックとしてではなく、永続的なコミュニティとしてデザインするように働きかけた。彼は建築家のフレデリック・L・アッカーマンをイギリスに送って、レイモンド・アンウィンと相談させたのである。アンウィンは当時、イギリスの戦時住宅に取り組んでおり、恒久的投資として戦時住宅を扱う、イギリスの住宅標準に関する一連の論文を発表していた。

フレデリック・ロウ・オルムステッド・ジュニアは、補給部隊のための陸軍基地の設計や建設の体制づくりに、初期よりボランティアとして係わっていたが、この合衆国住宅公社の計画部長に任じられる。オルムステッドもまた、アメリカの戦時住宅を高品質にデザインすることにより、永続的なコミュニティをなすよう画策したのである。そして彼は、合衆国で最高の建築家とプランナーをこの住宅団地のデザイナーとして任命する地位にあった。

ジョージ・B・ポスト&サンズ社によるウィスコンシン州ベロイトのイクリプス・パーク——これは、フェアバンクス、マウス&カンパニー社の従業員のために計画された——のデザインは、住宅がより質素であるものの、フォレスト・ヒルズ・ガーデンズに似ている。曲がりくねった街路と大きな公園のある中心地区は、コミュニティにとっての玄関部分となっている。もうひとつの傑作は、テネシー州キングス・ポートであり、アンウィンとパーカーの弟子で傑出したプランナーである、ジョン・ノレンがデザインしたものである。ジョージ・B・ポスト&サンズ社は、ヴァージニア州クラッド・ドック（ハンプトン・ロード近く）で造船所工員用の住宅とアパートをデザインした。これは建築規模や敷

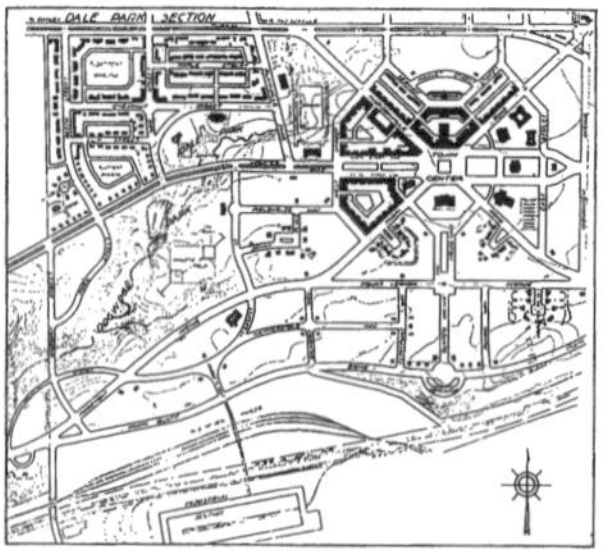

図75　シンシナチ州のモデル郊外であるマリーモントは、限定収益開発としてマリー・M・エメリーが資金提供をしたもので、ジョン・ノレンがデザインした。中央にスクエアを持つ平面計画は、同時期にデザインされたヨークシップ・ヴィレッジ（左）に似ている。

地は小さいけれども、裕福な郊外に建てられた現代の民間住宅と同様な平面計画と造りを持っていた（図73・74）。

このプログラムのもとで、田園郊外として建設された他の企業町としては、ペンシルヴェニア州南フィラデルフィアのウエスティング・ハウス・ヴィレッジがある。これはクラレンス・W・ブラザーの手によるもので、ハムステッドの影響を受け、それをアメリカの風土に適用したものであった。エレクタス・D・リッチフィールドによるニュージャージー州西コリングス・ウッドのヨークシップ・ヴィレッジもまた、ハムステッド田園郊外の影響を明らかに受けたものである。ほかにアーサー・シャートレッフによる計画や、建築家

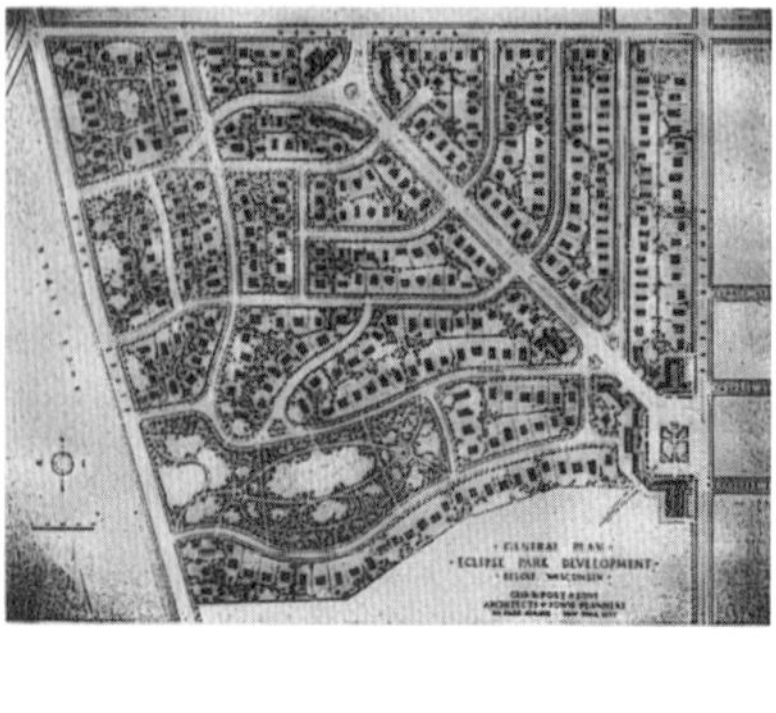

図73・74　フェアバンクス、マウス&カンパニー社の従業員のためのウィスコンシン州ベロイトのイクリプス・パークのデザインは、ジョージ・B・ポストによるもので、住宅はより質素なもののフォレスト・ヒルズ・ガーデンズとの類似性がはっきりと見られる。

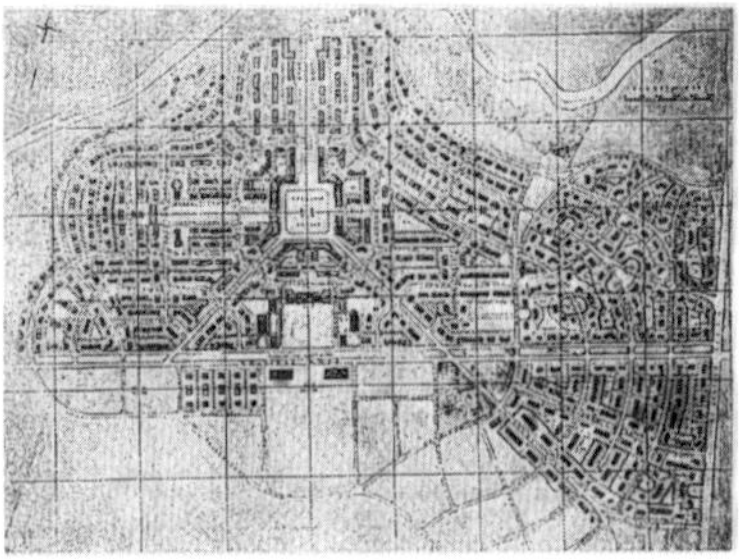

図76　ニュージャージー州カムデン近郊のヨークシップ・ヴィレッジは、エレクタス・D・リッチフィールドがデザインしたもので、これは、第一次大戦時の動員の一環として、米国政府が資金を提供した企業町のひとつであった。

R・クリプストン・スタージスとA・H・ヘップバーンの手による、コネチカット州ブリッジポートのシーサイドやブラック・ロックがある（図75・76）。

当時、雇用者住宅の政府補助金は、必要ではあるが一時的で便宜的なものとして検討されており、プログラムの根拠法では、戦争終結後直ちに住宅は売却されることになっていた。これらの戦時住宅に触れたある著作の導入部に、雇用事務局による次のようなコメントがある。

筆者は、持家所有者がいわゆるボルシェヴィズム（共産主義の一派、レーニンを支持）に最も感化されにくく、過激な扇動者による工場サボタージュに最後まで参加しないことに気がついた。家を持つことは、国家や自治体に対する責任感を与え、最良の市民となることを促すのである。

田園都市コンセプトの展開

持家の重要性についての信念が共有されなかったヨーロッパでは、第一次大戦後、政府が住宅に対し、大規模に補助を行ない始める。イギリスでは、一九一二年のレイモンド・アンウィンの小冊子『過密に得るものなし』や、役人としての彼自身の活動に後押しされて、労働者のために多量の補助住宅が、レッチワースで創られたものと類似の規格で、デザインされたのである。彼の議論では、簡易規格街路ではエーカーあたり二〇戸の密度が必要で、そうでないときは開発費用がかさむため、例えば、エーカーあたり一二戸の密度では、一戸あたりの土地価額の増額分以上の費用負担が必要になる、とされる。

田園都市協会が、より広範な基盤を持つ都市地域計画学会に編入されたことは、第一次大戦後、数年にして、エベネザー・ハワードのアイデアに生じていたことを示す兆候であった。ハワードは陽気で楽天的な気質をもって、未来社会を大変革させる信念を曲げずにいたが、彼の努力の主たる成果が新しいタイプの都市ではなく、デザインが改良された郊外であったことを受け入れようとはしなかった。結局のところ、コミュニティ所有のもとでの計画された田園都市が経済的に実現可能であるという彼の予言は、正しいことが証明される。致命的ではないが深刻な唯一の誤算は、コミュニティが負債を返済するに足る収入を得る規模に成長するまで、予測よりも長く時間がかかったことである。

ハワードは、レッチワースが無事に成功したことに喜びはしたが満足せずに、第二のプロトタイプを建設する場所を探し始めた。戦争終結前に理想地点として目星をつけていたハット・フィールド近くの敷地が、一九一九年に売りに出された。同僚の多くは、一九一八年のフレデリック・J・オズボーンの著作『戦後のニュータウン』の提案を戦後住宅の開発政策に組み入れるよう、政府に働きかけることを力説していたが、ハワードは、彼の支援者に敷地を買うよう説得を行なった。ハワードは、政府の支援をぼんやり待っていたくはなかった。彼は直接行動によって田園都市の長所を説き続けることを好んだのである。その結果がウェルウィン田園都市であり、これもまたコミュニティとして確立してゆく。しかしながら政府の融資がなければ、ウェルウィンは成功しなかったであろう。戦後住宅プログラムに、田園都市の開発を目的に設けた機関に対して融資を許可する項目があり、この一部を利用したのである。

ルイス・デ・ソイソンズによるウェルウィンの設計コンセプトは、レッチワースに近いものである。モニュメンタルな並木大通り《ブールヴァード》が重要性を増し、全体の敷地計画はどことなく引き締まった感じであるが、工業地区はレッチワースに似た配置で、同様にインフォーマルな感じの曲がりくねった街路網がある。住宅群のデザインはもっと建築的で、ハムステッドで確立された優秀なデザインを反映したものである。建築上の性格づけとしては、どこか弱々しい感じのする新ジョージ王朝風が広く用いられた（図77）。

ほかにも大戦間期にハワードに似た原則により、計画コミュニティがイギリスで創られたが、それらは住宅供給と過密対策を扱う公共政策の一環として、大都市に建設されたものであり、ウェルウィンのように自治的な民間主体が開発するものではなかった。マンチェスター郊外のワイゼンショウは、マンチェスター市が建設したもので、バリー・パーカーのデザインによる（アンウィンは戦後も政府に留まりパートナーシップを解消していた）。ハワードが提唱していたのとはほど遠く、補助金を受けた住宅による単一階層のコミュニティであったし、雇用基盤を欠いていたが、ワイゼンショウにおいて彼は新しいタイプの住宅群とクル・ド・サックを創って、田園都市コンセプトを展開し続けた。

ロンドン州《カウンティ》議会《カウンシル》（LCC）は、第一次大戦後に戸建《コテージ》住宅《ハウジング》団地《エステート》と呼ばれる一連の開発を始める。その最大のものはニュータウンの規模に匹敵したが、これらは完全なコミュニティというよりも郊外と呼ぶべきものである。ロンドン東部にあるベコンツリーは、一九二〇年にロンドン州議会の意向で建築家C・トッパム・フォレストが設計したも

図77　ウェルウィン田園都市におけるクル・ド・サックは、一九二一年に全体開発のプランナーであるルイス・デ・ソイソンズがデザインしたものである。

図78　ニュージャージー州フェアラウンの計画コミュニティ、ラドバーンにおけるクル・ド・サックの街路体系は、イギリスの田園都市のアメリカ版として、クラレンス・スタインとヘンリー・ライトがデザインしたものである。それは、イギリスで実践されているのと同様な配置をもとに、図79の鳥瞰図で示すように、完全なオープン・スペース体系の一部として、住宅の庭側を位置づけて改良されていた。その後バリー・パーカーは、ラドバーンで再定義されたクル・ド・サックをワイゼンショウにおける彼のデザインに取り入れている。

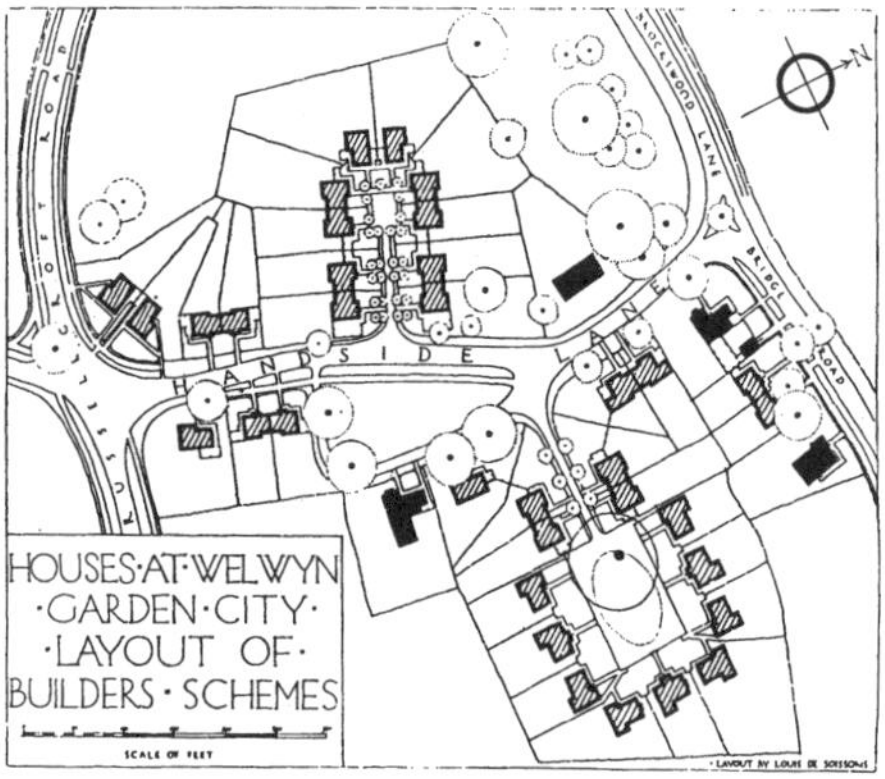

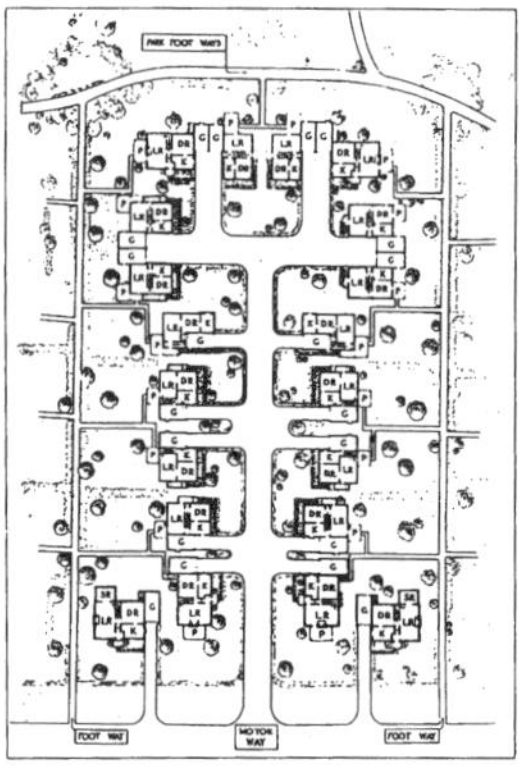

のである。計画人口は一一万五〇〇〇人で、同時期にロンドン周辺でLCCが計画した戸建住宅団地としては、最大のものである。人口三万人のダウンハムや四万五〇〇〇人のセント・ヘリアー団地など、ほかの住宅供給《ハウジング》プロジェクトのいくつかもニュータウンの規模を有していた。合わせて人口三〇万人の住居が開発されたが、これらは、フォレストと後継者であるE・P・ホイーラーの指導のもとでデザインされたものである。密度は概ねエーカーあたり一二戸で、オープン・スペースとして広大な保留地があり、建物は建築的に高い質で統一されていた。曲がりくねった街路に沿って、あるいはクル・ド・サックの周りに建築群を創るよう注意を払っているが、所得階層や密度や建物のタイプが均一なため、ある種の単調さを避けることはできなかった（図80・81・82）。

大戦間期のヨーロッパ大陸において、ニュータウン理念は、補助付き住宅開発事業のいくつかに影響を与えた。もっとも次章で述べるように、住宅の多くはより都市的な様式のなかで建設されていたが。エルンスト・マイは、フランクフルトの市《シティ》建築監《アーキテクト》であり、第一次大戦前にアンウィンやパーカーとともに働いていたため、ハワード理論やイギリスの田園都市や田園郊外を熟知していた。マイとその同僚は、モダニズム建築をヴァナキュラー様式として用いる一方、当時の他の多くのモダニストたちによる機械論的な試みが失っていた、優雅な質というべきものを作品に与えたのである。マイは、フランクフルト総合計画を準備した。これは、彼の住宅プロジェクトにとってコンテクストをなすものである。彼はまた、ローメルスタット、プラウンハイム、ヴェストハウゼンといった新しい衛星コミュニティも開発した。これらは、曲がりくねった街路やグリーン・ベルトのようなイギ

図80・81・82　第一次大戦後にロンドン州議会は、一連の大規模計画郊外コミュニティを建設した。レイモンド・アンウィンが一九一二年の小冊子『過密に得るものなし』で提唱した、エーカーあたり一二〜一五戸の密度を用いている。ロンドン州議会の建築家C・トッパム・フォレストとその後継者E・P・ホイーラーの指導のもとですべてがデザインされた。これらロンドンのコミュニティのうち最大のものは、一九二〇年にデザインされた人口一一万五〇〇〇人のベコンツリーである。建築物の多くは、イギリス・コテージ風ヴァナキュラーによるもので、詳細な敷地計画を見ると、この開発やこの時期の他のロンドン州議会の作品の多くが、レッチワースやハムステッドにいかに多くを負っているのかがわかる。

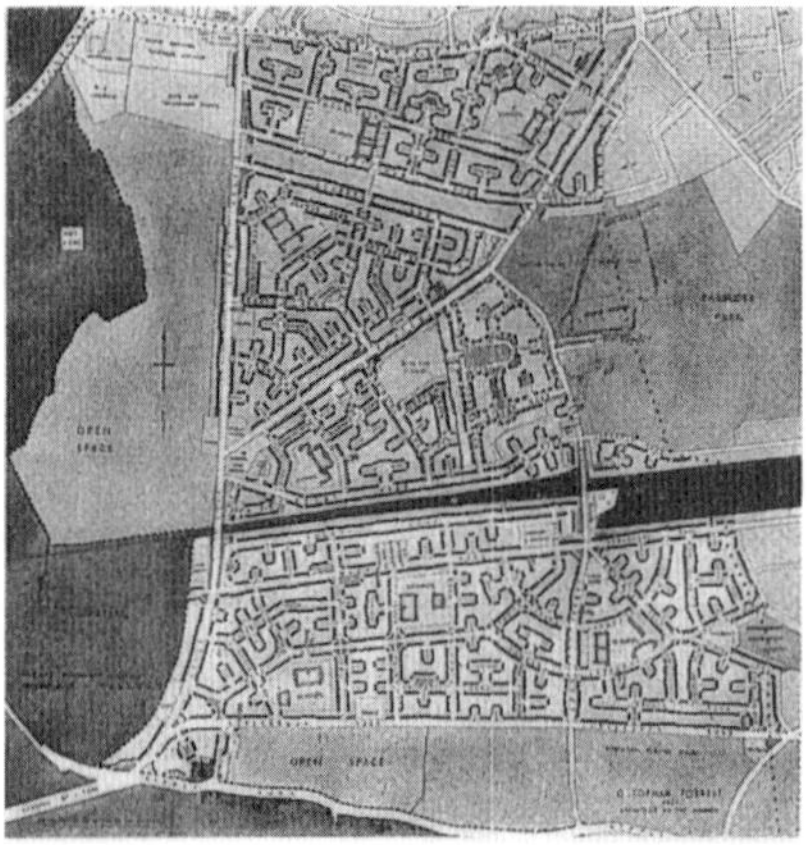

リスの田園都市の計画原則に加えて、単純化された建築表現や建築上の決定要因として重要である方角《オリエンテーション》について、ドイツ風のアイデアを結合させたものである。

アメリカの田園コミュニティ

第一次大戦後の合衆国では、民間企業が、やりがいのある社会目的とともに健全な長期投資を求めて、モデル田園コミュニティを建設したが、これは住宅供給における最良の形態となった。

シンシナチ東部にあるマリーモントは、マリー・M・エメリー夫人の集めた用地において、一九二三年より建設を始めたものである。エメリー夫人は、公園や教会や最初の校舎を寄付したが、事業の狙いは、熟練工員やオフィス就労者に対し、他では得ることのできない高い質の住宅を供給することにより、それに見合う利益を得ることにあった。プランナーは、合衆国での効果的な都市計画のパイオニアのひとりであるジョン・ノレンであり、レイアウトはいまや馴染みの深い田園郊外様式に従った。

ニューヨーク市クイーンズ区にあるサニーサイドは、一九二四年に限定営利法人である市住宅供給公社により、モデル・コミュニティとして創始されたものである。プランナーであるクラレンス・スタインとヘンリー・ライトは、既存のグリッド状の緑道パタンに従う必要があったが、ブロック内部にオープン・スペースを設け、のちにはブロックを貫通したコモン・スペースを建築群の間に創ることができた。その結果、民間開発では常態とされた、狭い区画と均一な住宅による並びといったものとは、かけ離れて良いものになったのである。その限定営利機構を通じて、サニーサイドも、マリーモントのように伝統的な住宅の買い手よりも低い所得層に届きうるものであった。借家の集合住宅もあれば共同所有の集合住宅もあった。

市住宅供給公社にとって、サニーサイドは、ニュージャージー州のラドバーンのための最終リハーサルと言えるものであった。ラドバーン・プロジェクトは、アメリカにおけるレッチワースやウェルウィンに匹敵するものとして計画され、アンウィンとパーカーの諮問を受けた後、一九二八年に開始された。大恐慌のため、当初の計画案に従って完成したのはコミュニティの一部のみであったが、クラレンス・スタインとヘンリー・ライトによるこの計画案は、巨大な影響力を持つことになる。その最も重要な特徴は、緑道のシステムにある。この緑道システムにより、子供たちが街路を横切ることなく、小学校まで小径《パスウェイ》を通って歩いてゆくことができる。ただひとつの例外は、主要幹線をくぐるためのアンダーパス（地下道）である。スタインは、緑道とアンダーパスのシステムの着想を、マンハッタンのセントラル・パークにおける歩車分離から得たと語っていた。しかしこのデザインは、ハムステッド田園郊外といった類似の事例や、道路とサービス通路を交互に配置する伝統に由来していると解釈することもできる。ラドバーンでは、住宅のクラスターに繋がっているクル・ド・サック街路の上で、すべてのサービスが行なわれ、他のプロジェクトでは裏通りとなっていたものが、緑道となっている（図78・79・83）。

ラドバーンでは、小学校を必要とするほど大きい戸建住宅や集合住宅の集まりを近隣住区の単位としたが、このコンセプトは、クラレンス・ペリーが一九二九年にニューヨーク市

図83　ラドバーンのわずか一区画が建設された直後に、大恐慌が到来する。完全な設計案は、エベネザー・ハワードが発表したモデルに基づいて自己充足コミュニティを目指すものであった。

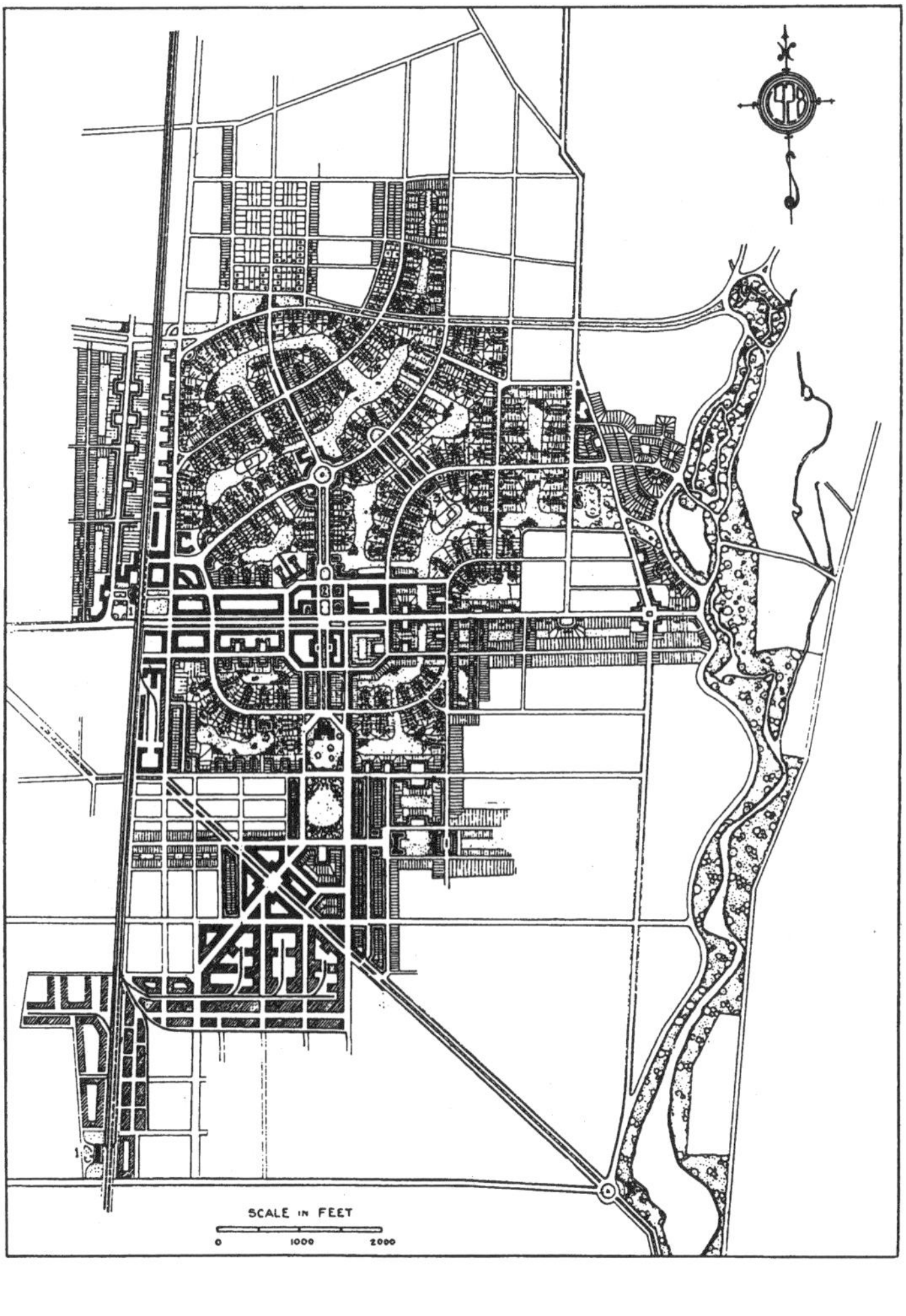

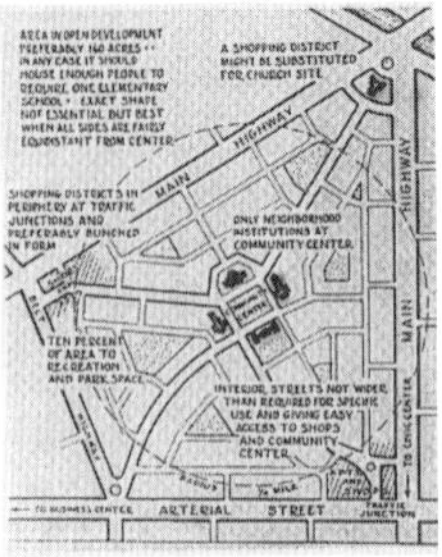

図84　クラレンス・ペリーによる近隣住区のダイアグラム。一九二九年、ニューヨーク市第一次地域計画で発表された論文より。現代的な実践より一群の基本原則を抽象化したこのダイアグラムは、フォレスト・ヒルズ・ガーデンズの計画図や、他の計画図に強く依っているように思える。

第一次地域計画の一環として出版した論文で行なった、近隣住区の定義における一部となった。この計画書は、一九二六年より開始された一連の計画書のひとつとして刊行されたもので、フォレスト・ヒルズ・ガーデンズを開発したラッセル・セージ財団が支援を行ない、ペリーはそこで財団の理事をしていたのである。この計画案で示した近隣住区の理論的なデッサンが、フォレスト・ヒルズ・ガーデンズに非常に似ていたとしても驚くことではないであろう。近隣住区のアイデアは、いまや計画論において公理のようになっているので、このアイデアが、ペリーやスタインやライトなど数人で、それも高々、二―三千戸の孤立したモデル開発のデザインの一部として公式化されたという事実を忘れがちになる。やがてこのアイデアは、イギリスの田園都市運動にも還流し、最終的には世界中で適用されることになる。バリー・パーカーは、特にラドバーンに感銘を受け、その再定義されたクル・ド・サックをワイゼンショウのデザインに取りこんでいる（図84）。

このように、合衆国における都市計画上の新しいアイデアは、民間支援による開発の下でプロトタイプが創られてきたが、ニューディール政策の到来によって、これらすべてのアイデアを適用する機会がもたらされたように思えた。テネシー峡谷《ヴァレー》開発公社《オーソリティ》（TVA）は、かつてないスケールで実際の地域計画を行なう機会を提供することになる。新しい連邦プログラムは、すでにヨーロッパで打ち立てられた原則――もし民間市場が高品質な低所得者住宅を供給できないのであれば、政府が供給する義務があるとする原則――を受け入れたのである。プログラムの多くは、地方の住宅公社に対する連邦補助金であったが、連邦政府も住宅開発事業に乗り出した。再植民局は、ニューディール政策初期に設けられた多くの政府機関のひとつであるが、ハワードの田園都市理論の固い信奉者である、レックスフォード・タグウェルの指導のもとにあった。再植民局は、四つのグリンベルト・コミュニティを提案し、そのうちの三つ、ワシントン北方一〇マイルに位置するメリーランド州グリンベルト、ミルウォーキーより七マイルのウィスコンシン州グリンデール、シンシナチ北五マイルのオハイオ州グリンヒルズを実際に建設した。

これらのニュータウンは、ハワードのモデル、すなわち自己充足的な衛星コミュニティとして計画されたが、実際には田園郊外となるに至った。産業を引きつける魅力を持っていたグリンベルト・コミュニティとして、ニュージャージー州ニューブランジック近郊のグリンブルックがあったが、政治上の反対のため建設されなかった。

グリンベルト・コミュニティは、実際に建設されたにもかかわらず、アメリカの不動産開発実務には、ほとんど影響を与えなかった。おそらくその理由は、連邦政府による建設や借用についての所得制限といったことがあったため、グリンベルトのアイデア全体が、通常の開発実務からかけ離れたものと見られたためであろう。

ニューディール政策当初における熱狂期のあいだ、どんな過激なアイデアでも真剣に聞き入れられている頃、フランク・ロイド・ライトに真剣に取り合った者は誰もいなかった。すでに彼は、確かに偉大な建築家として認められていたが、議論好きと気難しい性格もまた広く知られていた。ライトは、この状況を改善しようとブロードエーカー・シティのデザインを準備した。これは、一九三五年にニューヨーク市ロックフェラー・センターで展示されて以来、いろいろな著作や議論の事例や実際の建築物のデザインの源として、ライトが用いたものである。ライトは、すでに一九三二年に出版された彼の著作『消滅する都市』のなかで、自動車によって見渡す限りの都市化が進行し、都市デザインの構造変動が引き起こされるだろうと予言していた。ライトは、非自然的で人間味のない環境である近代的な都心を拒絶し、この変化を歓迎していた。

ブロードエーカー・シティの際には、ライトは、一九一三年に準備していた、中西部に典型的な一マイル四方の土地区画のデザインに立ち戻り、そのプロトタイプ地域を四マイルに拡げた。ライトは、イギリスやアメリカの田園郊外デザインにある曲がった街路を拒絶し、より低密度の案を提示する。計画案のいくつかの箇所では、各家族が一エーカーの土地を持っていた。

ブロードエーカー・シティの背後にある社会的意図は、多くのコメンテーターを困惑させた。そのイデオロギー上の矛盾については、ジョルジョ・シッチによる長い評論のテーマとなる。まず、ハワードやスタインとは違って、ライトは真剣な社会的アジェンダ（目標）を持っていなかったのである。もし読者がブロードエーカー・シティの住宅の平面《フロア》計画《プラン》をよく見るならば、多くの住宅に女中部屋があることに気づくだろう。ライトは、社会を見たままに受け入れた。彼はそのための建物をただ形づくりたかったのである。ブロードエーカー・シティは、おそらく宣伝として理解されていた。第二に、これは、ル・コルビュジエの「現代都市」（これについては次章で論じる）やヨーロッパでのモダニズムといった、より機械論的な建築アイデアに対するひとつの回答でもある。ライトは、アメリカ人にアメリカ的な生活に結びついた近代都市を示したかったのだ。ブロードエーカー・

シティは、第二次大戦後における郊外スプロールのまったく正確な予言であり、特に大区画のゾーニングによる地域では、ライトがアメリカ大衆をよく理解していたことを示している。しかしながら、この種の郊外化や脱都市志向といった成長の結果として全体のデザインが達成されることを保証するメカニズムについては、何も発明していない。そのためブロードエーカー・シティそれ自体は、ほとんど影響力を持たなかったのである。ライトが巨大な影響力を持ったのは、ブロードエーカー・シティの作業を行なっていた当時に、個人所有者のために開発していた住宅のタイプを通じてである。これらは「ユーソニアン」住宅と呼ばれたが、典型的な郊外住宅を、イギリス紳士の邸宅《ヴィラ》のミニチュア版から、より開放的で機能的で近代生活に合った住居に転換することに、多く寄与したのである。

ピッツバーグのチャサム・ヴィレッジは、クラレンス・スタイン、ヘンリー・ライトに加え、ピッツバーグの建築家インガムとボイドが参加して創られた。これは、独立区画上の戸建住宅から、イギリスの田園都市や田園郊外に似せて計画された村落環境にアメリカ大衆を呼び戻すためのプロトタイプとして、一九三〇年代初めにデザインされたものである。ブーヘル財団による限定営利投資により開発されたチャサム・ヴィレッジは、サニーサイドとラドバーンの経験をもとに建設されたが、初期のプロジェクトでは達成されなかった、建築と景観上の特徴を有している。チャサム・ヴィレッジは、建物と土地の両方における費用効率性の点で、第二次大戦後の合衆国での民間開発のモデルとなりえたものであったが、民間業者に対抗意識を起こさせるようなものではなかった。

アメリカの大衆が賞賛した都市デザインのアイデアは、「中の上」階層のための田園郊外であり、これは、大戦間期の末にはほとんどすべてのアメリカの都市において、「華やかな」郊外として見かけることができた。ロバートとヘレンのメリルリンド夫妻が当初研究した一九二八年と、「変遷するミドルタウン」（インディアナ州ムンチー）における一九三七年との間に、ミドルタウンが大きく移り変わった点として、「華やかな」郊外地区の成長と、その結果である中心地区より遠く離れた富裕層市民の集住という、人種分離を挙げることができる。

新しい田園郊外が有する社会的な悪影響が何であれ、公園や曲がりくねった街路や隔離されたクル・ド・サックなど、望ましい環境を創る要素が頻繁に取り込まれたのである。カンザス・シティのカントリー・クラブ地区やヒューストンのリバー・オークス、ロスアンジェルスのパロス・ベルデスやビバリー・ヒルズは、この有名な事例である。シンクレア・ルイスによる小説の登場人物ドッズワースは、後述のジョージ・バビットに似ているが、新しい郊外ゼニスで家を買った。

建設者はできる限り森や丘や川の美を守った。道路は丘に切り傷を与えるほど広くもなく直線的でもなく、曲がりくねった横道が誘うようである。ああ、モータリストを排除することさえできれば……。

ハワードが遺したもの

一九二八年にエベネザー・ハワードは死去した。レッチワースとウェルウィンの二つの田園都市では、第二次大戦のあいだに、合わせて四万人にまで人口が達した。これは成功と言えるであろうが、イギリスでは一八九八年から一九四五年のあいだに、既存都市の人口をそのままにしても三〇〇もの田園都市をつくれるほど、人口は増加していたのである。ハワードの衛星都市構想は、第二次大戦後を待たずにイギリスやヨーロッパで採用され、のちに世界中に拡がった。しかしながら受容の過程にはまた、変形も伴うものである。ハワードは、自分の名前で行なった計画に賛成したかどうか、また田園都市の結末について認識していたかどうかさえ、明らかでない。すべての社会階層を大都市から自律コミュニティのネットワークのなかに分散配置しようと、ハワードが模索したニュータウンは、実際には大都市の衛星都市として用いられ、しばしば工場労働者が圧倒的に占めるコミュニティになったのである。

戦後復興のための大《グレイター》ロンドン計画《プラン》は、パトリック・アーバークロンビーにより一九四四年に公表される。そこでは、ロンドンの成長を制限する手段として、グリーン・ベルトと衛星都市が用いられた。政府のニュータウン政策は、このときイギリス本島全土のコンセプトへ拡大したのである。これらのコミュニティのおよそ四〇カ所が開発の諸段階にあった。産業分散法によって、ハワードのアイデアを維持しながら、各々のニュータウンに経済的基盤を与えることが可能になったのである。しかしニュータウンは、都市全体をつくるものではなく、主として労働者階層のコミュニティとなってゆく（図85・86・87）。スウェーデンでは、先見性のある土地取得政策によって、ストックホルム市の成長を制御することができた。郊外開発の多くは、スヴェン・マルケリウスのデザインにより、ヴェ

図85　第二次大戦後、大規模なニュータウン政策がイギリスで実施されたが、その第一の目的は、ロンドンや他の大都市における人口のコントロールにあった。ニュータウンは多く建設されたものの、一九二〇年代からのウェルウィンの広告（図86・87）に見られたような、社会変革の手段としての自己充足的な田園都市のコンセプトは失われることになった。

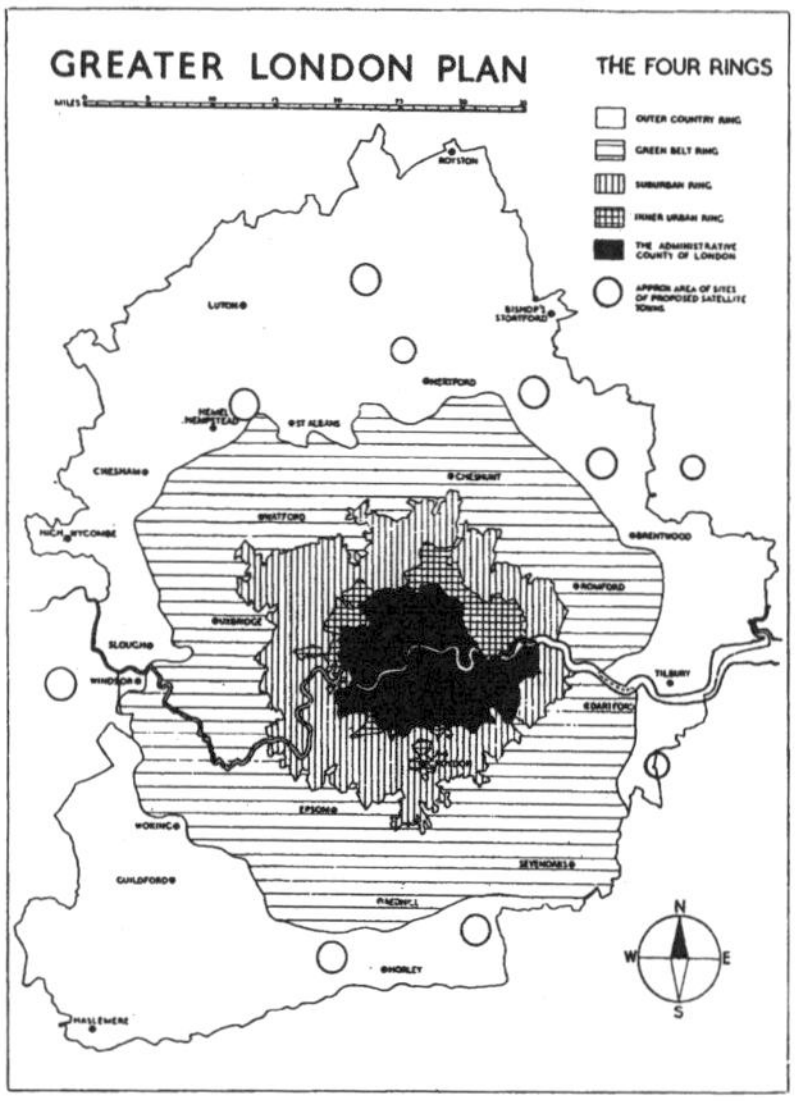

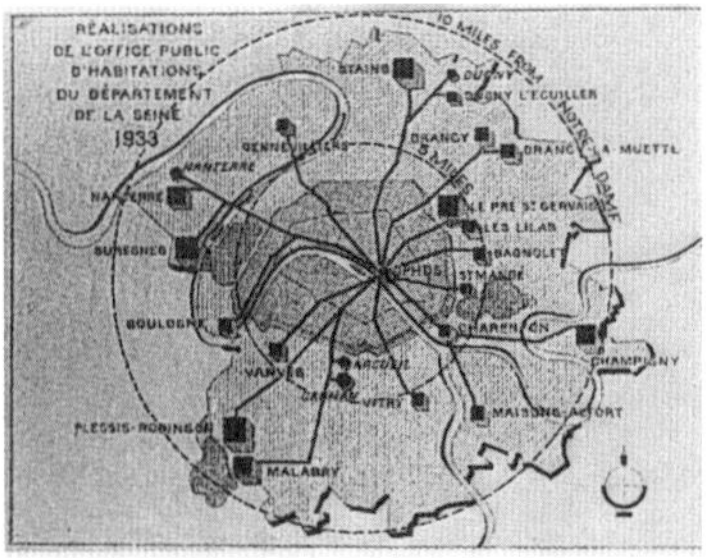

図88　パリ周辺で建設されることになった衛星田園都市は、一九三〇年代までに政府の政策となった。

リングビィやファースタといった計画コミュニティとして、誘導された。ストックホルム大都市圏の地図は、細胞のように見える。地域鉄道の路線沿いにショッピング・センターがあり、駅周辺には低密地区へ通じる支線道路を伴った高密成長地区がある。フィンランドのヘルシンキもまた、成長圧を衛星コミュニティに誘導することに成功していた。タピオラのように衛星コミュニティのいくつかは、良質の建築物で国際的な注目を集めた。

フランスの国家計画政策は、大雑把に言って、パリ大都市圏の成長圧を、パリを南北に流れるセーヌ川に平行する二つの軸に沿って計画した、衛星コミュニティへと導いた。この開発パタンは、新しい地域鉄道システムにより支えられていた（図88）。エレベーターのある高層ビルディングの導入によって、戦後の計画コミュニティは、もともとの田園都市のイメージから変わってしまった。しかし曲がりくねった道路やインフォーマルな建物の配置は、かつての村落地区を新開発する際に通常のパタンであり続けた。ヨーロッパのたいていの都市には、新しい高密タイプの計画田園郊外があるが、自己充足的なコミュニティは、イギリスを除いてはまれである。

合衆国では、第二次大戦以降、経済的に成功した計画コミュニティが建設された。ワシントン近郊のヴァージニア州レストン、ワシントンとボルチモアの間にあるメリーランド州コロンビア、テキサス州ヒューストン北方のウッドランズ、ロスアンジェルスとサンディエゴの間に開発されたアーバイン・ランチなどである。レストンは、最も自己充足的なコミュニティであったが、これはやむなくそうなったのであり、当初の計画案では、ダレス空港まで高速道路により、レストンをワシントンに結びつける予定であった。そのため、高速道路へのアクセスが否決されると、開発のペースが遅くなったのである。

一九七〇年代に、国家政策上の関心が一時的にニュータウンにも集まった。これは、計画コミュニティが許可された際に、政府補助が付いた融資を開発業者に提供しようとするものであった。いくつかのコミュニティ、特にウッドランズでこの投資が正しかったことを立証したものの、大部分は悲惨な失敗に終わった。連邦プログラムでは、もはやこれ以上の都市は建設されず、連邦政府は可能な限りの箇所で負債整理を監督している。

ハワードが変えようとした都市と、その現在との最も大きな相違点は、多くの都市で、第一の交通手段として、乗用車やトラックを広く受け入れるようになったことである。ハワードのダイアグラムは、グリーン・ベルトで仕切られた自己充足的コミュニティであったため、交通手段は鉄道に完全に適応したものであったが、自動車が利用できるようになった今日、開発は駅周辺や鉄道沿線に限るべきなのか、経済上はいまだ決着がついていない。

計画コミュニティについての経済的な実行可能性もまた、ハワードが予期していたよりも達成が困難なことであった。多くの事例では、コミュニティは、当初の投資家が利益を上げるものにはならなかった。長期投資戦略はつねに必要であるが、多くは不動産開発業者の長期的視野を超えたものであった。結果として政府が、計画コミュニティにとって主たる支援主体となっていった。ハワードは、ニュータウン建設における政府の役割を予見したが、しかし彼は、政府がその本質において、より限定した社会目的を有しているとは考えなかった。彼の途は、静かに破壊されていたのである。それでもハワードは、漸進的な改善ではなく、社会の全体改革をもたらす望みを捨てていなかった。

一方、都市膨張についてのハワードのコンセプトは、まったく正しい予言であることが証明された。ハワードが予期したように、都市が分散した結果、古くからの都心は弱くなった。

現在、主な大都市圏における「華やかな」地区は、都心から遠く離れており、ハワードが定義したような都会と田舎の混血ともかけ離れている。そこには、オフィスや工業団地や地域ショッピング・センターや無秩序に拡がった住居地区がある。人びとは地区内で生活し、働き、買い物をしており、都心には年に何回も行かない。ハワードが夢想した都市デザイン上の構造のうち、開発技法であるグリーン・ベルトや厳密なクラスターは、鉄道には適していたが、自動車の時代には達成が難しかったために、失われてしまった。ハワードが達成を望んだ社会的多様性もまた、失われてしまった。彼の考えでは、不動産開発による利益は、コミュニティの低所得層の家庭に補助されるはずであった。

田園都市コンセプトの最も成功した点は、都市におけるすべての地区を、自然景観と交感できる関係として統一した方法でデザインできる、ということを広く示したことにある。これは実質的には、レイモンド・アンウィンやバリー・パーカーや彼らに影響を与えた建築家や都市計画家によるものである。

芝生と庭園のなかの住宅や、郊外における曲がりくねった街路や、クル・ド・サックは標

図89　ロバート・A・M・スターンは、高所得層のための住宅を現在デザインしている建築家である。彼の作品であるニューヨーク州ステイテン・アイランドの古いフラッグ団地の一区画は、一九二〇年代の田園郊外に建築的にも景観的にも非常に近いものである。

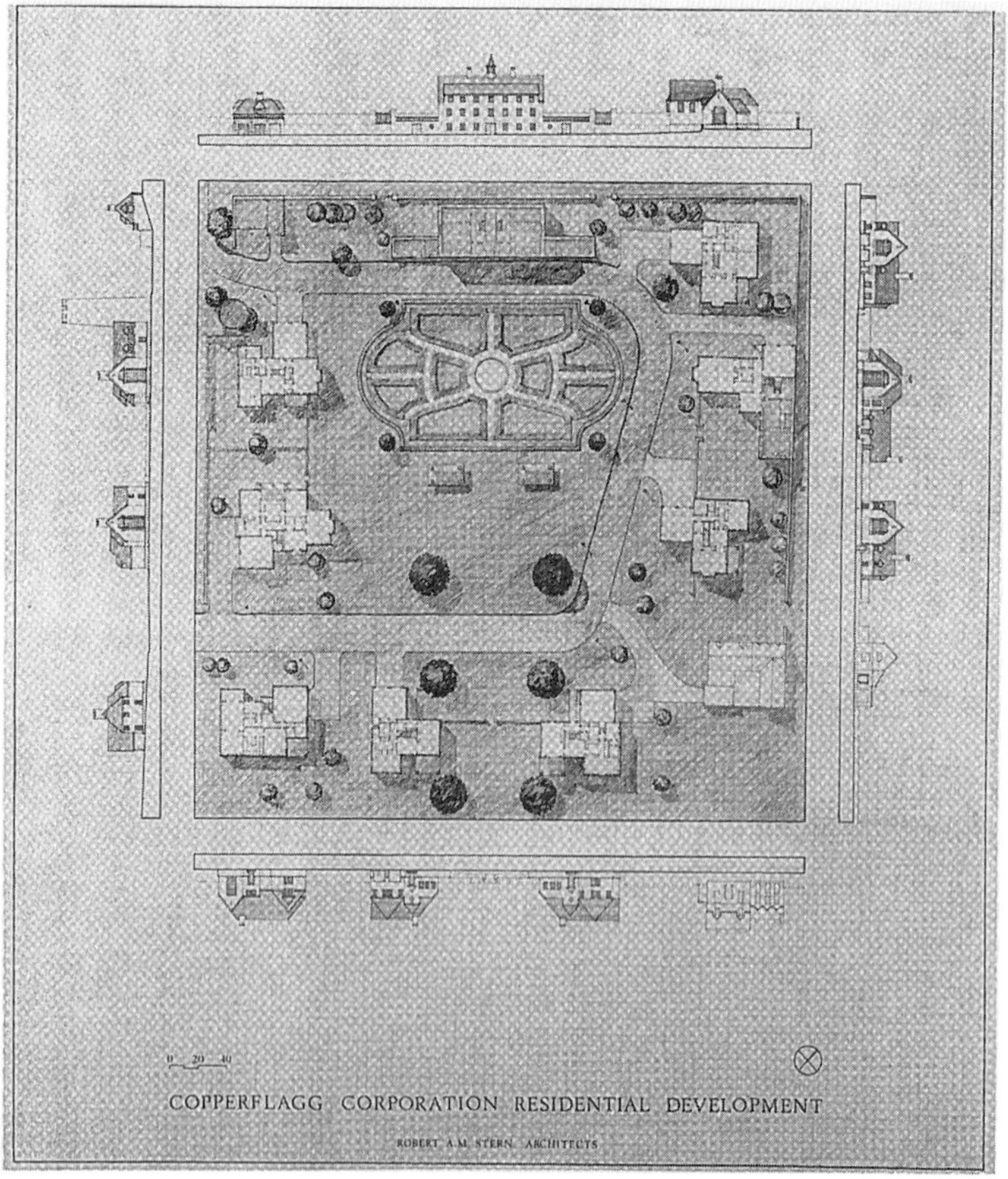

準的な計画となり、何千もの敷地規模《サブディヴィジョン》規制《レギュレーション》が設けられた。

郊外開発を行なう不動産開発業者が、資産価値と社会的地位を保つために、建築上の趣味と景観の質の点で、古くからの田園郊外に匹敵するものを創ろうと、その関心を復活させることもある。これらの新しい開発は、古くからの郊外地域における大地所の分譲によって行なわれることも多い。ロバート・A・M・スターンは、田園郊外の美点の唱道者を自ら任じており、昨今「中の上」階層用に郊外分譲地をいくつかデザインしたが、それらは一九二〇年代の田園郊外に、建築的にも景観的にも非常に近いものである（図89・90）。

このようにエベネザー・ハワードは、完全な新社会秩序の予言者にはならなかったが、彼が提唱・支援した事業は、著しく影響力を持ち続けているのである。

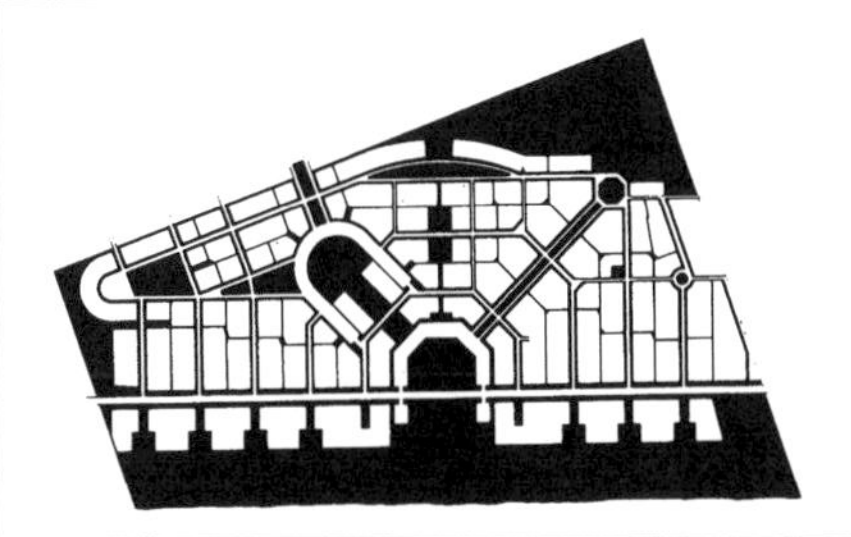

図90　アンドレス・デューニイとエリザベス・プラッター＝ザイバーグは、フロリダ州のリゾート・コミュニティであるシーサイドをデザインした。この敷地と街路を記述した図を見ても分かるように、この概念構成はマリーモントやヨークシップ・ヴィレッジに似ている。

第四章　近代都市

近代都市の成立

都市の成長につれて、都心からの人口流出が生じる。この現象は、もともと裕福な上流階層から始まり、方向づけられたもので、古くは一六三〇年代、コヴェント・ガーデン開発の頃より見られるものである。そしてこの人口流出により一九二〇年までには、都市の姿が完全に変わってしまうことになる。旧市街の工業化やそれに伴う汚染やスラムが生じ、人口移動が経済上の意思決定により加速されたためであった。

ニューヨークでは、金融街は旧市街の中心に留まったし、卸売機能も、また——当然であるが——市庁舎も同様であった。「華《ファッショナブル》やかな」方角をはるか望めば、新しいオフィス・ビルや百貨店の群れ、劇場や娯楽街が見えるであろう。その向こうには、ホテルやオフィス・ビルや、高級な店舗のあるミッドタウン地区が見える。ミッドタウンの向こうには、一九世紀からのマンション地区、公園、美術館、そして最重要とも言うべき市立大学がある。これらは、人口流出がなくとも旧都心におそらく残ったことであろう。それから、ほぼ同じ成長軸線上に沿って工場用地が少々あり、貧困な地区があり、その向こうに「華やかな」都市型住区、さらに新しい華やかな郊外や超富裕層の住宅街が続く。

どんな都市にも「華やか」でない方角がある。小さな町では人びとは、線路の「良い」側と「悪い」側について語る。もっと大きな都市では「最も悪い」地区が広くなる。鉄道敷地、工場、労働者の住区といった所では、ふつう最低限の設計基準で建物が建てられ、鉄道と工場からの大気汚染に晒されている。

ロンドンは、このようにして成長した最初の大都市であり、典型例として考えることができる。ウエスト・エンドが「良く」、イースト・エンドが「悪かった」。金融街はもともとの都心であるシティに留まった。西側にはコヴェント・ガーデンを乗っ取った卸売街や、シャフツベリー・アヴェニューやレスター・スクエア周辺の劇場や娯楽街、オックスフォード・ストリートにおける百貨店、メイフェアやベルグラヴィアの華やかな住居地区と並んで、マーブル・アーチからナイトブリッジまでミッドタウン地区が走る。そして、ハイド・パークの南側にはサウス・ケンジントンの博物館や大学がある。

一九世紀から二〇世紀初めに、不動産市場に呼応して発展した都市であれば、どこでもきわめて同様なパタンを見ることができる。

ニューヨーク市では「華やかな」方角は、ブロードウエイと五番街に沿って北に伸びていた。金融街は都心のウォール街に、市庁舎はブロードウエイのちょうど北側に、市場の大部分は北西部にそれぞれ残った。「華やかな」方向軸上に一列に並ぶように、ヘラルド・スクエアの百貨店地区、タイムズ・スクエアの劇場街、セントラル・パークの北側まで五番街に沿ってミッドタウン、アッパー・イースト・サイドの瀟洒な住宅街区がある。

クリーヴランドでは、「華やか」なる軸は、フラッツにおける卸売市場とパブリック・スクエア近くの金融街から東向きに、百貨店やミッドタウン地区を通り過ぎて、一九二〇年代にはまだマンション地区であったところを抜けて、大学や公園や博物館まで走り、その向こうに、シェーカー・ハイツのような郊外があった。ピッツバーグでも、「華やか」なる方角は東側で、ボルチモアではチャールズ・ストリートより北に、アトランタではピーチツリーを北に、ニューオーリンズではセント・チャールズ・ストリートを西に走っている。カンザス・シティでは、「華やかな」方角はカントリー・クラブに向かって南側に創られ、サンフランシスコの発展軸は、カリフォルニア・ストリートの北側を西方に走り、パシフィック・ハイツまで続く。多くの都市は、河や港の向こうに弟妹都市《シナブリング》――しばしば異なる地名や自治体であったが――を持っていた。弟妹都市は、ちょうど隣接都市を小規模にしたもので、それ自体が相変わらずの工場やスラムとともに業務地区や「華やかな」軸や博物館などの施設を持っていた。ニューヨークとブルックリンはそのようなペアであり、フィラデルフィアとカムデン、ミズーリ州とカンザス州におけるカンザス・シティ、サンフランシスコとオークランドもそうである。

一九二二年に出版されたシンクレア・ルイスによる『バビット』の冒頭章は、一九二〇年前後における北米都市の最高の描写を含んでいる。主人公ジョージ・バビットは、都市の「華やかな」南東側にある田園郊外フローラル・ハイツの自宅より、「朝靄のかなたにゼニスの塔を望む」都心のオフィスまで自動車で通勤していた。

彼は、オフィスまでの通い慣れたルートに沿った地区の各々を賞賛した。バンガローや低木やフローラル・ハイツの曲がりくねった不規則な自動車道路。スミス・ストリートの平屋の店舗にある板ガラスの光や新しい黄レンガ、乾物屋や洗濯屋や、イースト・サイドの主婦たちの不意のニーズに応じるためのドラッグ・ストア。ダッチ・ハロウの果樹園やトタン板や拾ったドアで修繕した彼らの掘建小屋《シャンティ》。映画フィルムやパイプタバコ、タルカム・パウダーを宣伝する、真紅色の女神がついた高さ九フィートの広告塔。不潔なシーツのなかの年老いた洒落男のような九番街S・E沿いの古い「マンション」。急ごしらえのガレージや安アパートや果物売りスタンドに隣接する、さえない遊歩道と錆びた垣根の下宿屋に変わり果てた木造の大邸宅《キャッスル》——鉄道線路を渡ると、貯水タンクが高い位置にある工場や、コンデンス・ミルクやダンボール、照明取付具や自動車などの工業製品の山。そして、業務センターではひっきりなしに突進する車の群れ、スシ詰めの市街電車から吐き出される人びと、大理石や磨き込まれた御影石製の高い玄関口。

このような都市、すなわち近代の都市は、低層建築や馬車交通による百年前のコンパクトな都市とはまったく異なり、適正な形態はどうあるべきかについて、理論的な検討のないまま進化してきたものである。公共建築物は、おそらくモニュメンタルな設計原則に従ってまとめられており、マンション地区を通り抜ける街路は並木大通り《ブールヴァード》であろうし、外側の「華やかな」住宅地区は田園郊外であろう。その他の点、街路配置や地所の区画割りを決

図91　エレベーターと鉄骨により可能になった高層ビルは、かつてないデザイン上の問題をもたらした。建築家たちは、後ろの壁や仕切り壁を建築的に配慮しないまま残したのである。ルイス・サリヴァンは、摩天楼のデザインについて傑出した理論家としてしばしばみなされているが、彼は高層ビルの周りに空間を必要とすることにも、都市が新しい高さに統一されて造られることはないことにも理解がなかった。一九〇四年の『アメリカン・アーキテクチュアル・レビュウ』誌の挿絵画家は、都市デザインの問題として、おそらくは様式の多様性に関心を持っていたのであろうが、同様に高さの問題も適切に捉えている。

める際には、デザイナーよりも鑑定士や投資家が重要な役割を果たしていた。産業化以前の都市が壁に囲まれており、数世紀かけて進化してきたのに対し、近代都市は不動産市場に素早く対応して成長し変化したためである。

建築のモダニズムと初期の近代都市コンセプト

二〇世紀の初めには、都市計画の近代的職能が創始され、パトリック・ゲデスが都市の発展について初めて理論的な検討を行なった。しかし当時の都市の専門家たちのなかで、「近代」に適合するよう詳細にわたって都市を変革する必要があると著わしたものは少ない。

都市におけるモダニズム（近代主義）に関する議論のこの少なさは、一九世紀末より始まっていた、建築における近代技術についての鋭い論争とは、対照的なものであった。構造用鉄骨・大きな板ガラス・安全なエレベーター・人工照明・空調といった技術が発明され、近代以前には決して建設できなかった建築物《ビルディング》が可能になった。同時に、新しいタイプのビルディングが工場・オフィス・病院・政府機関で進化していた。これらの技術革新は、技術上・経済上引き合うようになると、間もなく建築デザインに取り込まれた。しかしながら、技術の変化は建築表現上どのような効果を持つべきなのか、という点で問題が残っていた（図91）。

一八九五年に、オーストリア建築家のオットー・ワーグナーが『近代建築』と題する教科書を著わし、そのなかで、彼は「われわれの芸術的創造における唯一可能な原点が近代生活であるという認識によって、今日普及している建築観全体をなす基礎を置き換えなければならない」と宣言した。

もう一方の側の典型的な宣言としては、影響ある英文誌『ビルダー』の編集者であったH・ヒースコート・ステイサムが一八九七年に出版した、やはり『近代建築』と題した著書のなかで行なったものがある。ステイサムは「（この新しい鉄骨構造が）近代建築に革命をもたらすという考えは、誤った論拠や工学と建築との間の混乱に基づくもので、それゆえまったくの誤りに帰するであろう」と述べることにより、技術の議論を結論づけた。最近まで、ワーグナーの宣言はやがて普及することになる考えを示したと評され、ステイサムの見解は馬鹿げた誤りとされた。ステイサムの著書にさえ、鉄骨構造やエレベーターは、過去に（オベリスクのような）装飾的な建造物があったことを除いて、背の高い建築物を可能にすることにより、すでに建築に革命を起こしていたとある。しかしながらこの建築表現の問題は、終始提示されていたわけではなかった。「ポストモダン」として頻繁に言及される建築家たちは、先進技術を実際に用いているにもかかわらず、円柱やアーチやアーチ型天井のような、工業化以前の建築システムに由来したデザインを多用して、ステイサムの立場にまで立ち戻っている。

しかしながら、近代建築が過去の建築と質的に異なるべきであるという考えは、近代都市のデザインに多大な影響を及ぼしていた。新しい建築表現を開拓した建築家のなかには、都市デザインについて比較的保守的な者もおり、また建築についての彼らの論争上における立場の副産物として、あるいは過去の建築物からのブレイク・スルーのために、都市を造りかえようと模索する者もいた。

近代都市に特定した意図で最初に行なわれた全面的なデザインは、トニー・ガルニエによる「工業都市」である。リヨン出身の若き建築家であったガルニエは、一八九九年に名誉あるローマ賞を勝ち取った。その後、ヴィラ・メディチにおいて、ガルニエは慣例となっていたローマ遺跡の考古学研究を最少限にして五年間を費やし、工業都市のプロジェクトを完成した。彼は「工業都市」を一九〇一年に最初に展示し、そしてさらに設計案を練り続け、最終的に一九一七年に発表する。このコンセプトは、低密度とグリーン・ベルトを用いた点で、エベネザー・ハワードの田園都市と類似性があり、実際、影響を受けていたのかもしれない。ガルニエは、完全な工業都市の建築デザインを詳細に展開することに関心を持ち、またレッチワースよりも完璧に工業・住居・レクリエーションを分離して、新しい土地利用パタンを創ることに関心を持っていた。しかし彼は、既存都市を時代遅れにすることにより社会を変革するというハワードの関心を共有していたのではない。

「工業都市」において、ガルニエは両側の近隣住区で都心地区を挟んで並べ、この区域と工業区域を鉄道敷地・港湾・公園で仕切って隔てた。そして都市全体を公園で囲んだ。ガルニエは、住宅建築を詳細に書き込んで、都市における主要建築物を、注入鉄筋コンクリートや珍しい新素材を用いてデザインしたのである。

街区の構成は、モニュメンタルな都市デザインの原則と矛盾していなかったが、建築は、実質的にボザール建築様式に類似しているものの、歴史的なディテールをすべて取り除いたものであった。ガルニエのドローイングで示された建物の「簡潔な渋味」とでも言うべ

図92　低所得層住宅におけるモダニズムは、一九世紀に不動産投機業者が建てた労働者住宅の多くで顕著に見られた、じめじめした中庭やエアシャフトといった問題から、人びとを解放することから始まったものであった。トニー・ガルニエの「工業都市」における労働者住宅は、ル・コルビュジエの『建築をめざして』においても示された。

きものは、少なくとも部分的には、功利主義的な工業都市のコンセプトに対するひとつの回答であった。これもまた、近代世界における都市の本質についてのひとつの声明であった（図92）。

ガルニエは、一九〇四年にリヨンの市《シティ》建築監《アーキテクト》に任命される。そして、多くの実際の建築物を設計する際に、自らの理論研究を活用することができた。一九二〇年に市建築監としての職を辞した後、ガルニエはリヨンのエタ・ユニ地区における設計案を準備する。一五年以上もかけて、「工業都市」のためにもともと考えた住宅タイプをいくつか用いて、ひとつの完璧な近隣住区を展開することになる。

一八九六年にアムステルダム取引所を設計し、当時、過激なほど簡潔な建築様式と評されていたヘンドリック・ベルラーへは、一九〇二年にアムステルダム・サウス地区の初期計画案を作成した。そして一九一一年の渡米ののち、一九一五年にそれを改良した。一九一五年の計画案では、明らかにバーナムによるモニュメンタルなシカゴ計画の影響が見られる。しかしながら提案した建築は、バーナムのオースマン風のパリ古典主義というよりもむしろ、レンガ壁や急傾斜の切妻屋根による北欧様式によるものである（図93・94）。この計画案に用いた建物は、ベルラーへ自身と同じくミハエル・デ・クレルクやピエット・クラメルといった、建築の近代様式を明確に意図する、いわゆるアムステルダム学派の建築家たちによるものであった。この学派は、北欧の民俗建築の伝統を連想させる風変わりなディテールを用いて、低層建築の尺度構成《スケール》で温かみのある環境を創ったのである。実質的には、空間構成は親しみやすい街路《ストリート》と中庭《コートヤード》によるもので、統一された建築や広

図93・94　一九〇二年のアムステルダム・サウス地区におけるヘンドリック・ベルラーへの初期計画案は、一九一一年に彼がシカゴを訪問して大規模な道路網によるバーナム・プランを見たと思われる四年後に、改定された。

図95　ベルラーへ計画案を実施したアムステルダム学派の建築家たちによる建築物は、親しみやすい通りや、思い切ったオープン・スペースや庭園を持つ中庭を有しており、どこか奇妙な民俗伝統の解釈に基づく一組の建築的な語彙を用いていた。この事例における住宅はG・L・ラトガースによる。

いオープン・スペースや庭園の植栽といったものが質的な差異を創り出していた（図95）。

ル・コルビュジエの「現代都市」

近代都市について、これまでとまったく異なる哲学は、一九二二年にパリのサロン・ドートンヌにおいて展示された「人口三百万人のための現代都市」のドローイングにおいて示されたものである。この作者スイス系フランス人建築家シャルル・エドワール・ジャンヌレは、自分自身をル・コルビュジエと呼んでいた。ル・コルビュジエによれば、主催者は彼にユルバニスムの展示物を準備して欲しいと依頼した。この主催者はユルバニスムという言葉で、噴水や街灯や標識のように、伝統的なものに「芸術的」な装いを添えるシビック・デザイン（公共空間デザイン）の要素を意味するつもりであった。これに対するル・コルビュジエの回答は、当時パリがその規模に達していた三百万人の都市のデザインを試みることであった。

この展示会のドローイングは、ル・コルビュジエが季刊誌『レスプリ・ヌーボー（新精神）』のために書いていた記事——それらは編集され翌年に『建築をめざして』として出版、英語圏ではフレデリック・エッチェルの一九二七年の翻訳が馴染み深い——のコンテクストの下で読み解かれるべきである。ル・コルビュジエは、同書において「見えない眼」と題した論点を示し、外洋航海船や飛行機や自動車のデザインは、過去を想起させるエレメントから自由になって、ひとつの新しい表現に到達しており、建築についても同じことをする時期である、と主張した。ル・コルビュジエの「現代都市」は、もし、近代に適した建築物を抜きにして、近代都市のみを創るとしたら、いったい何に似ることになるかについて示そうとするものであった。

この都市は、長方形のグリッドの上にデザインされており、全体の姿《プロポーション》はマンハッタンのミッドタウン街区に似ていた。提案された都市の中心には、自動車・列車・地下鉄や乗換えのための交通ターミナルがあり、一本は正確に南北に、もう一本は東西に伸びた二本の広いハイウエイの交差部に位置していた。飛行機の発着場がターミナルの屋上のちょうど中心に造られているものの、ル・コルビュジエがレンダリングしたように、複葉機が蛾のごとく飛び回るにはいささか危険なアプローチ空間である。というのは、ターミナル屋上の四隅の各々に十字形の六〇階建のオフィス・ビルディングが計画されていたからである。そのさらに東側に二棟、西側に二棟、同一のタワーが四棟脇に並んでいた。

すべて六〇階建のオフィス・タワーが一六棟以上もあり、中心地区を囲んで東西軸に沿って、より大きい長方形をつくっている。この長方形における幾何学的な街路網の内側では公園がすべての塔《タワー》を隔て、その公園はイギリス庭園によるインフォーマルな質感を備えていた。ターミナル周辺にある内側のオフィスのブロックは、プロムナードやテラスのある多層階のショッピング・センターに囲まれている。この都市を描いた一連のドローイングのうち最も有名なものは、ショッピング・センターのテラス・レストランから、公園を挟んで向こうにある交通ターミナルを見渡す風景である。

この都市のエリート層は、中央地区周辺にあるダイヤモンド状の地区内に住む計画であった。このダイヤモンドは、第二等級の道路網で造られ、第一等級道路に四五度角で交わ

図96　一九二〇年代初期に創られた、すべてが予言的なこの図を見ると、ル・コルビュジエは、高層ビルが周りに空間を必要とすることを理解しており、その論理的帰結として、このアイデアを採用しようとしたことが分かる。独立した高層ビルは、すべて同じ規模、同じデザインでハイウエイ沿いに孤立している。

図97　一九二二年の、ル・コルビュジエによる人口三百万人のための都市のデザインは、幾何学的なグリッド体系の内部で高層ビル群を構成するものである。管理エリート層が都心の摩天楼近くに住み、労働者とその工場のための衛星都市がグリーン・ベルトの向こうに造られる計画であった。

り、斜行する並木通り《ブールヴァード》の体系を形成する。ダイヤモンド内部のビルディングは、共用のメイド・サービスやレストランが付いた瀟洒なアパートメント・ホテルとする計画であった。またダイヤモンド内部には、市庁舎やその他の公共建築物もある。中心地区における他の街区には住居もある。都市の西端には、イギリス風庭園としてデザインされた巨大な公園があり、ブローニュの森がパリ計画で採った位置を占めているが、形象はマンハッタンのセントラル・パークに似ている（図96・97）。

オフィスの摩天楼と高層集合住宅を伴ったこの都市の中心区域全体は、巨大なグリーン・ベルトに囲まれていた。グリーン・ベルトの向こうには、工場や労働者住宅のための衛星都市がある。人口の三分の二が衛星都市に住む計画であった。

このように、このコンセプトは、都市デザインの初期における、いろいろなアイデアに多く依っていたのである。例えば、モニュメンタルな伝統による長い直線街路《ストリート》や対角線状の街路《アヴェニュー》、市街地のビルディングは高さや建築を統一すべきであるという、やはりモニュメンタルな伝統からのアイデア、さらにはガルニエの工業都市のコンセプトそのもの、これはハワード風グリーン・ベルトというよりも、まるでハワードのモデルそのものである独立したコミュニティを創るものであった。同時にル・コルビュジエは、都市デザインにおける自動車と高層ビルディングの重要性に対し、芸術的な意味で決定的な表現を与えた最初の人物であった。彼は、エレベーター付きビルディングの論理が、同じようなファサードを並べた街路を構成する要素ではなくて、それだけで自立した構造物であることを示唆した。自動車がグリッド状の街路パタンを統一することに寄与し、都市交通における

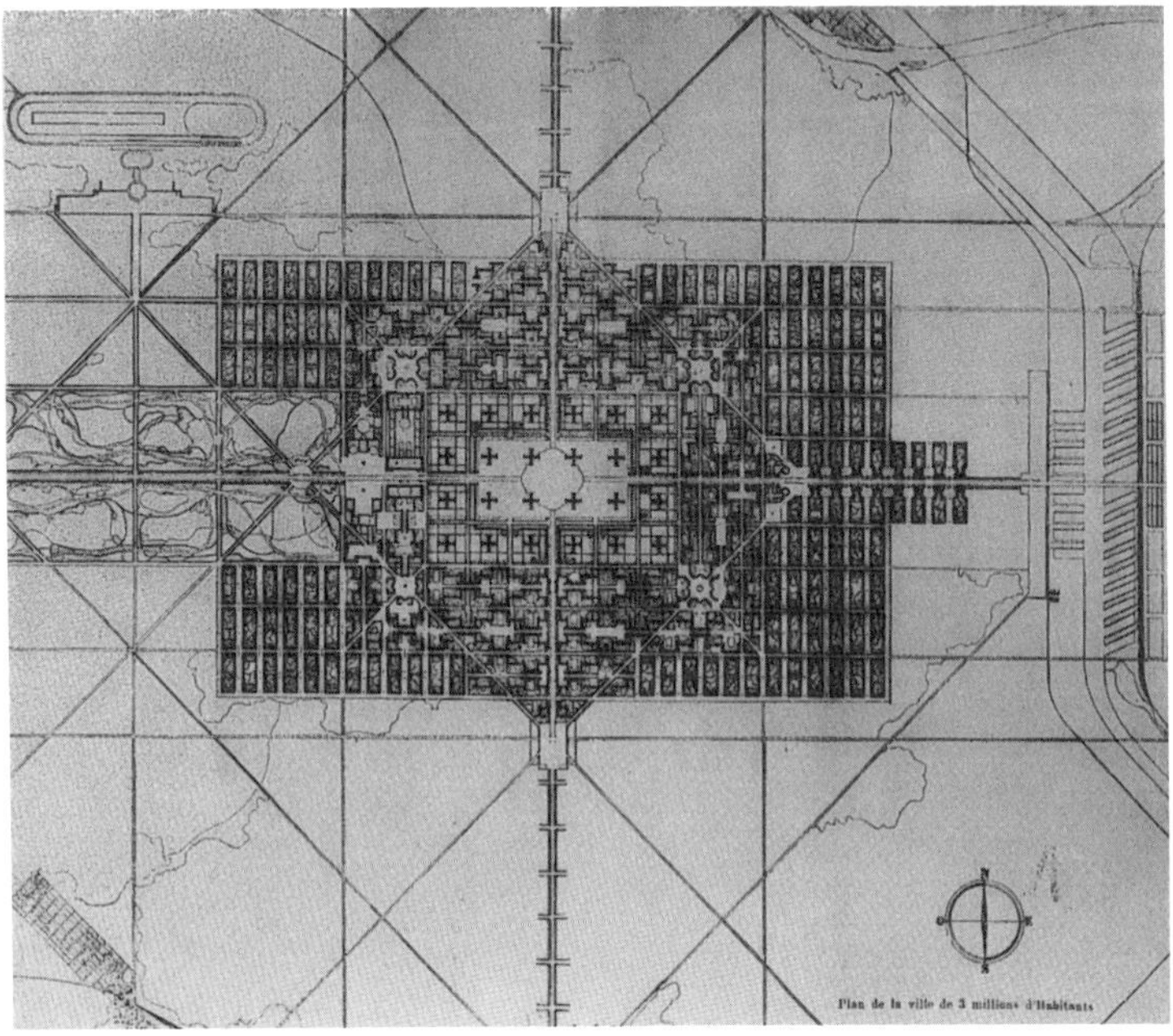
N
S
O
E
Plan de la ville de 3 millions d'Habitants

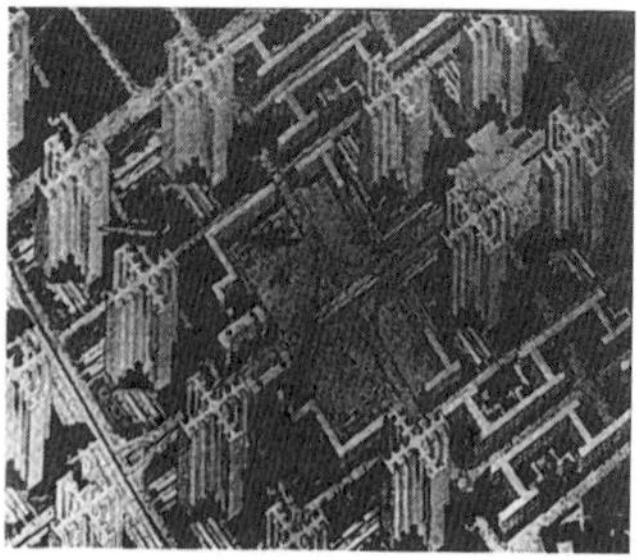

図98　一九二五年におけるル・コルビュジエのパリ・ヴォアザン計画は、出入口を設けたハイウエイとともに、高層オフィス・ビルと大規模複合アパートメントが立ち並ぶグリッド体系を選択して、歴史ある都心地区を抹消するものである。初期の頃から、このようなハイウエイが市街を切り進む計画であった。均一化された高さと力強い幾何学的構成を加えた建築が、このデザインに一貫性と秩序をもたらしている。しかし、このパタンによる都市再建が第二次大戦後に試みられたとき、実現が難しいことが明らかになる。

最有力な手段となる上で適していることや、しかし伝統的な市街と比べて、街路が引き離されてしまうことや、自動車で障害なく移動するニーズに応じて、出入口のある《リミテッド アクセス》ハイウエイが造られるといったことなど、誰も思いもつかない頃から、すでに彼のドローイング中にあったのである。

ル・コルビュジエは、引き続きパリ都心についてこれらのアイデアを用いて、ヴォアザン計画を一九二五年に公開した。この案では、一八棟の六〇階建摩天楼と瀟洒な集合住宅の三つのクラスター――これは「現代都市」の前案より流用したものであるが――によって、パリの業務センターを置き換えるもので、そして都心を貫いて出入口のあるハイウエイが直線に走っていた。ノートル・ダムやルーブルは残っているものの、パリ都心の伝統的な街並み《ファブリック》は、痕跡を留めず撤去されている（図98）。

ロンドンやニューヨークと同様に、一九二〇年代のパリは、株式取引所を中心とする金融街や都心の市場地区（レアール）や市政府のセンターを有していた。「華やかな」方角は西方に向かい、劇場街を通り、オースマン・ブールヴァード沿いの百貨店街を越え、シャンゼリゼ通りの北まで拡大していたミッドタウン地区へと続く。その向こうには十七区の高級住居街がある。「華やかな」郊外は概して西に伸びており、「華やか」でない側は東側にあった。ル・コルビュジエの案は単一のビルディングを繰り返すパタンを用いたもので、地区機能の違いをまったく認めないし、パリ都心部で見受けられる地区特性の多様性も認めようとしなかった。

人びとが一九二〇年代の都市に満足できないのには、明確でもっともな理由があった。一

図99　ハーヴェイ・コルベットによる一九二九年のニューヨーク市地域計画における一連の図は、歩行者と自動車の交通を分離して、多層体系に進化した街路を示している。ル・コルビュジエのヴォアザン計画とは異なり、都市の近代化が段階的なプロセスにより可能になる。

図100 高層ビルのデザインについて、ヴォアザン計画アプローチと並行する代替案を、同じくニューヨーク市地域計画における図で見ることができる。このなかで大規模なオフィス・タワーは、互いに隔てられているものの、複雑な都市のコンテクストのなかで設けられている。そして各々のタワーは、異なるデザイナーや開発主体によるものと想定されている。

九世紀を通じての急速な成長と無規制の工業化が、都市域の多くを占めるスラム地区の貧困層の生活水準をひどいものにしていたのである。二〇世紀初めまでには、最悪の衛生問題や水供給問題のいくつかは克服されたものの、例えば今日、開発業者が建てるものは法律で規制されているが、当時はこれらの法律が厳重に施行されていないこともあった。平均的な労働者の住宅は、薄暗く過密で簡易な配管しかなかった。しかし、ル・コルビュジエが抹消しようとしたのは、パリの労働者階層地区ではなくて、最高級の不動産価値のあるエリアである。ル・コルビュジエの優先順位はのちに変更されるが、新しい秩序における彼のもともとのヴィジョンは、エリート層のためにデザインされたものであった。

ル・コルビュジエは、異常なほど厳然としたイメージで、近代性への可能性や興奮といったものを捉えることができた、偉大な芸術家であった。しかしながらそのイメージは、現実の都市が持つ機能上の構成や経済活動の優越性といったものに基づいたものではなかった。

ヴォアザン計画はまた、権力と責任の集中についての信念に形態を与えたものである。この信念は、第二次大戦後に取って代わった都市再開発プロジェクトや市街地建築物のなかに表現を見出すことになる。これには、既成の都市に対する軽蔑があり、都市デザイナーの高尚な知性に対する確信があった。ル・コルビュジエ自身は、自分のような者に新しいビルディングすべてを担当させるような、独裁的な政府を必要とするという信念を隠したりしなかった。実際、彼は、即座にヴォアザン計画を実施させるために、政令の草稿さえ作成しようとしたのである。ル・コルビュジエにとって、権力はイデオロギーよりも重要であった。彼は一九二〇年代のプロト・ファシストである「リドレッスメント・フランシス」のメンバーであり、ソビエトのために働こうとし、イタリアを訪問してムッソリーニを好意的に書き、彼の計画案をアルジェで実施するよう、一九四一年のドイツ占領後ナチ統制下にあったヴィシー・フランス政府を説得するため、一八カ月を費やしたのである。一九二〇年代には、ル・コルビュジエが想像した規模では、都市開発や再開発は行なわれていなかった。そして、彼が大いに失望したことには、彼のドローイングは直ちには影響を及ぼさなかった。二つの大戦のあいだにヨーロッパを通じて起こっていたのは、新しい労働者階層のために、政府補助を得て新しく改善された基準で設計された住居地区を数多く創ることであった。

近代住宅と「国際《インターナショナル》様式《スタイル》」

第一次大戦の終結から、キャサリン・バウアーによる有名な目録が付いた『近代住宅』が出版された一九三四年までに、西欧において四五〇万戸以上の住戸が建設され、そのうちの七〇％はなにがしかの政府補助を受けていた。平均して人口の約一五％が、この期の終わりまでに国庫補助の住居に住むことになる。

補助付き住宅の新しい開発のいくつか——特にイギリスで——は、低密度の田園都市パターンが採用されていた。しかし多くのヨーロッパの都市では、これらの住区の構成はより都市的性格を持つものであった。これらの開発は、街路《ストリート》接面《フロンテージ》部を有するか、あるいはアムステルダム・サウスの新しい地区におけるように、街区内部に中庭《コート》や囲み型《ハロウド》広場《スクエア》を形成するか、あるいは一九二三年より進行している一連のロウ・ハウジング（中低層連続住宅）の開発で、ドイツ人建築家オットー・ヘスラーが決定的な形態を与えたデザイン方法のように、住戸を自由な列状に整列し、街路に直交させ、建築物を最良と思われる方角に向けて置くものであった。

これらの新しい住宅プロジェクトにおいて、多くの建築家たちは、特にドイツやオランダでは、例えばヘスラーのように、ロマンティックな形態や歴史への連想を拭い去った、新しい「客観的」な建築形態に対する信奉者であった。しかしながら一九二〇年代を通じて、中庭か列状かについての配置の選択や、客観性か歴史回顧かについての採用とのあいだに、予測可能なほどの相関がつねにあったわけではなかった。ある中庭付き住宅群は、表面装飾のない平屋根の簡素な建築物により構成されていた。一方、平行した列として計画された住居のなかには、急傾斜の屋根と屋根窓を有するものもあった。

ワイゼンホフ共同住宅展覧会は、一九二七年にシュツットガルト市のためにドイツ工作連盟が計画したもので、住居地区と近代建築の双方における、より簡素な形態への可能性を示すことを意図するものであった。工作連盟の初代副会長ルードウィッヒ・ミース・ファン・デル・ローエが、そのマスター・プランナーであり、主催者であった。ミースはそのとき四一歳であり、近代建築に影響を与える人物になるキャリアを歩み始めたころであった。

敷地計画上目立つのは、中心にあるミース自身による集合住宅である。二つのプレファブ住宅のデザインは、近代デザインそのものを意味する機関とも言うべき、バウハウス・トレード・スクールにおけるデッサウ・ワークショップの長ワルター・グロピウスの貢献によるものである。二番目に小さい集合住宅は、ペーター・ベーレンスがデザインしたもので、その設計を始めたときル・コルビュジエやワルター・グロピウスが彼のために働いた。また、オランダ人建築家J・J・P・アウトとマルト・スタムによるロウ・ハウスがあった。建築の表現や様式上の問題に対して、新しい解決策を模索しているル・コルビュジエや、彼のいとこでパートナーであったピエール・ジャンヌレや、マックス・タウトやブルーノ・タウトやハンス・ペルツィヒやハンス・シャロウンなどの建築家による戸建住宅や二戸建住宅があった。敷地の最遠の隅には、ビクトール・ブールジョアによる住宅があった。一九二二年に彼がブリュッセル近郊のベルチェム・ステー・アガテで着手したラ・シテ・モデルンは、国際的な近代様式でデザインされたプロトタイプ住宅の開発として考えることができる（図101・102）。

ワイゼンホフでは出展しなかったが、国際様式の建築家として目立つ者として、フランクフルトの市《シティ》建築監《アーキテクト》であるエルンスト・マイがおり、彼はすでに前章で述べたプラウンハイムやローメルスタット地区についての仕事に着手していた。そしてオットー・ヘスラーがいた。

おそらくはミースのパーソナリティのため、そして理性的な協力のため、あるいは加えて、歴史上の偶然のために、ワイゼンホフにおける建築物は、驚くべき様式上の統一性を示した。すべての建築物が平屋根を有しており、それらのすべては鉄骨やコンクリートなど工業材料の利用を強調したもので、そして白で仕上げた平滑な壁面を有していた。ミー

図101　一九二一〜二二年にブリュッセルで建てられた「ラ・シテ・モデルン」は、近代主義のコンセプトがデザイン上の問題の一部となり、実際に建設された最初の都市開発といってもいいのではないだろうか。建築家はビクトール・ブールジョアであった。

図102　シュツットガルト市でドイツ工作連盟が計画して、一九二七年に完成したワイゼンホフ住宅地区は、ミース・ファン・デル・ローエの指導のもとで、近代に適した建築物が創り出す環境を示すためのデモンストレーション・プロジェクトであった。一組の建築的な語彙をコーディネートして適用しようと苦心したが、敷地計画についてはその場しのぎに見える。敷地プランナーとしてのミースや同僚たちは、一貫した都市デザインというよりも、建築的表現の統一性を見せたかったことを示している。

スとル・コルビュジエは、自分たちの建築物を用いて、鉄骨枠組によって構造と内容とを分離する際、柔軟な平面計画が可能であることを示したのである。都市計画の一部として見ると印象的というほどでもないが、このようにワイゼンホフは、建築様式についての宣言として重要であると思われる。一九世紀都市で生じていたカオスと混乱、古典調からゴシック調や他の建築様式への移行、エレベーターや鉄骨枠組で可能になった新しいスケールの開発を周辺に同化させる際の困難さといったものすべてが、ワイゼンホフでは統一的に表現されており、まるで新しい普遍《ユニヴァーサル》建築《アーキテクチュア》の先駆者のごとく出現したのである。

一九二〇年代末のヨーロッパでは、住宅開発における近代的な方式として、ひとつのコンセンサスが生じてきたように思えた。ヘスラーのデザイン上の決定要因である、最大限の日照の確保、交通路に直交する建築物、日照確保のための高さに応じた隣棟間隔などといったものが、受け入れられるようになったのである。一九二九年にワルター・グロピウスが計画したカールスルーエのダンメルシュトック地区は、グロピウスなどによる建築物とともに代表的なものである。カッセルにおけるローゼンベルク住宅プロジェクトは、ヒトラーがドイツ政府を乗っ取る直前にオットー・ヘスラーが計画・設計したものであるが、ニューヨーク近代美術館における一九三二年の近代建築展で最も注目された近代ドイツ住宅の好事例であった。一本の主要街路に沿うように曲げられた一列配置の住宅を除くと、囲い込まれた空間がまったくない完全に平行な列で構成されている（図103・104・105）。ヘンリー・ラッセル・ヒッチコックやフィリップ・ジョンソンが準備し、一九三二年に新

図103・104 オットー・ヘスラーによるローゼンベルクのこの住宅地のデザインは、一九三二年のニューヨーク近代美術館での近代建築展の住宅セクションにおいて、人目を引いたモデルで表現された。ヘスラーは長い平行列をなす建物を好んだので、その結果、全棟がひとつの最適な方角を得ることになった。

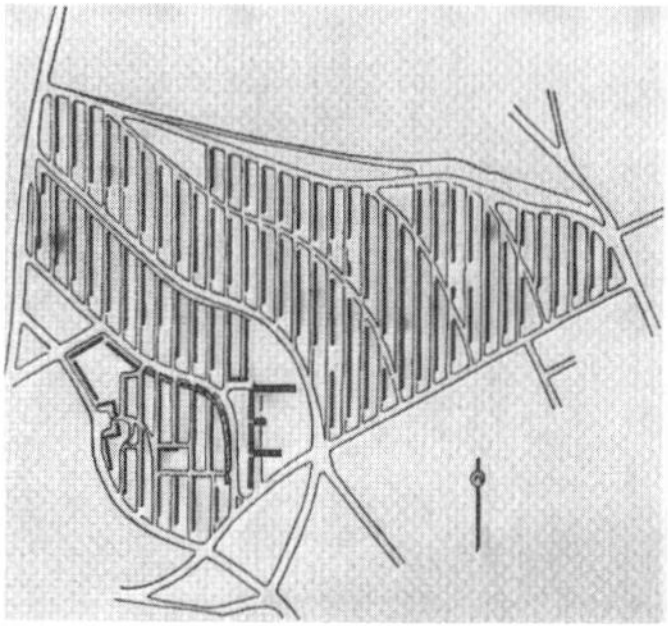

築間もないニューヨーク近代美術館で展示された近代建築展において、『国際様式《インターナショナルスタイル》』と題する書が出版された。美術館長アルフレッド・バアは同書の冒頭でこう宣言した。

今日、オリジナルで一貫しており論理的で、過去のいかなるものよりも広く普及したものとして、ひとつの近代様式が存在する。ここに、生じ得たいかなる疑念をも超えて、このことは立証されたのである。

ジョンソンとヒッチコック自身は、『国際様式』の冒頭で以下に述べる宣言をしている。

リバイバル（復古調）がバロックの規律を打ち壊したときに退化し始めた様式の理念は、ここで再び現実的で肥沃なものになった。今日、単一の新しい様式が存在に至ったのである。

この宣言を知的な意味で正当化しようとすると、これがひとつの予言であったとだけ言えよう。というのは、ワイマール共和国の末期に、何人かの近代建築家たちが設計したワイゼンホフの建築物や労働者住宅地区は、当時の多くの建築家の作品と似てはいなかった。それは大海のなかの水一滴に過ぎない。われわれのいる現在から見ると、『国際様式』で明記したメリットが何であったにせよ、特異性あるいは普遍性の予言が全うされることはなかったことが分かる。一九三二年にこの予言を行なうときでさえ、展示会では、フー

図105　カール・エーンがデザインし、一九三〇年に完成した一五〇〇世帯のビルディングであるカール・マルクスホッフは、大戦間期において、ウィーンで最もよく知られた労働者用住宅である。その中庭計画と長いファサードは、ウィーンにおける政府補助住宅を代表するものであった。

図106　ブルーノ・タウトのデザインによるベルリンの計画地区の一部。ジークフリート・ギーディオンや、他の近代建築運動のコンセプトの創始者には無視されたが、タウトは近代主義様式として考えられる仕事を最もなし遂げた建築家かつデザイナーのひとりであった。

ゴー・ヘーリングなどとともにハンス・シャロウンやエリッヒ・メンデルゾーンのような、重要な近代建築家の作品の多くを除外する必要があった。フランク・ロイド・ライトは、展示会では目立つポジションに置かれているものの、異なるタイプのデザインを活動的に追求する実践家というよりもむしろ、新しい国際的な近代主義の精神的先駆者として扱われていた（図105・106）。

一九三二年までには、展示された建築家たちの作品は、「仮説としての国際様式」を基礎づけていた、明瞭な類似性からすでに分岐し始めていた。ル・コルビュジエは、彼をロンシャンに導くことになる途を下り始めていた。アウトはその後今日アール・デコと称される建築物の作家となり、ミースは次第にモニュメンタルな建築の構成原則に影響を受け始め、新古典主義的とも言えるシーグラム・ビルディングの計画に到達する（皮肉にもフィリップ・ジョンソンと共同でデザインした）。一九五〇年代までには、ヨーロッパの近代主義の発展を育んできたワルター・グロピウス率いる事務所でさえ、バグダッド大学の提案においては新イスラム風の装飾と建築様式を用いるようになった。

しかし一九三〇年代半ばには、普遍的な近代建築様式のコンセプトは、有力な仮説であるといまだに見られていた。そして、敷地計画の近代理論は、都市デザインに対する新しい原則として、これまで建築様式を決定づけていた街路や中庭に対して、方位や日照を課し始めるようになった。ベルラーへが死去した一九三四年に改定されたアムステルダム・サウスの計画案では、ベルラーへのモニュメンタルな街路計画から、街路に直交し、平行して東向きに配列した住宅へと置き換えられる。各棟は平行した隣棟よりおおよそ高さ分だけ隔てられた。ジークフリート・ギーディオンは、『空間・時間・建築』において、熟慮されていたものの半近代的なベルラーへのアイデアと比して、この計画案を近代主義の輝かしい勝利として肯定的に示したのである。

近代建築国際会議（CIAM）

改定されたアムステルダム計画は、一九三〇年にブリュッセルで開かれた近代建築国際会議（CIAM）の第三回会議で提示されたコンセプトを反映したものであった。一九二八年に創設されたCIAMは、作品を比較し建築哲学の宣言や声明を構成するために、ヨーロッパの優れた近代建築家たちを引き合わせるものであり、グロピウスやミースやル・コルビュジエなどをメンバーとしていた。それから、アムステルダム市都市計画局長として新しく任命されたコル・ファン・エーステレンが、ブリュッセル会議でCIAMの議長に選出される。彼は、近代的な都市デザインへの関心に従って、CIAMの方向性を変更したのであった。

ル・コルビュジエが影響ある組織者であった第四回のCIAM会議は、一九三三年にマルセイユからアテネを往復するSS パトリス二世号の船上で行なわれ、ここで都市計画に関する一連の宣言が採択された。都市計画における四つの重要な領域として、住居・レクリエーション・就業地・交通が挙げられる。ほとんどの人びとが集合住宅に住むことを期待され、そして高密地区では、レクリエーションや空地づくりや日照を確保するために、高層ビルが活用される計画であった。住宅は、クラレンス・ペリーが創始した近隣住区理

論、すなわち学区体系との関連で定められる住区の規模に従ってまとめられるようになる。職場は、交通需要を最小化し、逆に住区に影響を与えない遠くに置かれた。交通上の原則には、機能に対応した道路の等級分けや高速交通のためのハイウエイの供給を含むので、伝統的でモニュメンタルな都市計画は交通問題を生み出すものとされた。
「過去の文化の残滓である建築物やその集まり」を保存しようとする宣言もあったが、これら過去の文化は近代世界と無関係であるとされ、都市内部で大変革が必要なのは明らかとされた。ゾーニングは、旧市街地と新開発の双方において、計画目標を実現する最重要な手段であるとみなされている。しかし、すでに都市において生じていた地区機能の分化や、既存の多くの住区の特徴を形づくっていた社会的差別についての議論は行われていなかった。
CIAMは、都市の基本的なデザイン要素として、高層ビルを正式に採用したが、実際のヨーロッパでの住宅プロジェクトは、ほとんどいつもロウ・ハウスあるいはエレベーターのない集合住宅であり、エレベーターは第二次大戦前には控えめに用いられていた。ボードワンとロッズがデザインし、一九三〇年代末に建てられたパリ近郊、ドランシイのシテ・ド・ラ・ミュッテは、数少ない例外のひとつである。そこには、お決まりの三、四階建の建物が平行に整列しているが、端に一五階建の集合住宅棟がある。
大戦間期においてヨーロッパの既存の都市では、高層ビルを創る経験がほとんどなく、あったとしても概してできるだけ高くならないようにデザインされた。ごくまれに高さが強調される状況において、一棟の高層ビルが用いられた。ひとつの事例としては、J・

図108・109　一九二〇年代にルードウィッヒ・ミース・ファン・デル・ローエが提案したフォト・モンタージュによるビルディングの表現。これは都市の望ましい改良策としてのデザインを示すことを意味するものであった。今日これらは、彼らなりのモダニティを主張するビルディングが、建築素材の連続性や、計画された高さの関係といった、既存の都市デザインに対して与えた破壊的な効果を予言したものとして解釈することができる。

Ｆ・スタールによるヴィクトリー広場の集合住宅棟があり、これはベルラーへのアムステルダム・サウス計画内における主要なアクセントとなっている（図107）。一九二〇年代にルードウィッヒ・ミース・ファン・デル・ローエは、高層のカーテン・ウォール・ビルディングのプロジェクトをフォト・モンタージュで示したが、統一された低層地区の街路交差点に注意深く配置したスタールの棟と比べると、ミースの都市デザインのコンセプトとまったく異なっていることが分かる。ミースは、単に新規開発の可能性がある敷地上の古いコンテクストのなかに彼の建造物を書き込んだだけなのである。これらのモンタージュは、魅力的な建築の印象を創り出すことを意味していたが、第二次大戦後の今日、ビルディングにより形成されたスケール上の不連続性と街《アーバン》並《ファブリック》みの崩壊を予言しているように見える。しかしながらＣＩＡＭ会議は、既存都市における高層ビルについて、いくばくの不安にも見舞われなかったようである（図108・109）。

「輝く都市」とその影響

ル・コルビュジエの都市アイデアは、彼自身の経験やＣＩＡＭとの提携を踏まえて進化を続けていた。一九二九年に、彼は南米を旅行して、リオ・デ・ジャネイロやサン・パウロやモンテビデオやブエノス・アイレスを変革する計画案をスケッチした。これらの計画のいくつかで彼は、まるでローマの水道橋のように領域を切り分ける巨大で新しいハイウエイを描き、その下のスペースを集合住宅で充填した。人口一八万人のための居住地区としてのハイウエイは、アルジェの一九三〇年案の特徴であり、この案は、ウォーターフロン

図107　リヨン近郊のヴィレユルバンヌにおける住宅団地は、M・ルドゥーのデザインにより一九三四年に完成したが、これは大戦間期におけるヨーロッパにおいて、高層ビルが重要な要素となっている数少ない住宅団地開発のひとつであった。

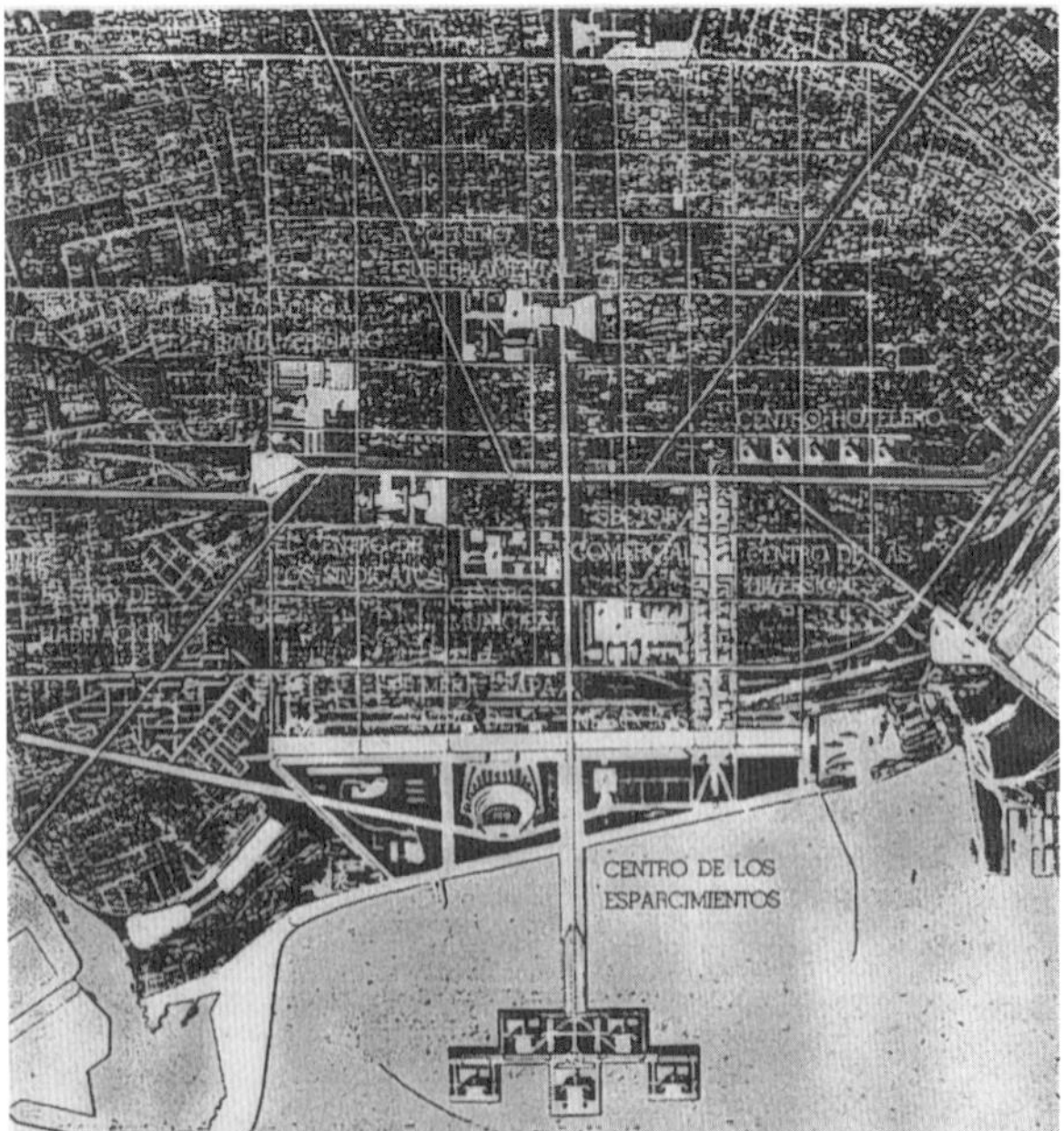

図110　ル・コルビュジエによるブエノス・アイレスの一九三七年計画案もまた、都市の急進的な改革を必要とするものであった。新しい業務センターは、港のなかの島の上に建設されることになっていた。ウォーターフロント全体は再開発され、高速道路が既存の街路体系の上に重なり都市を区画に分割する。地区は、新しい大規模なスケールのビルディングによって完全に再開発される。のちに都市再開発と呼ばれるすべての要素がこの提案で示されている。

ト地区を巨大オフィス・ビル群に完全に改造し、都市のはるか上空で大規模集合住宅ビルの新しい群れと橋で繋ぐというものであった。「アルジェにおけるこの計画案の効果は砲撃のようであろう。このアイデアは、真面目な設計案であるとともに、都市の既成概念を破壊することを意図する」とル・コルビュジエは指摘した。アルジェ計画は、重要な影響を及ぼし続けることになる。この案は、一九六〇年代に盛んになった、ビルディングとしての都市のコンセプトを建築家たちが創成するのに役立ったのである（図110）。

一九三五年にル・コルビュジエは、今日「輝く都市」と呼ばれる、彼が打ち立てた理論都市についての改定版を準備した。その社会構造は、サンディカリストが提唱していた独裁主義的な機構に対して、当時持っていた一時的な関心を反映したものであった。その計画案は、ひとつの擬人的な外観を持ち、行政区の頭（十字形のオフィス・タワーによるお馴染みのクラスター）、商業地区を内臓とした住居地区の胴体、労働者住宅の脚部、工場の足部を有する。少し前に採用されたＣＩＡＭ原則の影響は、地区を明確に分離して表現していることからもおそらく見受けられようが、しかしこれらの地区の特徴や配置といったものは、決して既存都市の機能上の構成に対応したものではなかった。

一九三八年のル・コルビュジエによるブエノス・アイレスの第二のスケッチ計画案では、五棟の高層ビルによる管理地区が湾のなかのひとつの島として建設され、本道で本土まで繋げられていた。ウォーターフロントは、レクリエーション・センターとして再建され、出入口を設けたハイウエイと主要道路による新しい交通体系が都市の本体を各セクターに切り分ける。セクターの内部は高層ビルディングとオープン・スペースによって、既存の

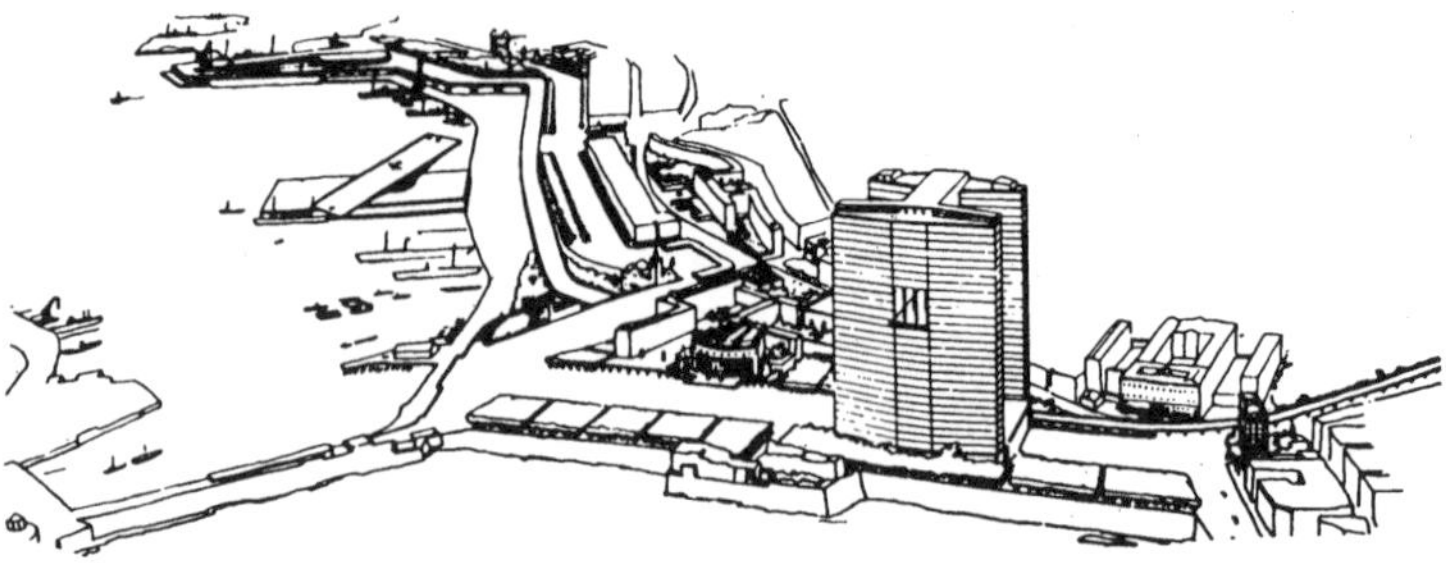

街《アーバン》並《テクスチュア》みを置き換える計画であった（図111）。この案は議論を呼ばなかったが、第二次大戦後にほとんどの都市で見られる公共政策となったという意味においても、これは真面目な意図を有するプログラムであった。戦後の都市再開発における本質的な特徴のすべて——既存の建物や近隣住区を切り裂くようなハイウエイ、業務地区、住居地区の全面更新、高層塔《タワー》のクラスターや、ハイウエイをさらにまたぐように設計されるビルディングなど——が表わされているのである。

ル・コルビュジエによるアルジェの一九三八年案は、実践的な改革のためのプログラムをもまた意味するものであった。その最も際立った特徴は、ひとつの巨大なオフィス・タワーとして業務地区を再建した点、従来の業務地区をレクリエーション地区と官庁街で置き換えた点、塔型《タワー》ビルで新しい郊外居住地区を創造した点である。

これらル・コルビュジエの計画案すべてにおいて共通して見られるのは、既存の大都市に集積していた建築物や都市構造上の関係をまったく無視して都市デザインを考える才能である。他のCIAMのメンバーたちも、既存の大都市を改善ではなく更新するものとして、都市デザインを考えていたように思える。戦禍によって彼らは、都市を再開発する機会が巡ってきたという信念を強くしたのである。

MARS（近代建築研究）グループはCIAMのイギリス部会であり、一九四〇年代初めにロンドン大都市圏計画を描いたが、そこでは歴史ある都心のすぐ北を高速道路が縦貫していた。歴史的都心の両側に業務地区を設け、東西に伸びる回廊として拡張する計画であった。直線状の住居地区は、六〇万人までを収容するもので、グリーン・ベルトで互い

図111 第二次大戦後の復興と開発を形づくることになったアイデアは、大戦間期においてすでに確立していたものである。一九三〇年における彼の最初のアルジェ計画を、ル・コルビュジエ自身は、現行の都市概念を粉砕する砲弾と呼んだ。この図案は、ル・コルビュジエが一九三七年に創った準公式のアルジェ計画を示している。これは、破壊力を限界まで小さくしたものであった。他の提案では、業務地区をひとつの大規模ビルに移築しようとしていたのである。

に分離されていたが、これは中央の開発軸に直交して置かれ、大都市圏外周に走る環状ハイウエイに繋がっていた。このコンセプトのダイアグラムは、田園都市の近隣住区におけるクル・ド・サックを巨大化したもののようにも見える。田園都市の設計原則を巨大化しようとする類似の提案には、ルードウィッヒ・ヒルベルザイマーによる一九四四年の大都市圏疎開計画案がある。これは、公園で回廊をつくり、比較的高密度の住区を隔て、住区内の住宅を直列に配置したものである。

広大な地域を整理して都市を再設計するアイデアは、ヨーロッパでは進化しなかったが、第二次大戦後、北米で重要なインパクトを持つことになる。大戦間期は、CIAMとアメリカの住宅《ハウジング》改革家《リフォーマー》や都市デザイナーとのあいだのコミュニケーションが少なかったためである。

アメリカにおける住宅供給

一九二〇年代のアメリカ合衆国では、労働者用住宅の供給は政府によらず、慈善財団でありサニーサイドやラドバーンの後援主体であるシティ・インベスティング・カンパニーのような、利益限定型の住宅供給公社によるものであった。政府補助金は、一九二六年のニューヨーク・ハウジング法により住宅供給に導入され、その法律は、一室あたり一一ドル（マンハッタンでは一二・五ドル）に家賃を抑える限定配当プロジェクトに対して二〇年間の減税を行なうという内容であった。

建物が周囲を囲んで内部で中庭を形成する囲み型《ハロウ》広場《スクエア》——ニューヨーク市のダンバー・ア

パートメントや、のちのニューヨーク州における補助付きのアマルガメイテッド・ドゥウェリングスのような――は、救済支援型住宅供給《ハウジング》に最も多く用いられた市街地建築の様式であった。これらの建物のデザインは、一九二〇年代から三〇年代にかけてロンドンで建てられた補助付き住宅に密接に関連している。アンドリュー・J・トーマスは、合衆国でこの建物様式を創成するのに尽くした建築家であった。この様式は、端正に手入れを施された庭園を囲む、ちょっと楽しく、ややあいまいな歴史様式のレンガ造の建物によって特徴づけられていた。ちょうどフィップスとダンバーや、シカゴのマーシャル・フィールド・ガーデン・アパートメントのように、彼の初期の建築物にはエレベーターがなかった。スプリングスティーンとゴールドハマーは、一九三〇年にニューヨーク市で六階建の混成住宅をデザインしたが、これは、囲み《ハロウ》型広場《スクエア》の計画案においてエレベーターを用いた最初のプロジェクトのひとつであった（図112）。

クラレンス・スタインは、合衆国で田園都市アイデアが受け入れられるよう尽力したが、彼は高密度住宅についての先駆的な仕事にも係わっていた。一九三〇年、サニーサイドにおけるフィップス・ガーデン・アパートメント開発は、エレベーターなしの囲み《ハロウ》型広場《スクエア》の平面形状に従ったもので、これはトーマスの初期作品を適応させたものである。スタインのヒルサイド・ホームズは、ブロンクスのニューヨーク郡ボストン・ポスト・ロード近くにあり、五階建のエレベーターなし集合住宅棟で囲い込まれた一連の中庭が連綿と繋がったものである。ビルディングのいくつかは、斜面敷地の有利さを活かして、外部から直接アクセス可能な庭付きの住戸を低層部にもう一層分持つものであった（図113・114・115）。

図112　ランベスのチャイナ・ウォークにおける集合住宅。大戦間期において、ロンドン州議会により建てられた高密住宅は、ジョージアン様式としてカレッジエイト・ゴシックとしてデザインされたものである。これは、近代建築への支持を表に出していないように見える。にもかかわらずこれらのビルは、都会風の街路ファサードや中庭を創る敷地計画とともに、近代的な建設方法や採光や通風のための近代的標準を用いるものであった。

図113　このダイアグラムが示す住宅団地における中庭タイプの構成は、ニューヨーク市地域計画において、アーサー・ホールデンが検討したものである。そして一九三三年のヒルサイド・ホームズにおいて、クラレンス・スタインは図114・115を採用した。これは、ニューヨーク州プログラムからの補助によりブロンクスに建てられたもので、部分的にはスタイン・アパートメントに基づくもので、部分的にはスタインの初期のフィップス・ガーデン・アパートメントに基づくものであった。

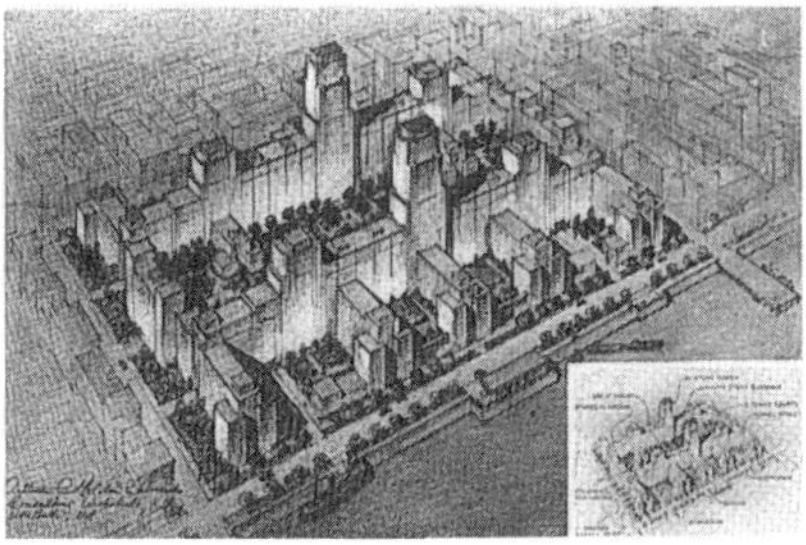

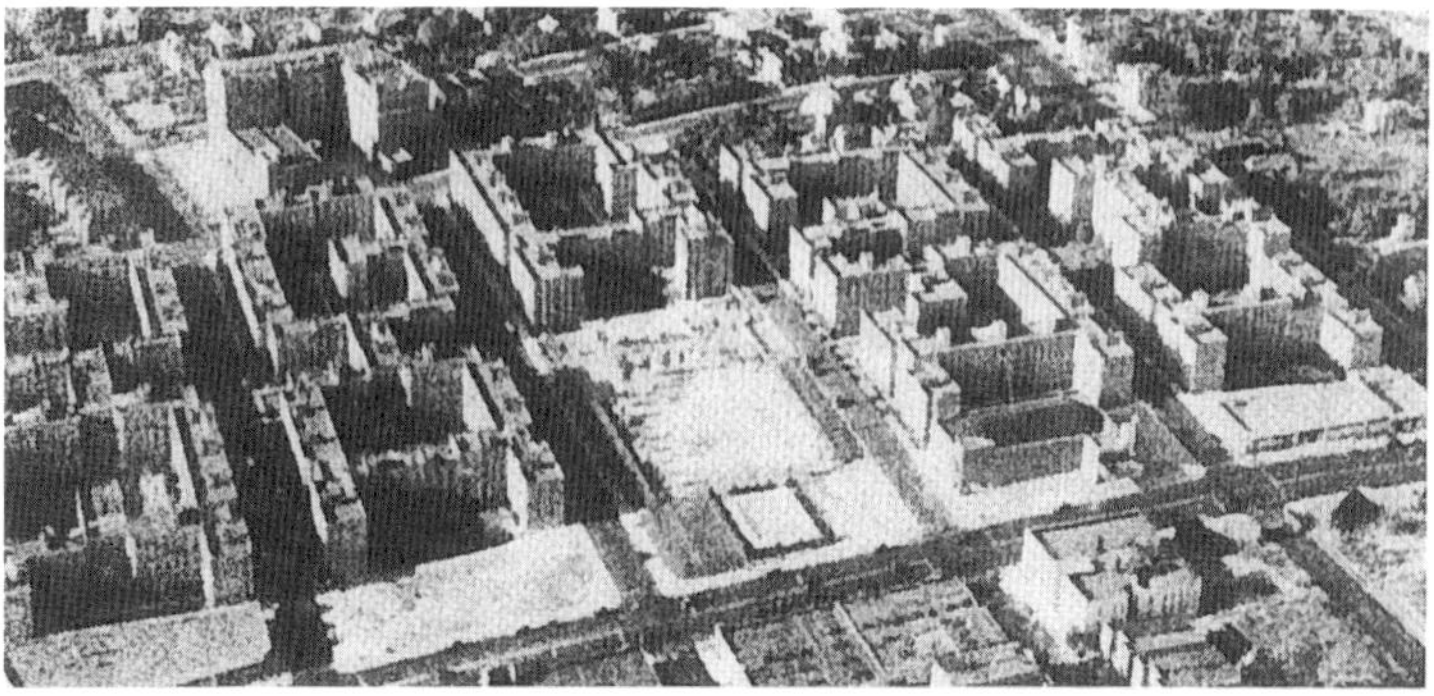

これらのビルディングは、近代主義や近代建築が指向する特徴を模索するものではなかった。近代的な建設技法を用い、供給したオープン・スペースの総量は、伝統的な市街地建築の中庭に比べてはるかに多いものの、デザインは、ワイゼンホフ展の建築物に共通の建築コンセプトに多くを由来するところの、国際様式を連想させる顕著な特徴を示すものではなかった。スタインやトーマスによる建築群の構成は、量感を建築的に強調したり、非対称性を創り込んだり、アプライド・デコレーション（半分壁に埋め込まれた装飾）を回避するのではなく、外観上のマッス（かたまり）に基づくものであった。このマッスはしばしば対称的で、単純化された様式においてではあるが、アプライド・デコレーションが用いられた。

アメリカにおける近代都市コンセプト

ヒュー・フェリスは、一九二九年に出版した著書『明日のメトロポリス』におけるドローイングにおいて、これらマッスや対称性や簡素な装飾の点で建築上よく似たセンスを示した。フェリスは、建築家であり有名な建築レンダラーであったが、新しい社会秩序のコンセプトを持っていたわけではないし、建築の革命的な様式について論争を仕掛けることに係わってもいなかった。彼は、自信に満ちた一九二〇年代のニューヨークの建築やゾーニング規制から、これを外挿的《エクストラポレート》に推論したのである。フェリスのヴィジョンは、抽象としては独特なものであり、ル・コルビュジエの「現代都市」と同様に、既存都市の日常生活と関係したものではなかった。しかし、これは当時の不動産や建築の実務とは、密接に関連している。この建築は、フェリスなりのアメリカ現代主義、特にバートラム・グッドヒューやレイモンド・フッドのデザインに由来するもので、ヨーロッパの伝統の影響はあまり見られない。窓枠における水平な帯や、単なる「簡素で力強いマッス」を凌ぐ片持梁の床石板を描いた、フェリスのドローイングのいくつかは、一九二二年のシカゴ・トリビューン・コンペにおけるヨハネス・ダウケルやベルナルド・ビィボエトの応募作と類似しているが、その用法からはおそらくかけ離れたものである。

フェリスによる都市の中心には公園があり、交差する道路のシステムがその中心で正六差路を刻んでいた。公園の周囲における三つの要衝の各々には、業務・芸術・科学のための巨大なビルディングの群《クラスター》がある。三本の広い街路が、それらの中央のビル群を突き抜けて、都心に続く地区主要幹線となっていた。これら街路の下層部には出入口のある高速道路があった。その他の主な道路は一二ブロックごとにあった（図116・117・118）。

都市デザインのモニュメンタルな伝統では、建築物と街路のあいだに密接な関係があり、グリッドや並木大通り《ブールヴァード》計画の基礎をなしていたが、フェリスは、近代技術により可能となった高層ビルと、この伝統的な関係とによって生じるパラドックスを解決するために、ゾーニング規制を用いた。建築物は六階に制限される予定であり、メイン・アヴェニューの交差点における高層ビル群は例外として一〇〇階まで許されていた。

一九二九年の大恐慌は、一〇〇階建のビル群が蝟集する都市の思想に終わりを告げるものであった。オフィス・タワー群《クラスター》のコンセプトは「一九六〇年の世界」で再び出現する。これは一九三九年のニューヨーク世界博において、ジェネラル・モーターズ・パヴィリオ

図116・117・118　一九二九年に発表された『明日のメトロポリス』におけるヒュー・フェリスのアイデアは、ニューヨーク市のゾーニング法や現行の開発実務に部分的には由来するものである。彼もまた、秩序立ったひとつの体系のもとで、低層建築物により隔てられたタワー群を想像した。この都市は、業務と科学と文化を志向する三つの区画に分割されている。巨大な街路が大規模ビルの下を通り、局所交通は地上に、歩行者橋はその上にある。

ンのためにノーマン・ベル・ゲデスが創ったモデルである。ベル・ゲデスのモデルは、自動車が作り出すことになる都市スプロール現象を正確に記述した点で、デザインというよりむしろ予言であったと言えるだろう。予言どおりに建設されることがなかったのは、タワーの群《クラスター》だけであった。不動産市場は保守的であり、一二ブロックも離れた新しいエリアを開拓するよりは、むしろすでに成功したビルディングに隣接して新しいオフィス・タワーを建てることを望んだのである。フェリスはゾーニングがその傾向に打ち勝つと考えたが、しかし開発圧力は、フェリスやベル・ゲデスのヴィジョンで想定したゾーニング・パタンに対し、強大であることが明らかになった（図119）。

ロックフェラー・センターは、一九三〇年代初期に三つの建築事務所のコンソーシアム（事業連合体）がデザインしたものである。これはフェリスが描いた都市のコンセプトを最も近く実現していた。建築家たちは、ラインハルト&ホフマイスター、コーベット、ハリソン&マクマレイ、フッド&フイルーであり、すべてフェリスが知る人びとであった。そしてデザインが進行している際に、フェリスは景観上の検討を行なっている。

第二章で述べたようにロックフェラー・センターは、ヒュー・フェリスが彼の都市デザインで用いたのと同じ仕組みによって、モニュメンタルな軸線上の対称性と近代的なオフィス・タワーとを結合させたものである。五番街に面した六階建のパヴィリオンが、連合通信ビルからRCAビルまで軸線を形成している。これは、ロックフェラー・センターの他の場所において、ビルディングが関係としてはとても一貫性があるとは言えない配置を生み出しながら、単に街路線から直接その高さまで立ち上がっているのとは対照的である。

図119　一九三九年ニューヨーク世界博のジェネラル・モーターズ・パヴィリオンのために、ノーマン・ベル・ゲデスがデザインした「一九六〇年の世界」モデルの写真。ベル・ゲデスは、フェリスや他のデザイナーを踏襲して、高層ビルをより広い間隔に離した。後に判明することになるが、この間隔は不動産市場が好むよりも広く、また旧市街が改廃されることを過小評価していた。しかしそれ以外では、彼の予言は驚くほど正確であった。

ロックフェラー・センターやフィップス・ガーデン・アパートメントやヒルサイド・ホームズは、フェリスによる都市の類似版であり、その断片として見ることができる。それは疑いなく近代的であるが、革命的なイデオロギーに基づくものではない。新しい建築表現の完成を模索するものではなく、既存の都市の枠組みのなかで、漸増《インクリメンタル》的に適合させることができるものである。

合衆国内では、既存都市に多少なりとも快適に適合させる、このような近代都市デザインのコンセプトは、ヨーロッパ近代建築の影響によって次第に圧倒されるようになる。このことは、もともとは無関係であったアメリカとヨーロッパのデザイン・アイデアの折衷として一九三〇年代末に合衆国で開発された、補助金付きもしくは収益限定の住宅タイプのなかにおいても、感じることができる。アンドリュー・トーマスとクラレンス・スタインらがデザインした独創的な平面計画を持つレンガ製の集合住宅ビルは、その「中庭」のコンテクストから切り離されて、「自立する塔」に転化したもので、どこかル・コルビュジエの「輝く都市」における十字形オフィス・ビルを小型にしたかのようである。これらの塔は、最適な日照条件と方位を重視するモダニストの考えに従って配置されていた。だが、ル・コルビュジエによる仮説的な塔は、街路が造るグリッドに密接に関連したものである。これらの新しい塔は、やがて合衆国のどこの大都市でも見かける住宅プロジェクトの代名詞となる。これらは、ワイマール共和国期のドイツ住宅と同様に、最大限の日照と通風を得るように配置された。しかしながらドイツの開発では、低層建物は平行に配列して設計された。方位についての同じ原則を戸建集合住宅にも適用したものとして、ニューヨーク市のウィリアムズバーグ・ハウジズのような開発がある。これは、リッチモンド・シュレーヴが率いるウィリアム・レスケーズやアーサー・ホールデンを擁する建築家チームが一九三五年にデザインした、公共事業局のスラム撤去プロジェクトである。建築物は、街路グリッドに依らず、デザインされていないオープン・スペースの海のなかで、周囲の市街地のコンテクストから自由に浮かんでいるかのように見える。このようなコンテクストからの分離は、第二次大戦後、高層ビルが同様な配置計画で建設されたとき、さらに注目されることになる。

第二次世界大戦によって、ヨーロッパ諸国はかつてないスケールで早急な復興需要が生じた。建築家やプランナーの間では、復興を、敷地においては、より多くのオープン・スペース、都心においてはハイウエイ、そしてオフィスと住居の双方においては高層化といった、新しいタイプの近代都市を創るための機会にすべきである、という合意に達したように思えた。

都市についてのこの近代的なイメージに対する信念は、建設の実例が少なかったにもかかわらず強いものがあった。戦前からの都市では、過密と交通混雑には改善が必要であり、近代技術の登場により高層ビルが可能になった。その一方、前時代の工芸的な古い建物を再建するのは、あまりに高価で時間を浪費することに思われた。しかしながら近代都市コンセプトもまた、ル・コルビュジエやミースらが創り出した力強いイメージや、近代建築を提唱した著作、さらにスウェーデンにおいて創始されたモダニズムの試みに対するひとつの反応として、イデオロギー的な魅力を有するものであった。

戦災復興のモデルとなったスウェーデン

第二次大戦の最中、スウェーデンは建設を続けた数少ない国のひとつであった。そして、戦後多くのヨーロッパ諸国が再建にほとんど着手していなかったころ、スウェーデン人はストックホルムで新しい業務センターと新しく計画した郊外――これは広く模倣されるモデルとなった――を創っている。

スヴェン・マルケリウスは、一九四四年から一九五四年までストックホルム市の都市計画部長を務めたが、彼はおそらく近代都市デザインのスウェーデン・コンセプトを創る上で最も影響力のある建築家であった。一九四〇年代にマルケリウスの指導のもとで、都心ヒョートレー地区の計画が準備される。サーゲルゲタンという地区第一の幹線は、二層のショッピング・コンコースのなかを走る歩行者用区域になった。片側のコンコースの上には、五つのオフィス・タワーが平行に整列している。歩行者《ペデストリアン》橋《ブリッジ》が店舗上の屋上テラスを繋いでいる。このようなショッピング区域と歩行者橋の組み合わせや、オフィス・タワーの秩序立った配置が親しみやすいイメージとなる計画であった（図120・121）。

ストックホルム郊外ヴェリングビィで計画された居住コミュニティや、その他の計画コミュニティのクラスターにおける都心地区は、ヒョートレーのデザインに似ているが、これは一九四〇年代のストックホルム計画局時代に遡ることができる。ヴェリングビィは、もともとハワードのモデル、つまり自己充足する田園都市におけるセンター地区として考えられたものであった。しかし、のちのストックホルム衛星都市群と同じく、実質的には高密度田園郊外として発展する。これは、田園都市計画における曲がりくねった道路とピ

図120・121　ストックホルムのヒョートレー地区は、実際に二階レベルの歩行者道が建設された最初の地区のひとつであった。地域計画協会のハーヴェイ・コルベットによる研究とは異なり、この計画案は、地区周辺に交通をそらして街路そのものを歩行者に与えたことを示している。

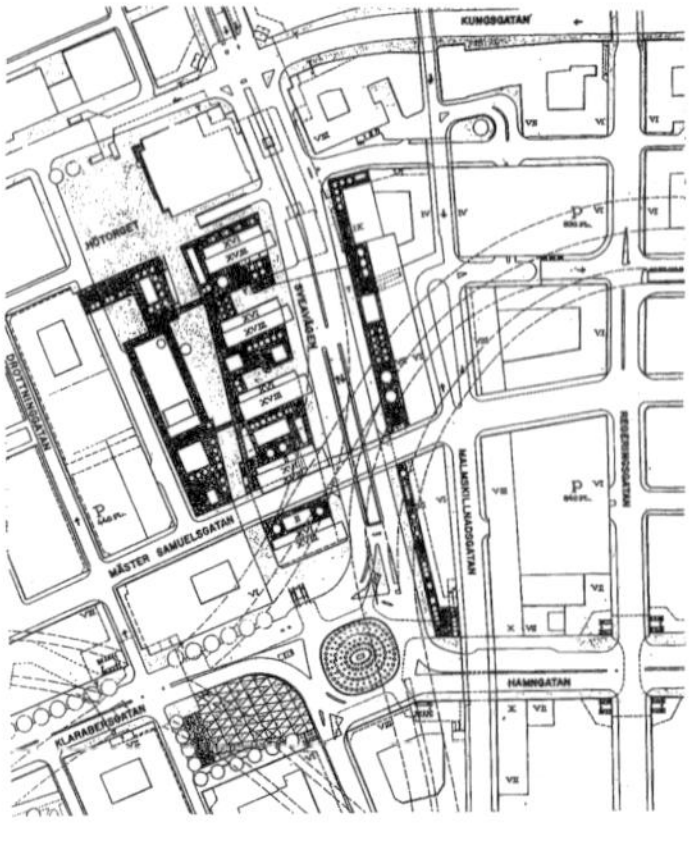

クチュアレスク風の建築物群をともにもたらすもので、住宅ブロックは大戦間期のヨーロッパの実験に由来するものであった。平面図を見ると、ヴェリングビィでの中庭付き住宅群は、ハムステッド田園郊外におけるそれらに似ている。しかしスケールが異なっていた。構成要素となる建物は二階建ではなく四階建である。一二階建を平均とする集合住宅棟のクラスターもあり、それらは、あたかももっと小さい建築物によるクラスターでもあるかのように、インフォーマルに扱われている。ヴェリングビィの商業業務地区センターは、環状の噴水や樹木を連想させる遊び心のある街灯設備を用いて、カジュアルに構成された歩行者用区域を中心としていた。建築も同じくインフォーマルで、異なる表面材や高さのバリエーションを設けて、時間をかけて成長した村落風の建築群が構成されるよう仕組まれている。建築は、アプライド・デコレーションがないという意味で近代的であり、デザインは近代構造素材による表現に由来するものであった。英雄的でもなく未来的でもない「思慮深い」という形容詞が思い浮かぶ。

ル・コルビュジエの活動

ル・コルビュジエが同様な計画の依頼をどのように扱っていたのかは、サン・ディエ再建のための彼の一九四五年提案からも推測することができる。ハイウエイは、構成要素すべてを連結する背骨を形づくり都心部を突き抜けていた。大きな集合住宅のブロックが、中央のハイウエイに直交して配置されて、インフォーマルな庭園で囲まれている。センター地区は、高層オフィス・タワー一棟と長方形の壇上広場《レイスドプラザ》、博物館、公会堂や公共建築物などで構成され、その各々がオープン・スペースで囲まれ独立した建造物であるが、抽象的な群像彫像のように注意深くグルーピングされていた（図122・123）。

ル・コルビュジエは近代都市の論客であったが、戦後の実際の再建において際立った役割を得るという点では、限られた成功を収めたに過ぎない。彼にとって再建に関する大きな設計依頼に、マルセイユでの集合住宅があり、これをル・コルビュジエはユニテ・ダビタシオンと呼んだ。ユニテは、これは建造物がそれ自体の内部で仮想的なひとつの小さな都市になることを意図したものである。ビルディングの中間階には、屋内「商店街」があり、劇場・体育館・屋上に遊び場を持つ託児所などもあった。建造物全体は、マッシヴな支持柱で地上から何階分も持ち上げられている。ル・コルビュジエのコンセプトは、外部空間をビルディングを貫いて連続的に呼び込もうとするものであるが、しかしそれは周囲からは孤立していた。

ユニテは、プロトタイプとしてデザインされ、他の建築家に多大な影響を与えたが、政府の政策となるにはあまりに高価で風変わりなものであった。のちにル・コルビュジエは、同様なパタンで設計した数棟のビルディングで、店舗を取り除いて修正を行なう。もし店舗がもっと便利な地上階に置かれていたのであれば、それらは近隣からも顧客を引き寄せたであろうに。しかし単独のビルディングでは、それらを支えるには充分な大きさではなかった。

図122　戦災を受けたサン・ディエ市のためのル・コルビュジエの計画案は全面更新案であり、図123の案などとともに、多くの第二次大戦後の再開発計画に影響を与えた。図123は、ワルター・グロピウスを含むチームがマサチューセッツ州ボストンのためのモデルである。

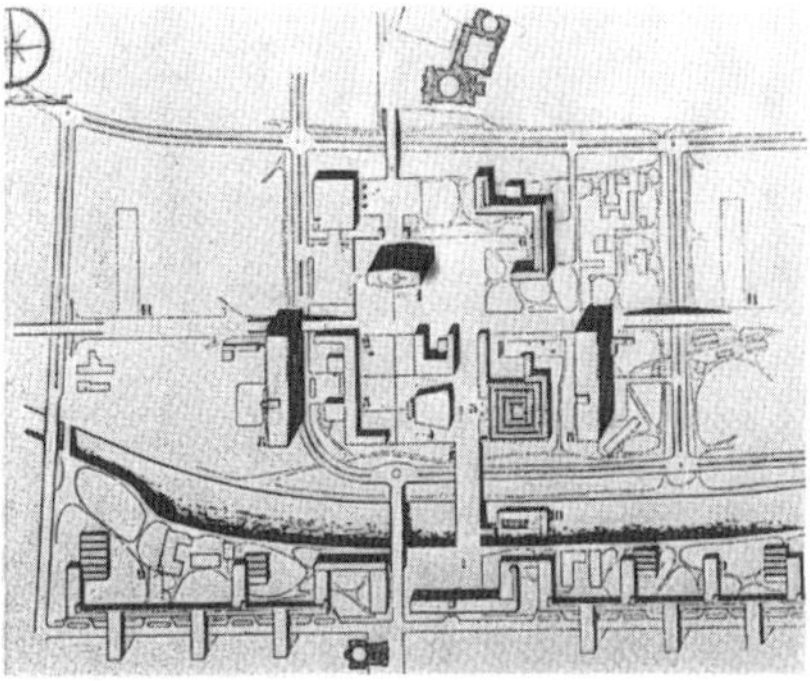

ヨーロッパにおける戦後近代化

イギリスにおける再建の意思決定は、空襲の最中から始まっていた。それらのなかには、パトリック・アーバークロンビーとJ・H・フォーショウによる一九四三年のロンドン州《カウンティ》総合計画や、アーバークロンビーによる一九四四年の大《グレイター》ロンドン計画があった。

ロンドン州計画は、ロンドンの伝統的コミュニティ構造を認識した上で、鉄道網・同心円状の一連の新しい道路を合理的に扱うコンセプトを有するもので、公共オープン・スペースや道路計画を用い、都市内における地区を明確にして分離した。先に述べたように大ロンドン計画は、ロンドン州周辺のグリーン・ベルト――これはエベネザー・ハワードが確立したモデルに多くを負っているコンセプトである――や、グリーン・ベルト外周で計画された一連の衛星コミュニティを建設する提案を含むものであった。双方の計画案とも、同時期のスウェーデンにおける計画と同様、大戦間期のヨーロッパ住宅地区における都市デザインのアイデアを、田園都市計画を連想させる、よりインフォーマルな配置に結びつけて、特定の地区を詳細にデザインしたものである（図124・125・126）。

中央コヴェントリーの再築、イースト・エンドの再建、そしてイギリス最初のニュータウンにおける商業業務センター地区といったもののすべては、戦後に現われた近代都心のイメージを明確にするのに役立った。スウェーデンにおける事例のように、それらはモニュメンタルというよりもむしろ思慮深く魅力的なものである。一九五〇年代にマルセイユでユニテ・ダビタシオンが完成すると、これはイギリスの住宅デザイン、特にロンドン州議会の建築部の作品に大きな影響を与え、そしてイギリスにおける住宅とコミュニティ計画の特徴を変えた。それらのデザインはより幾何学的に、より抽象的で頑固になり、ル・コルビュジエ風ともいえる鉄筋コンクリートの打ち放しも多くなった（図127・128）。

ラインバーン・ショッピング地区センターとそれに付随するビルディングによるロッテルダムの再建は、これとは異なった特徴を持つ都市イメージを生み出した。J・H・ファ

図124　一九四四年大ロンドン計画におけるピーター・シェパードによるレンダリングは、都市デザインにおけるスウェーデン流コンセプトの影響を示すものである。これはよりイギリス的であるが、他のヨーロッパ諸国が第二次大戦に突入するなか、スウェーデンで建てられ続けていたヨーロッパ・モダニズムの「思慮深さ」を有していた。

図125　一九四三年ロンドン州計画における近隣住区ダイアグラムとアクソノメトリック。同書におけるテームズ川南岸の図126を見ると、都市デザイナーがロンドンを近代化する機会として、どのように戦災を捉えていたかが分かる。

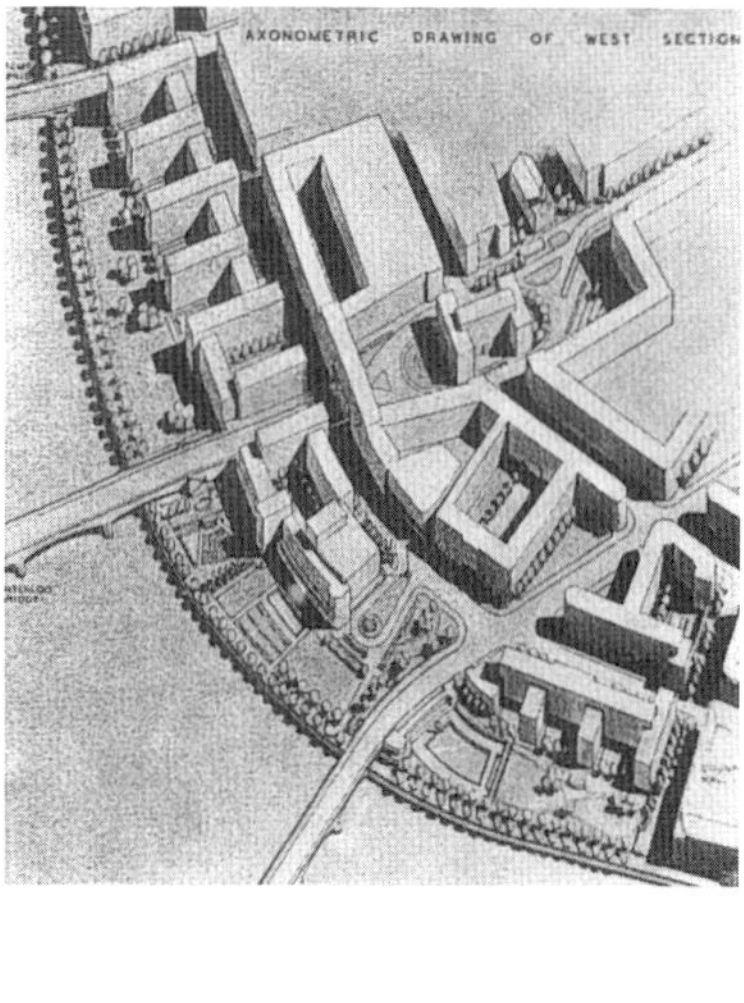

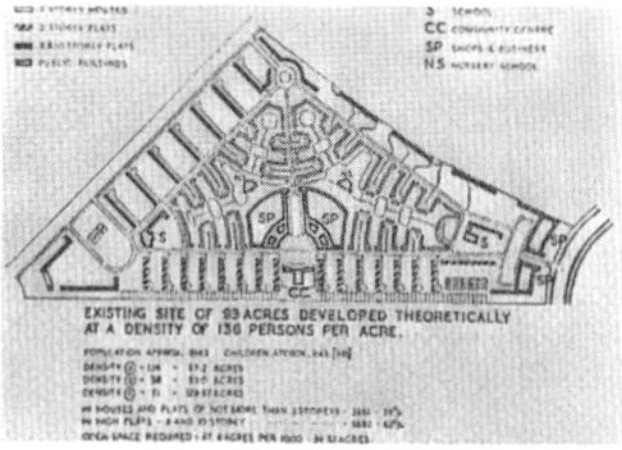

ン・デン・ブロークとヤコブ・バケマのデザインによるこのビルディングは、より幾何学的に統制されたもので、サーゲルゲタンよりもＣＩＡＭが推進したコンセプトに密接に関連している。しかし、歩行者用地区におけるスケールや特徴と、直交する高層ビルがセットバックしている沿道については、サーゲルゲタンと強い相似があった。

戦後のヨーロッパにおける再建は多くの場合、近代都市の潜在イメージと残存する古い建物とが窮屈そうに共存したものであった。街路《ストリート》接面部《フロンテージュ》の切れ目は、大きな窓や非対称的に創り込まれた平滑なファサードを持つ建造物で充填される。しかし、古い方の街路パタンや建築物のマッスは維持されている。新しい方の地区——特に東ヨーロッパの社会主義国において——では、ＣＩＡＭが提唱したアイデアが、都市デザインのステロタイプな「公式」にまで退歩していた。住宅には二種類あり、階段式の四、五階建かあるいは一一〜一三階建のエレベーター付きビルディングである。ビルはふつう、街路に直交して配置され、高さと概ね等しい距離だけ互いに離されている。住宅団地における集合住宅の戸数は、小学校を支えるに充分な世帯数を収容することができた。このアイデアは、クラレンス・ペリーやアメリカの田園都市運動から流用したものである。「公式」の構成要素はすべて実現する価値があるとはいえ、このように制約された都市デザインは、鈍く単調な環境を創り出すことになった。

合衆国においても第二次大戦の頃から、都市を近代化すべきであるという広範な信念が現われた。一九五〇年代までには、都市の中心部を繋ぐ新しいハイウエイが計画され、公共補助付きの住宅供給が拡大し、政府が促進する開発の手段として、都市の業務センターに

図127・128 ロンドンのランベス自治区におけるローボロー・ロード住宅団地は、一九五〇年代におけるイギリスの官製デザインが、ル・コルビュジエのアイデアに強い影響を受けていることを示している。この計画案は、ロバート・マシュウとレスリー・マーティンのもとでロンドン州議会（LCC）建築部が成功裡に準備したものである。このプロジェクトで働いた仲間にコリン・セント・ジョン・ウィルソンやアラン・コルクホーンがいた。

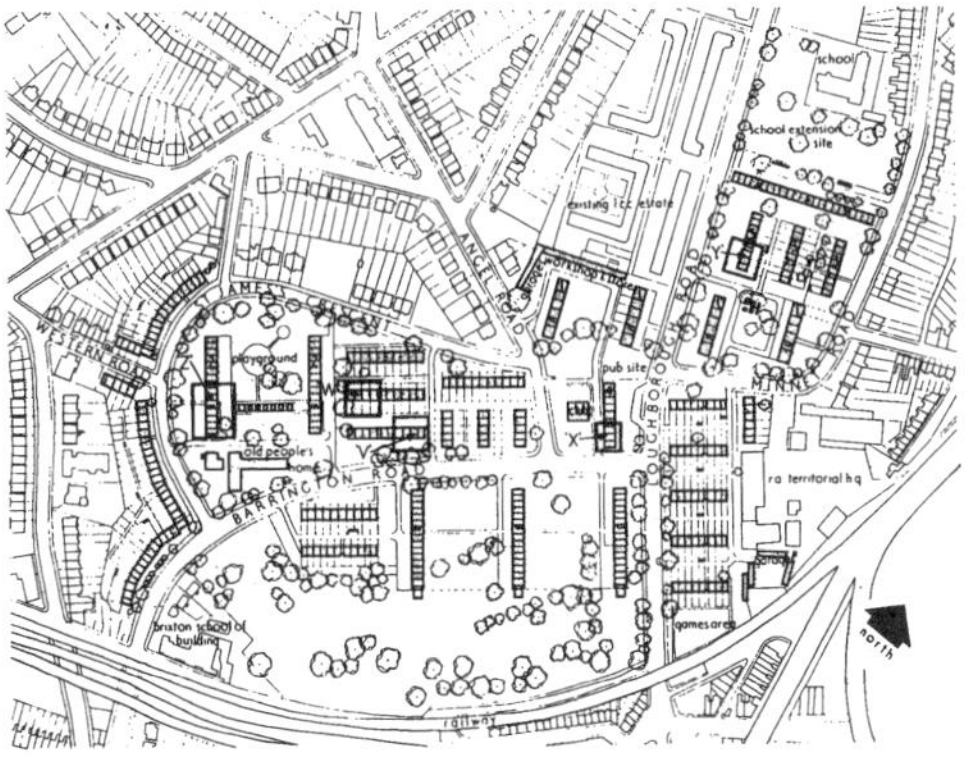

おいて商業都市再開発のコンセプトが確立し、近代ビルディングの形式をもっと奨励するためにゾーニング法が再検討される。

ちょうどボストンやシアトルのように、新しいハイウエイが都心を貫通することもあり、またカンザス・シティやシンシナチのようなところでは、ハイウエイは都心業務センターを周回するように計画されたのである。

制約のないオープン・スペースの海のなかで、最も便益の大きい方位に向けて浮かんだ一連の塔《タワー》の群れとでも言うべき、補助付きの住宅供給プロジェクトのイメージ――これは第二次大戦前に確立したものであるが――は繰り返し続いた。しかし絶え間ない密度の増加によって、その環境は次第に非人間的なものになってゆく。

アメリカにおける戦後再開発

合衆国は爆撃を免れたものの、一九五〇年代にアメリカの多くの都市で創設された都市再開発政策は、同様な結果を生み出すことになる。大規模な都市更新は、一部には都市ハイウエイの導入に関連したものもあったが、多くはスラム撤去を志向したものであった。塔《タワー》によって密度を増加させながら、地上レベルのオープン・スペースをより多く創り出せるように、業務センターが再設計されたのである。

ニューヨーク市ゾーニング法の全面見直しは一九六一年に完了したが、これは多くの大都市におけるゾーニング規則のプロトタイプになる。都市再開発や補助付き住宅供給で見られるように、条例の背後にあるデザイン・コンセプトは、オープン・スペースによって囲い込まれた塔である。地上レベルの公共オープン・スペース創出のために、二〇%の増床ボーナスによって独立した塔を奨励した。オフィス・ビルのための規制の背後にある建築的イメージが、ミース・ファン・デル・ローエとフィリップ・ジョンソンによる一九五八年に完成したシーグラム・ビルと、SOM（スキットモア、オーイングス&メリル）による一九六〇年に完成したチェース・マンハッタン銀行タワーに由来していたのは、ほぼ確実であろう。双方のケースとも塔は簡潔な直方体のマッスであり、広大なオープン・スペースによって周囲の街路体系から離されて配置されていた。

住居建築物規制のための建築的イメージは、一九三八年から一九四二年の間にメトロポリタン生命保険会社が開発したパークチェスターのような「オープン・スペースのなかの塔」や、あるいはロバート・モーゼスらが実施した事業の一部であり、同じくメトロポリタン生命保険会社が一九四七年に開発したスタイヴサント・タウン・スラム撤去プロジェクトに由来するものであった。パークチェスターを設計したのは、リッチモンド・シュレーヴを委員長とする設計委員会であり、アンドリュー・J・エイケン、ジョージ・ゴーヴ、ギルモア・クラーク、ロバート・ダウリング、アーウィン・クラヴァンやヘンリー・C・メイヤーズが委員を務めていた。同名の息子であるアーウィン・クラヴァンとギルモア・クラークは、スタイヴサント・タウンの設計者である。「公園のなかの塔《タワーインパーク》」モデルであるパークチェスターやスタイヴサント・タウンは、一九六一年ゾーニング法における空地率と建築空間要件のもとで建てられたものである。

ゾーニング規制は、建築物デザインの基礎を、街路というよりもむしろオープン・スペースとの関係に置くように再改定されたので、この「公園のなかの塔」によって都市が漸増主義《インクリメンタリズム》（小部分を段階的につくる）的に造られた。だがル・コルビュジエの「現代都市」における六〇階建オフィス・ビルや、ユニテ・ダビタシオンのような「公園のなかの塔」は、決して漸増的開発に適した設計コンセプトではない。結果として、しばしば景観的な配慮を欠いた仕切り壁をむき出しにしたり、ビルディングのオープン・スペースを互いに連携させないため、非連続的なポケットを創ることになる。

都市再開発プロジェクトとは、法的強制力や土地補助金といった政府の権力を大規模な再開発に認めたものであるが、より総合的な都心における近代化の可能性を拓くものであった。多くの都市再開発プロジェクトのデザインは、実施されなかった二つのコンセプトに影響を受けている。ひとつは、一九五三年におけるバック・ベイの操車場用地の再開発の初期計画案である。これは、ワルター・グロピウスを長とし、ピエトロ・ベルシッチ、カール・コッホ、ヒュー・スタビンス、ウォルター・ボグナーによるものである。もうひとつの影響あるコンセプトとは、ヴィクター・グルーエンによる一九五六年のフォート・ワース計画案であった（図123）。

バック・ベイの提案は、ル・コルビュジエのサン・ディエ計画と強い類似があるが、アメリカの状況に適応して実践的になっている。サン・ディエのように、中心をなすビルディングの群れは一段持ち上げられたポディウム（基壇）の上にあり、そのなかで、引き伸ばされた六角形状の単独のオフィス・タワーが突出していた。そして、独特の外観を有する公会堂がそれに面している。外部空間は、サン・ディエのように水平的な建築物の大きなマッスによって創られている。最大の相違点は、ポディウムが五〇〇〇台の駐車場であり、内部に巨大なショッピング・センターがあり、ラインバーンのように外部空間の仕掛けがより小さく低い建築物で調節されていることである。このデザインは、チャールズ・ラックマンがデザインして最終的に実現した、プルデンシャル・センターに少々似ているが、望ましい都市再開発のイメージを明確にするのに役立ち、そして他の都市における何百ものプロジェクトに反映されることになる。

ヴィクター・グルーエンは、既存の都心部の活性化のために地域ショッピング・センターが適用できると『ハーバード・ビジネス・レビュウ』誌に論文を発表し、フォート・ワース計画の開発を依頼されることになった。グルーエンは、すでに二つのプロトタイプ的なショッピング・センター——デトロイト郊外のノースランドとミネアポリス郊外のサウスデール——を創った建築家であった。フォート・ワースの計画案は、高速道路システムで業務地区を貫通するよりも、むしろ周回する環《リング》を形成することを示唆するものであった。環の内側にある駐車場が交通量を減らし、センター地区内の街路は歩行者用地区となる計画である。どの場所からも徒歩六分以内に駐車場があった。このビルディングによる都心は、既存の構造と新しいビルとの混成であり、新しい建造物の群れのいくつかはバック・ベイ計画に似ている。ビル間の歩行者橋のシステムが補完的な歩道《ペデストリアン》網《ネットワーク》を形成していた（図129）。

フォート・ワースの計画案の多くは実現しなかったが、周辺のハイウエイのイメージや歩行者用区域は、影響を及ぼすようになった。そして郊外ショッピング・センターの脅威に晒される都心店舗地区を支援するために、都心モールのコンセプトが近代都市デザインでほとんど公理のようになるのである。

都心における都市再開発の実施は、結局ゆっくりとしたものであった。そのプロセスにおける初期コンセプトの段階から、実際の建造物を完成するまでの間で、オリジナルな設計案が思いもかけないほど変わってしまうこともあった。オリジナルな設計アイデアは、しばしば完全に失われてしまい、再開発の敷地の各々は、切り離され関連していないように見えることもあった。ボストン市行政センターは、ケヴィン・リンチによる都市デザインの計画案に基づいて、引き続きI・M・ペイ&パートナーズが開発したものであるが、これは、当初の設計案の性格のいくつかを維持した再開発プロジェクトのひとつである。伝統的でモニュメンタルな大規模広場とベル・タワー（鐘楼）の役割を演じる州政府ビルは、個々のビルの設計におけるコンセプトとその実現形とのあいだの相違を超えるに足る、力強い性格を有するものであった。サンフランシスコのエンバカデロ・センターもまた、その当初のコンセプトにおいて重要な特徴である、多数のブロック間を橋で繋いで拡張した、空中階の公共広場層を維持していた。フィラデルフィアのペン・センターは、都心の西側を分割していた鉄道線路の古い「チャイニーズ・ウォール」に建てられたが、これは都市計画局の提案した当初の計画案に従わなかった事例である。ペン・センターでは、三棟のオフィス・タワーによる平行列が発表されたが、これはヒョートレーの配置やラインバーンの塔と似ていた。オリジナルな設計が有する明快さを失ったものの、市政府の影響によって、少なくとも鉄道用地を単一敷地として開発できたのである。これは、第

図129　ヴィクター・グルーエンによるフォート・ワースの一九五六年計画案は、より大規模なスケールで中央業務地区全体の周りに交通をそらし、都心地区のすべてを歩行者地区にすることで、ヒョートレーの原則を用いた。

図130　ロンドンのシティは手酷い爆撃を受けたため、バービカン地区の再建が一九五〇年代より始められたが、二〇年間以上も完成しなかった。もともとの金融街に住居棟を導入したのは、より自己充足的な「二四時間都市」を創り出す試みであり、近代的な大都市が地理的に巨大に拡がり、その結果、通勤距離が長くなったことへの対策である。チェンバレン、パウェル&ボンによるバービカンの一九五九年案は、カレッジエイト風のクワドラングルが特徴的な基本配置を有する。格子パタンで覆った三棟の塔を示す。

二次大戦後に敷地ごとに再開発を行なった事例である、ニューヨーク市のグランド・セントラル駅北の鉄道用地とは異なるものであった。

オリジナルなデザイン形態を保って実施された最大の都心再開発のひとつに、ロンドンのシティにおけるバービカン地区がある。ピーター・チェンバレン、ジオフリ・パウェルとクリストフ・ボンが結成した建築パートナーシップがデザインしたもので、ヒョートレー地区のようなモダニズムや高層ビルと、ロウ・ハウスやクレセントやカレッジ・クワドラングル（中庭のある大学校舎様式）といった伝統的なイギリスの計画コンセプトとを合体させようとするものであった（図130）。

シャンディガールとブラジリア

ル・コルビュジエの「現代都市」から発展した多くの近代都市デザインには、以前よりも個々の建物を分離した環境によって、既存の都市全体を置き換えるべきであるという暗黙的な信念がある。したがって、近代都市デザイン・コンセプトの最たる効果が、開発を断片化し、以前から存在する都市と新しい建物との間に非連続を引き起こすことであったとしても驚くに値しない。補助付き住宅の群れは、「公園のなかの塔」の原則により、周囲の都市コンテクストから切り離してコーディネートされる傾向にあった。たいていの都市再開発計画は、建物の間のデザイン上の連続性をあまり考慮せずに、敷地ごとに実施されたのである。各々の建物の配置は、しばしばオープン・スペースのなかほどで抽象幾何的に決定された。ゾーニング条例は、地上レベルにオープン・スペースを与え、街路や周辺建物との関係よりもセットバックを重視したため、個別開発の断片化を強要したことになる。

完全な近代都市とはどのようなものかを学ぶために、シャンディガールとブラジリアに眼を転じてみる。双方ともル・コルビュジエの強い影響のもとで新しいコミュニティとして建設されたものであった。

シャンディガールは、もともとアルバート・メイヤーとマシュー・ノヴィッキの設計によるが、ノヴィッキはこの都市デザインが始まって間もなく一九五〇年に飛行機事故で死去した。パンジャブ政府は、新首都の建築家としてノヴィッキの役割を引き受けてもらうように、マックスウェル・フライとジェーン・ドルーに依頼した。フライとドルーは、ル・コルビュジエにも参加を依頼する。ル・コルビュジエはいとこのピエール・ジャンヌレに依頼した。フライ、ドルー、ジャンヌレとル・コルビュジエは一九五一年にインドで会する。アルバート・メイヤーが到着する前にル・コルビュジエは、比較的緩く描かれた田園都市コンセプトであったメイヤーの案を取り上げ、これを一九三五年の彼の「輝く都市」提案に似たものへと変形したのである。

マックスウェル・フライによれば、メイヤーはフランス語が堪能でなかったので、彼が作業ミーティングに到着したとき、ル・コルビュジエは彼を完全に無視したという。メイヤーは敷地の北東隅の公園に議事堂を置いていた。ル・コルビュジエはそれをモニュメンタルな軸にきちんと置いて都市北側の中心に移した。メイヤーの案では南北に二本の公園《パーク》通り《ウエイ》があり、その脇に業務センターと優雅に曲がりくねった多くの街路があった。

ル・コルビュジエは、その案を大きな長方形グリッドを持つ区画体系に変える。再びフライによれば、ル・コルビュジエは新しいデザインを描く際に人体に喩えた。つまり議事堂は頭、業務センターは胃などと呼び、同じく頭と肩、胴や足を持つように見える「輝く都市」に似た思考プロセスをほのめかしたという。

オリジナルの田園都市コンセプトが充分残っているため、シャンディガールの訪問者は、全般的に平凡な建物よりも主要街路における風景の方を意識する。デザイナーとしてのル・コルビュジエによる実際の成果は、議事堂《キャピタル》を含む複合施設《コンプレックス》の建築であった。事務局棟や法務局棟や裁判所は完成したものの、結局、全体は完成しなかった。なぜならば、知事公邸はついに建てられず、建造物の群れを一体的に「読む」には、あまりにも建物間の距離が離れ過ぎていた。既存都市に対するモダニストの介入とも言えるこの断片化は、このようにシャンディガールでも現われているのである。

ブラジリアのコンセプトは、実質的にル・コルビュジエの影響を非常に受けた二人の建築家の作品である。ルシオ・コスタは一九五七年に最初のマスタープランを完成した人物であり、オスカー・ニーマイヤーは重要な建物の大部分をデザインし、他の開発のためにデザイン規制を準備した。ブラジリア計画にとって鍵となる要素は中央のハイウエイであり、これは対称的に弓なりに曲がって平地を横切り、一連の区画《セクター》の背骨をなしている。これらの区画は、異なる種類の土地利用を分離して、厳しく区分されている。いくつかの区画は、ル・コルビュジエがサン・ディィエで示唆したような、広いスペースの居住ブロックや、オープン・スペースに囲まれて地上よりはるか高く建てられたビルを含むものであ

図131・132　ブラジリアはおそらく模範的な近代都市であり、ル・コルビュジエの都市デザイン・アイデアを最も忠実に実施した場所である。ブラジリアは、CIAMの提唱した都市デザイン理論が都市の本質を過度に単純化していることを明らかにした。これは、集合住宅のための採光や通風、効率的な交通ネットワーク、論理的なゾーニング体系というよりも都市デザインそのものを志向するものである。

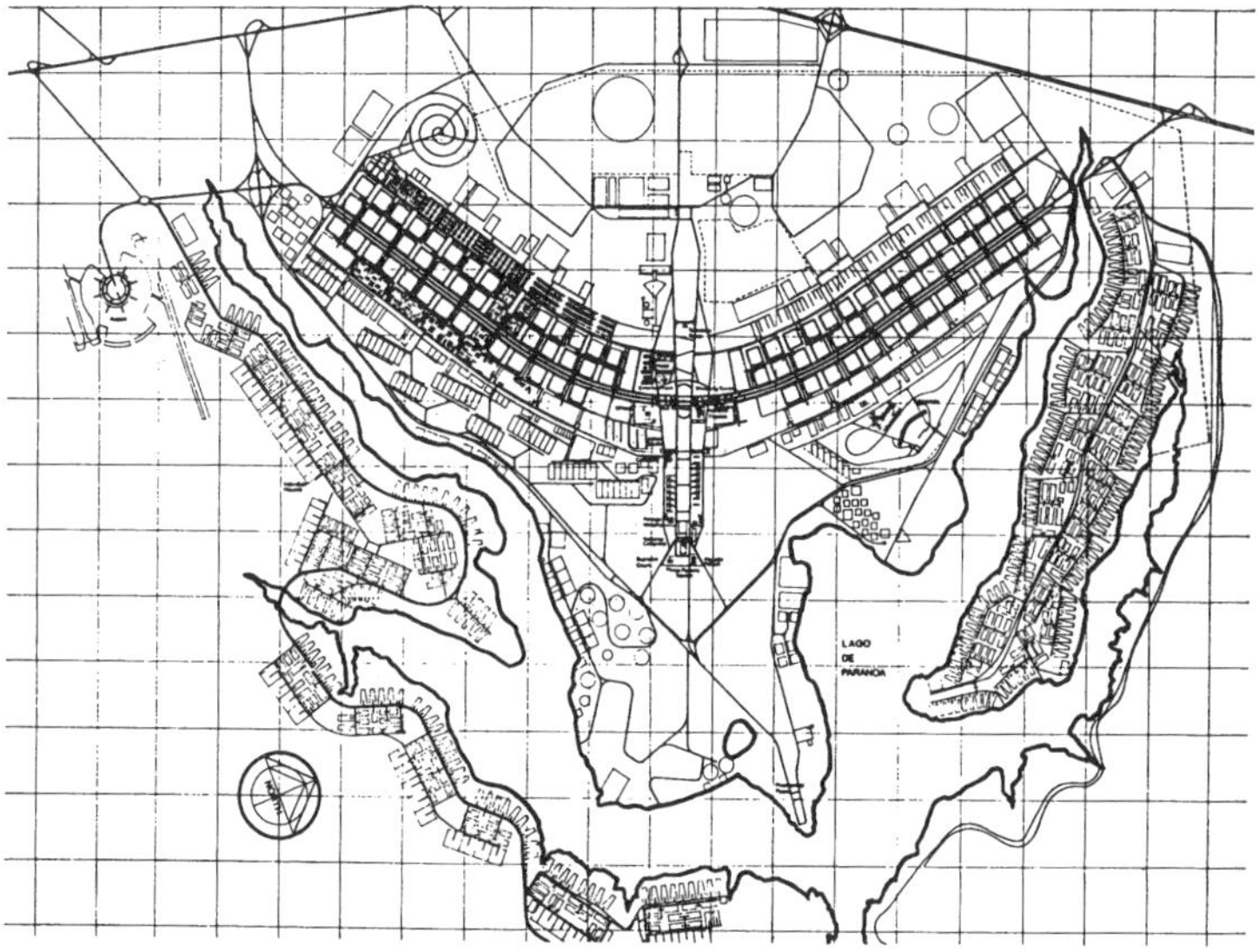

る。議事堂地区はハイウエイのカーヴの中央点にあり、平面計画は、飛行機の機体と後退翼のように見える。グリーン・ベルトを越えて曲がりくねった道路は、周囲の丘に設けられた集合住宅塔へと続いている（図131・132）。

デザイン上、ブラジリアはル・コルビュジエのヴィジョン・ドローイングのひとつと、幾許かの類似性を有している。類似した規模と形象による高層ビルは、規則正しいパタンで配置され、オープン・スペースがあり、広く見渡すことのできる地区に設けられた。自動車が交通の主要手段となる。その結果、この都市は、空虚で魂がないと言われるようになった。つい最近始まったばかりのコミュニティが最終的な判断にたどり着くまでの、未成熟段階ゆえのことなのかも知れないが、このことは、モダニストによる都市の組み立て《フォーミュレーション》が、都市域を活気づける本質的要素のいくつかを切り捨ててしまった意義深い証明を示しているように思える。

ル・コルビュジエが予見したように、高層ビルと高速道路は近代都市における最も顕著な二つの要素である。しかし、概してそれらは、デザインを決定する要因というよりも、都市デザインにおける統制の概念とまったく無関係に建設されてしまったものであった。それにもかかわらず、ハイウエイ計画やスラム撤去や都市再開発といったものは、ル・コルビュジエが彼の都市計画で予示した姿勢や、都市では急激な変革が必要であり、そこでは技術者がほかの人びとの活動を決定できるし、そうすべきであるという認識を具現化したものであった。この権威主義的な態度と既存の都市構造へのある種の軽視が、既存都市の全面更新を要求する都市ハイウエイや都市再開発プロジェクトのデザインにおいて、しば

図133　一九八四年におけるヒューストンのスカイライン。「現代都市」におけるル・コルビュジエのヴィジョンよりは、一九二九年のニューヨーク地域計画に近い。主だった開発の各々がその特徴的な建築イメージを必要とすることが明らかになり、そして、不動産市場の特質によって同じ規模の高層ビルが規則的な間隔で並ぶ見込みがなくなったのである。

図134　リー・コープランドによるこの図案は、シアトル都心地区における一九七四年計画案の一部である。これを見ると、モダニストの慣用語のなかで一本の並木大通りが示されている。より伝統的な都市の価値への志向の傍ら、「公園のなかの塔」や「最も望ましい方角を向いた集合住宅ブロック」が設けられているのである。

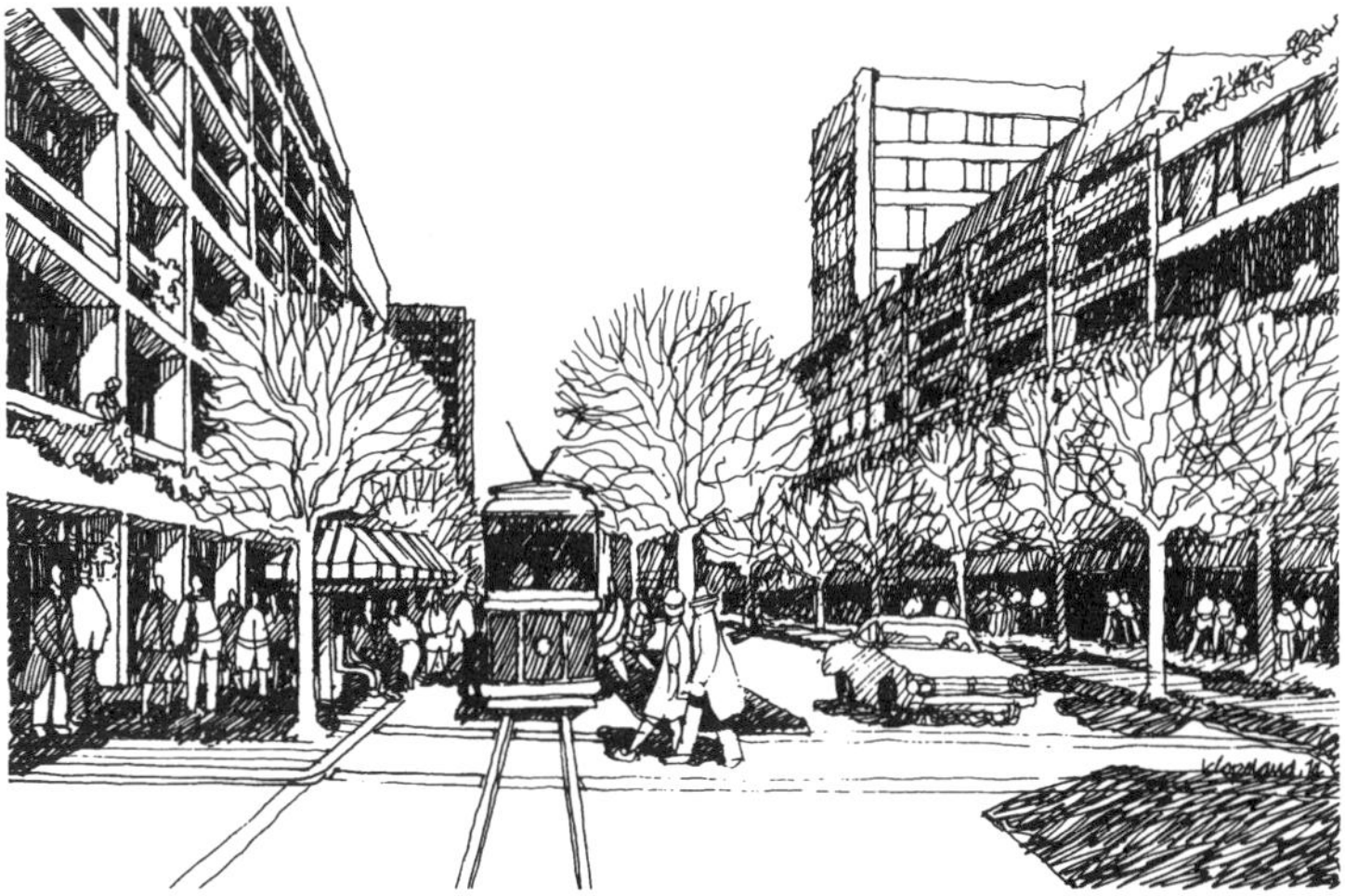

しば暗黙的に存在していたのである。

近代都市に対する反動は、都市デザインの近代コンセプトが世界じゅうの都市のほとんどに刻印していたころとちょうど同時期である、一九六〇年代より始まった。コミュニティ参加への要求や、歴史的保存への関心の復活や、環境運動の始まりが、小規模開発やモニュメンタル・コンセプトや田園都市デザイン・コンセプトへの要求を創ることを促したのである。同時に、近代都市の不充分さについての認識の違いが、都市デザインがより総合的で権威主義的になるべきであり、その結果、都市生活を完全に変革させるであろうとする考えへの関心を導いたのである。このことが次章のテーマとなる。

第五章　メガストラクチュア　ひとつのビルディングとしての都市

宮殿――メガストラクチュアの源流

一九五〇年代半ばからの約二〇年間、都市部を相互に連結したひとつの巨大な建築としてみなすアイデアが、都市についての建築思潮を支配した。街路は天候から守られた回廊もしくは橋となり、広場《プラザ》は内部アトリウム空間となり、個々のビルディングはより大きな枠組みの一部になるであろうとされた。このアイデアは、特にイギリスと日本のデザイナーの心を惹きつけたようであるが、間もなく世界中に広く受け入れられることになる。ひとつの巨大構築物としての都市という近年のヴィジョンは、ほとんどつねに、近代都市の不完全性を新技術の力をもって拭い去ろうとする「未来」と結び付いていた。しかしながら、ひとつの巨大ビルディングとしての都市というアイデアは、実は宮殿にまで遡ることができる既成のコンセプトである。これはつねに、都市のなかのひとつの自己充足したコミュニティであり、かつ産業革命以前には都市そのものの規模を規定する場合もあった。

ローマ帝国の力が衰えた四世紀初めに、皇帝ディオクレティアヌスの建てた宮殿が、現在のクロアチアの沿岸部にあるが、現在これは無傷の城壁都市として、近代都市であるスパラト（スプリト）における都心の約半分を占めており、地域の人びとに引き継がれ、用に供している。

ディオクレティアヌスの宮殿は、ローマ軍駐留地の計画に従って設計されたもので、ポンペイから現在のフィレンツェ中心部に至るまで多くの都市における計画の基本と同じものである。ディオクレティアヌスは、各階、内部に門戸を持つ壁によって、長方形の囲いを築いた。二本のメイン・ストリートが門戸から真直ぐ走り、中心で交わっている。皇帝の居室は、短い側の壁のひとつに沿って地中海に面していた。複合建築物《コンプレックス》の残りの部分は、交差する通路で分割した矩形に対し各々一つずつ設けた、四つの中庭を囲んで構成されている（図135）。

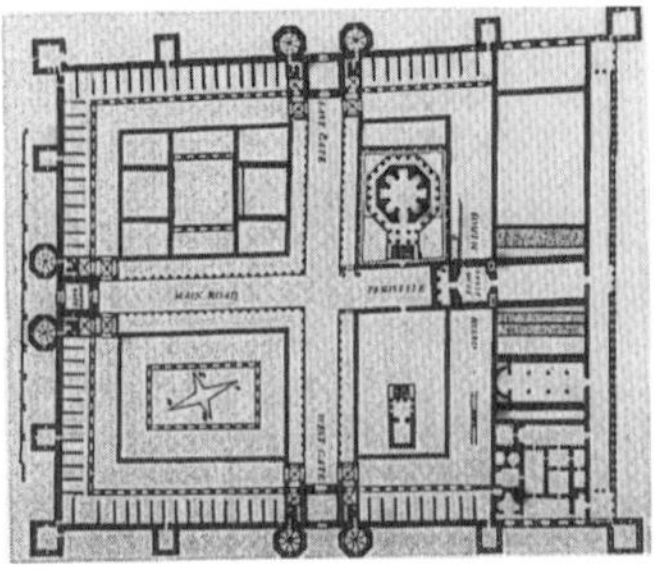

図135　ディオクレティアヌス帝は、ローマ帝国内外の敵を恐れて、現在のクロアチア沿岸で厳重に要塞化した宮殿を建設した。この宮殿は四世紀初めに完成したが、これは自己充足的な都市として機能するに足る大きさであった。今日これはスパラト(スプリト)における都心部を形成している。

バロック時代を通じて集中した王室の権力は、ローマ皇帝時代と規模上匹敵する建造プログラムを生み出すことになる。ヴェルサイユ自体もまた、モニュメンタルな設計思考の金字塔《ランドマーク》と言うことができるが、当時、この複合建築物には、廷臣たちとその従者が生活しており、明らかに都市としての宮殿と言えるであろう。

ナポリ近郊のカゼルタにおける巨大で堅固な宮殿は、ルイジ・ヴァンヴィテッリが設計したもので、一七五二年より一七七四年にかけて建造された。建物と中庭を合わせると一二エーカーの広さがあり、ディオクレティアヌスの宮殿よりやや大きい。カゼルタは要塞化されておらず、その外部庭園によって宮殿の建築上の構成が周囲の景観に溶け込んでいるため、いっそう大きく見える。ジョージ・ハーシーによれば、カゼルタ

図136　ナポリ近郊のカゼルタ王宮を、アルベルト・ピーツがスケッチしたもの。これは一八世紀半ばに建てられ、要塞化されていないものの　ディオクレティアヌスの宮殿よりもいっそう大きい建造物であった。この中におけるすべての空間は、行政事務所や廷臣の住戸区画として与えられている。建築上、この宮殿は、ひとつの景観をつくるように構成されており、その結果この複合建築物が、まるでひとつの都市であるかのように見える。

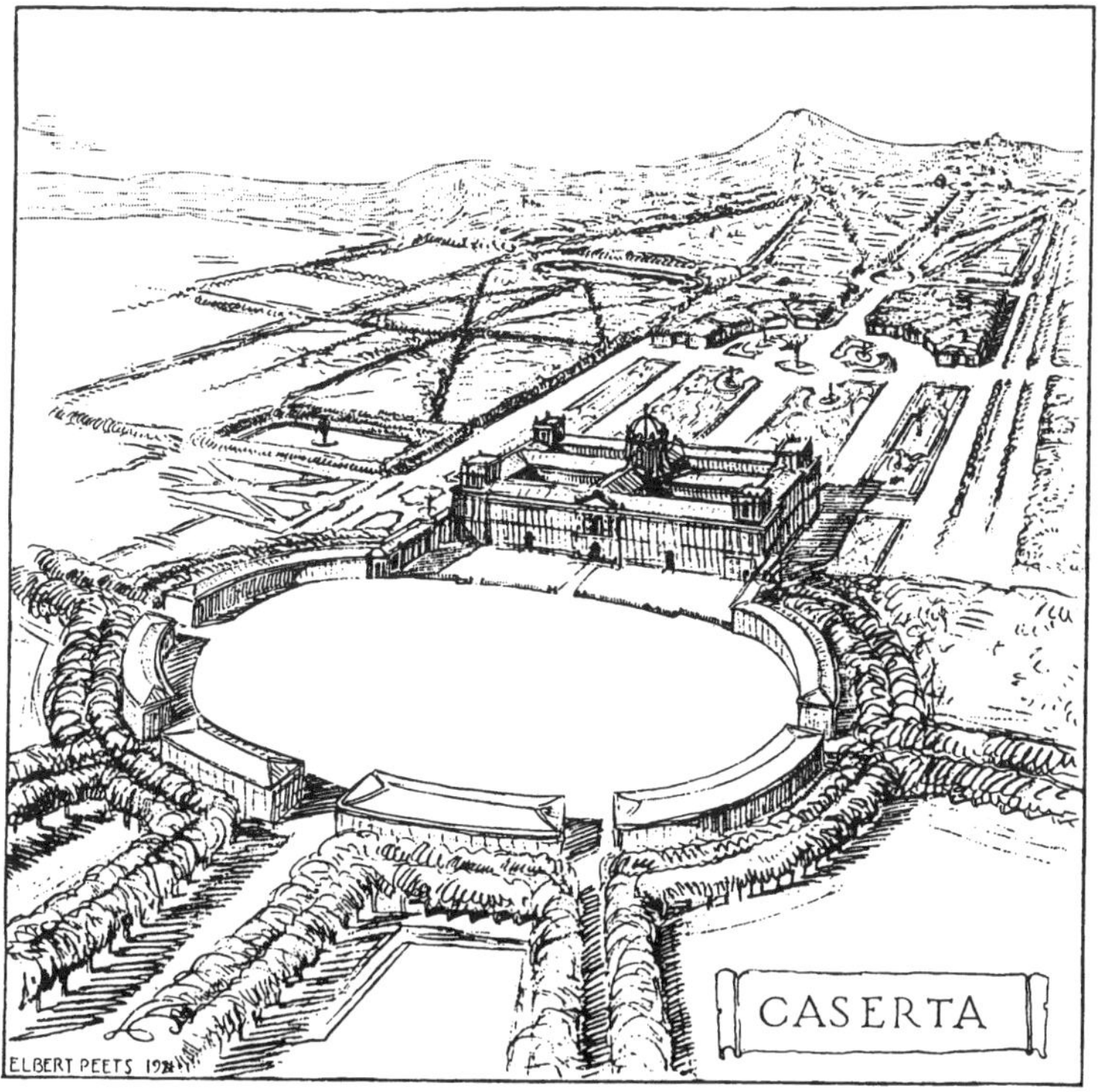

の設計は、おそらくソロモン王の神殿の再建の伝統に影響を受けたものである。この神殿は、しばしば膨大な宮廷と幾千人の家臣をすべて収容できる巨大で対称形の宮殿として描かれていた（図136）。

ヴェルサイユは、国王と宮廷の野心の増大につれて成長したが、建築物が最大規模に達した結果として、宮殿のさまざまな建築要素のすべてが巨大化したという訳ではなかった。厳密な対称形をなすカゼルタや、他の後期バロック宮殿と比較すると、ヴェルサイユはやや間に合わせに造られたように見える。一七八〇年に王室建築局長は、エティエンヌ・ルイ・ブレーに対しヴェルサイユの再設計を依頼する。ブレーによるデザインの結果、既存の宮殿の正面に、全体として調和のとれた、ひとつの新しい建築物が創造されることになった。これは、各々が巨大な宮殿の規模を有する、五つの建築物による階層的構成を有するものである。このプロジェクトは、フランス王室宮廷にとってさえ費用があまりに莫大であった。このことを考慮すると、ルイ一六世期の宮廷貴族たちが、後に革命と国王処刑を導くことになる政治的状況を、いかに完全に誤解していたかが分かる。

しかしながらブレーにとって、このデザインは、ヴェルサイユよりもさらに壮大なスケール、つまり巨大規模建築への彼の関心に終止符を打つものではなかったように思える。一七八〇年代から九〇年代における彼のプロジェクトには、構成上ディオクレティアヌスの宮殿に似た巨大建築の構成案がある。一七九二年の「自治都市宮殿《ミュニシパルパレス》」は、二本の交差する内部通路でマッシヴな壁面の内部を区画した、四つの内部区域を有する巨大建築物を示すものである（図137・138）。

図137・138　カゼルタを超えるため、一七八〇年にヴェルサイユ宮殿を拡張する依頼が与えられたエティエンヌ・ルイ・ブレーは、巨大な宮殿構造物の一連のプロジェクトをデザインし続けたが、その提案は当時のフランスの政治状況を誤って判断したものであった。

理念化された宮殿デザインは、一八世紀後半から一九世紀初めにおける社会《ソーシャル》改良《リフォーム》のコンセプトのいくつかと結び付くようになった。ジェレミイ・ベンサムの「パノプティコン」はそのひとつの事例である。環状もしくは八角形状の平面構成を見ると、中央監視所から放射状に伸びる、街路に似た歩廊が繋がっている。ベンサムは、刑務所や昔風の救貧院と同様にみなして、社会施設に対してこの形象を用いたのであった。ロバート・オーウェンは、この村落を団結と相互協力による社会の中心イメージとみなしたが、フランスの哲学者であるフランソワ・マリー・シャルル・フーリエは、彼のファランステール、つまり一六〇〇―一八〇〇人の共同体における居住環境のイメージとして、宮殿を選んだ。ヴェルサイユに似た建築群の構成は、国王に仕えるために働くのではなく、自分たちのために働く、普通の人びとのためにデザインされている。フーリエは、ファランステールのドローイングに対し、「未来」なる語句の説明を入れた。ビルディングとしての都市のアイデアが、未来社会を完全無欠にすることができるという理念と結び付いたのは、このときがおそらく最初ではないだろうか。

一九世紀後半にはこのビルディングとしての都市は、新しい技術の活用と結び付き始めていた。都市規模における開発のアイデアを示唆することになった最初の技術は、金属とガラスのみで造られた温室状の構造物と、蒸気機関車に比べて、都市デザインに取り入れやすい市街電車の二つである。

クリスタル・パレスと線状都市

金属とガラスは、一八五一年にロンドンのハイド・パークで開かれた大博覧会で建設された、クリスタル・パレスの材料であった。これは、すでに建築家ジョセフ・パクストンらが、鋳《キャスト》鉄《アイアン》製枠組と大きな窓ガラスにより設計した列車車庫やショッピング・アーケードといった温室状の構造物を、さらに巨大化したものである。しかしながらクリスタル・パレスは、規模と実施されたモジュール化建設の速度の双方に新しさがあった。クリスタル・パレスは、長さ一八四八フィート、幅四〇八フィート、その中央翼廊《トランセプト》は幅七二フィート、高さ一〇八フィートである。全体構造はカゼルタと同規模かその一・五倍であり、すべてが半年少々で建てられたのである。このようにクリスタル・パレスは、ビルディングとしての都市というコンセプトの進化を語る上で重要なステップである。なお「クリスタル・パレス」という呼び名は、建築家ではなく『パンチ』誌が造語したもので、宮殿とは似つかない建築物のなかに宮殿様式を見出していたことが明らかに分かる。また、これは両側にビルを伴った閉ざされた一本の街路の上にある、三分の一マイルにも及ぶ規模の構造物である。短期間に建設されただけではなく、モジュール化されていたため、ハイド・パークでの博覧会が終わったときは、分解してロンドン南東のシドナムで再築することもできた（図139・140）。

ひとつのビルディングで取り囲まれた都市というアイデアと、その都市の構成要素が脱着可能というコンセプトは、双方とも一世紀後の都市デザインにおいて、重要なアイデアになる。クリスタル・パレスによる直接の影響は、ショッピング・アーケードや他の博覧会

図139・140　『パンチ』誌は、一八五一年のロンドン博覧会におけるジョセフ・パクストンのビルディングを「クリスタル・パレス」と呼んだ。早速受け入れられることになるこの名前は、鉄とガラスによるこの建造物がかつてないものとして認められたことを意味する。幅四〇八フィート、長さ一八四八フィート、高さ一〇八フィート、トランセプト（翼廊）を持つ自己充足した都市となるに充分な大きさを持つこのビルディングは、宮殿の伝統に属するもので、パクストンの当初のコンセプチュアルなスケッチは、デザインの完成時における本質的な要素を示すものである。

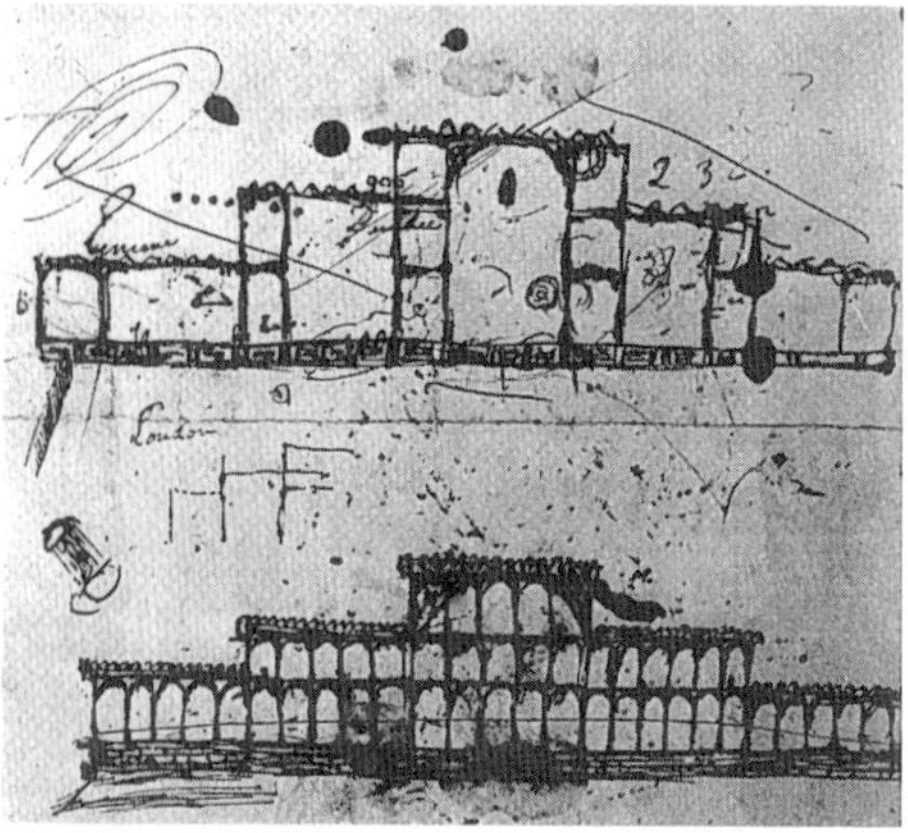

建築物において見受けられた。ジュゼッペ・メンゴーニが設計し、一八六五年にミラノで建設されたガレリア・ヴィットリオ・エマヌエレは、ガラス屋根のある閉ざされたショッピング・ストリートであり、ひとつのシステムとして拡張するコンセプトを示唆する有名な事例である。類似したデザインのショッピング・アーケードが多くの大都市で建設された。

クリスタル・パレスの影響は、一八六五年にフランスの技師アンリ・ジュール・ボリエが発表した「エアロドーム」のプロジェクトにおいても見受けられる。ガラスで覆った何千フィートもの回廊のシステムには、ビルディング群が取り囲んでおり、その中層階に第二の回遊手段を確立することになる歩行者橋が繋がっていた。新しく発明された安全なエレベーターによって、ボリエにとって必要条件であった、当時の典型的な建造物の二倍もあるビルが可能になる。この提案は、高地価により土地の有効利用を必要とする、すべての大都市の都心のためのプロトタイプ・デザインを意図するものであった。

馬車やケーブル電車やその後の市街電車は、線路沿いに荒廃した市街を形成するという悪影響なしに、新しい近隣住区を開拓していった。アルトゥーロ・ソリア・イ・マータは、市街電車による論理的な郊外の拡張として、一八八二年に線状都市の建設を提唱し始めた。ソリアの提案における中心要素は、列車や市街電車、すべての施設、そして公共建築物を供給するに足る用地のために間隔をあけて中心部を残した、一本の広幅員街路である。より細い街路が、この中央幹線の両側において開発に対するアクセスを供給しており、このシステムは、ほとんど無限に延長することができるというものであった。ソリアは、直線状開発が既存都市を数珠繋ぎにしたり、ヨーロッパを越えて東洋に向かって伸びてゆく様を想像した。一八九四年よりマドリッド郊外において、ソリアの原則に従って、線状住宅地区が実際に建設されたが、開発の規模や密度はあまり大きくなかった。線状都市のアイデアは、後にル・コルビュジエが取り上げ、最終的には二〇世紀半ばのメガストラクチュア・デザインの構成要素となる（図141・142）。

ジョセフ・パクストンも同様に、線状都市コンセプトに似たものとして、グレイト・ヴィクトリアン・ウエイという、のちに地下鉄路線のサークル線がそうしたような、ロンドン都心部のすべての鉄道駅を繋ぐ環状道路を、一八五五年の提案で示唆していた。巨大なガラス張りの一本のアーケードによってこの道路を囲い込み、さらにその両側を鉄道線路が挟むという計画であった。こうすると、シティとリージェント・ストリートの間のアーケードの一部が、直線状のショッピング・センターを形づくる。これはクリスタル・パレスのコンセプトの適用例であり、四〇年後にエベネザー・ハワードが田園都市の都心部で提案した、直線状もしくは環状のショッピング・センター「クリスタル・パレス」の原形なのかも知れない。

クリスタル・パレスは、革新的な構造であったが、そのデザインは、伝統的な教会やバジリカ（会堂）の構成を新しい尺度と素材に移し替えたものである。アントニオ・サンテリーアが、チッタ・ヌオヴァ（新都市）のプロジェクトで作成し、一九一四年にミラノで展示したドローイングは、機械分野における技術革新を建築形態に翻案しようと模索したものであった。背が高く流線型の形象は、新しい産業社会における工業製品に多くを負っ

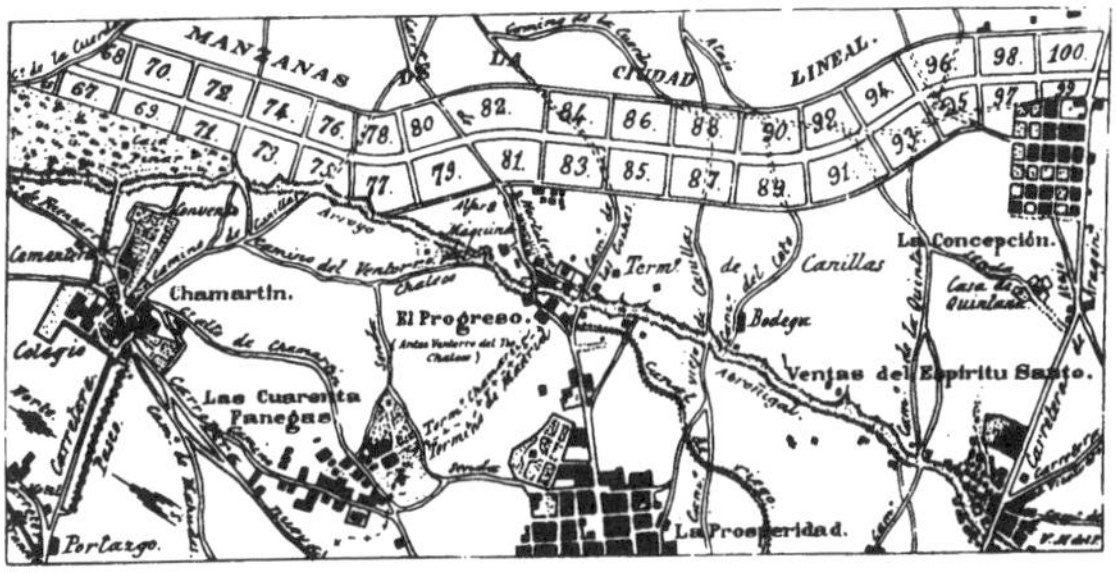

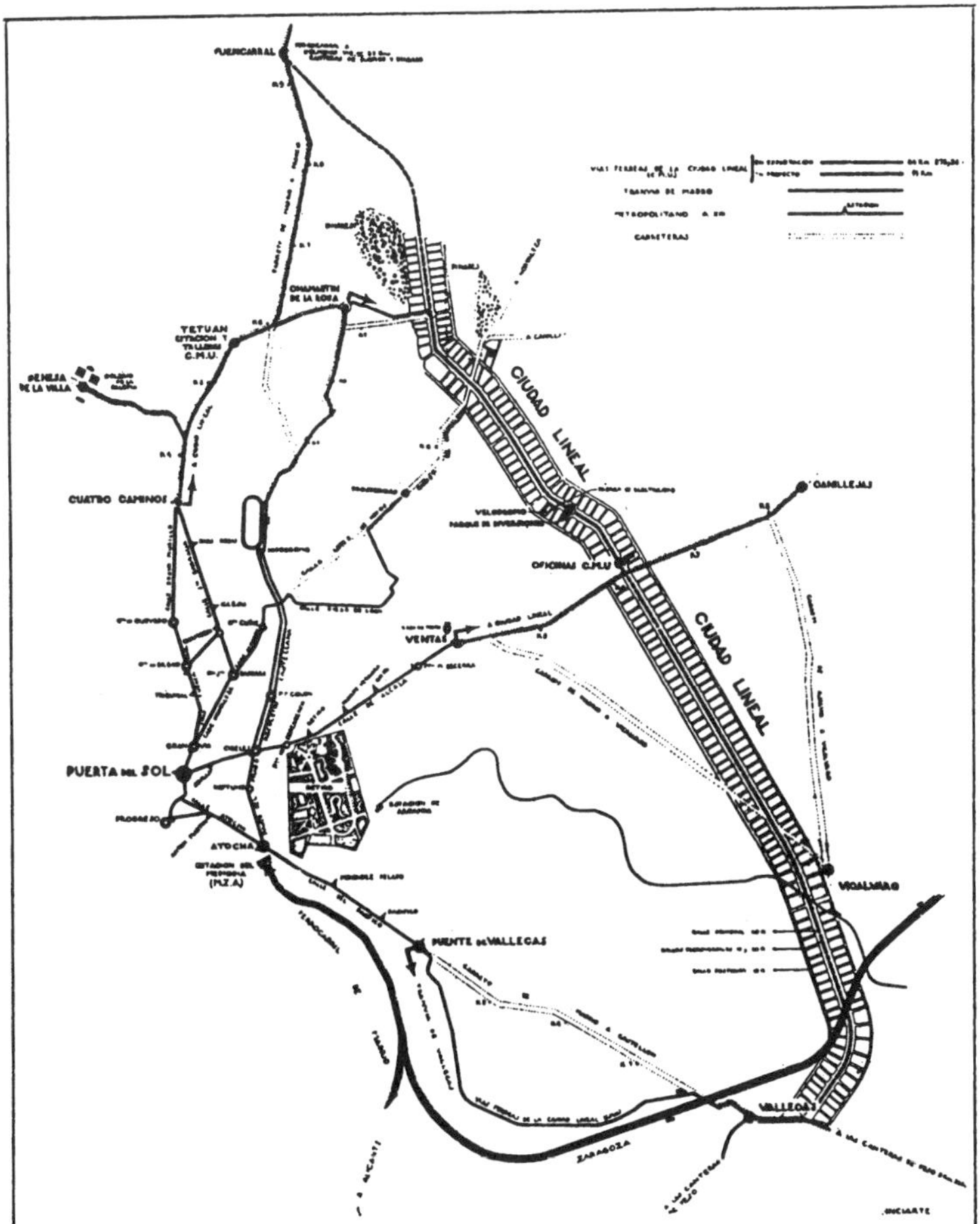

図141・142　直線状の都市成長の形態は、一八八二年からアルトゥーロ・ソリア・イ・マータが推進したものである。一八九四年にソリアのアイデアを穏健にした計画が、マドリッド郊外で始められた。

ている、移動の高速化と技術的な純粋性による都市を意味している。最も有名なドローイングは、巨大ダムのような鉄道駅を示していた。その下には鉄道交通の流れがあり、両側にはまるで崖のようにビルディングが並んでいる。街路やビルは陳腐とは言えないものの、どこか単一の直線状構造の都市のように見える。

サンテリーアは第一次大戦で死去したので、参加していた未来主義運動が、のちにムッソリーニのファシスト・イデオロギーに吸収されてしまうのを知らない。彼は、古きものをすべて置き換える、新秩序のヴィジョンに含まれる暗黙の問題——このヴィジョンを達成する過程において、古い街《アーバン》並《ファブリック》みやその居住者の権利に何が生じるのか？——について、直面する必要もなかったのである。サンテリーアの未来都市が、ミラノの刷新を意図していたのでないことは明らかである。しかし、新しい都市世界を完全に描くことによって、サンテリーアは既存都市の刷新を人びとに吹き込もうとした。一九二五年のル・コルビュジエのヴォアザン計画は、パリ都心部の大部分を刷新することを明確に示唆した。近代主義と未来主義の違いは、程度の差異である。近代主義者がセンチメンタルな理由により過去の残余を受け入れたがるのに対して、未来主義者は社会をもっと全体的に変革することを想像し、新しい種類の環境への熱狂のあまり、過去の残余を跡形もなく消し去ろうとする傾向にあった。サンテリーアがドローイングで示したような未来に迎合しようと突進することが、一九六〇年代から一九七〇年代のメガストラクチュアリズムにおける、ひとつの中心的要素となるのである。

クリスタル・パレスや、類似した都市アーケードのガラスや金属もまた、より過激な類の建築のために用いられることがあった。ベルリンのファルケンベルクで、田園コミュニティを設計したことで知られるブルーノ・タウトは、第一次大戦後まもなく「アルプス建築」なる水彩図案を発表する。これは、景観としての都市を示すもので、ビルディングとしての都市のアイデアを超えたものであった。これらの精巧なファンタジーにおいては、山々はガラスや可能な限り薄い枠組の、繊細な構造と結びつけられている。タウトは、都市がすべて単一の中央構造物を持つべきであると主張する書物も著わしている。その構造物は、中世の町において教会が果たしていた支配的な役割を担うもので、頂部を覆う構造については、ガラスを活用して水晶のような外観を醸す印象派建築であるべきであると、タウトは確信していた。これらの設計アイデアは直ちに他に影響を及ぼさなかったし、タウトの建築家としての後続の作品にもあまり効果を及ぼしたようには思えないが、将来を見通したタウトのドローイングや著作については、のちの一九六〇年代にアーキグラム・グループの建築家など、ビルディングとしての都市の提案者たちが言及することになる。

フラーとフッド

バックミンスター・フラーは、一九六〇年代より七〇年代にかけて、メガストラクチュア主義者たちに大いに注目されることとなる、もうひとりのヴィジョン・デザイナーである。フラーのダイマクシオン・ハウスは、原形は一九二七年に設計されたもので、中央にあるマスト状の柱の上で回転する、六角形の金属製建築物である。これは、「完全な建築環境」を意味する語彙である、ダイマクシオンの再設計を完遂するための、第一の要素と

図143・144　ヒュー・フェリスと同様にレイモンド・フッドは、より低層の都市のコンテクストのなかでの塔のクラスターとして未来都市を見た。彼のモンタージュは、『明日のメトロポリス』をマンハッタンに適用したものとして見ることができる。しかしフッドは、ほかの要素として、巨大ビルディングとして建設した巨大橋を付け加えた。中世時代にまで遡ることができるが、このアイデアは、近代的な吊り橋の技術によって、この線状都市の開発が可能になった。

された。並行してフラーが発明した、といおうか再発見したジオデシック・ドームは、ひとつの小さな生存機構として、有名なプロジェクトとして、あるいはマンハッタン島の大部分を屋内空間に転じる手段として、利用可能なひとつのシステムを供するものである。メガストラクチュアが、すべての建築学教室で研究されていた頃、フラーは救世主的な（そして長時間の）講義スタイルで影響を与え、ドローイングや写真や著作の形式のみで流布していた多くの他のデザイナーのアイデアよりも身近なものとなった。

一九二九年にレイモンド・フッドは、マンハッタン島開発の計画案を製作したが、これもまた、一九六〇年代に重要になったアイデアの先駆者のようにみなされ、回顧されている。フッドは、ヒュー・フェリスが『明日のメトロポリス』において都市デザインのモチーフとしてすでに提案していた、主要交差点における塔状のビル群を取り上げ、これにマッシヴな集合住宅を並べた巨大橋梁の群を付け加えた。もちろん、住宅を並べた街路としての橋は、すでに確立したアイデアであり、フィレンツェにおけるポンテ・ヴェッキオや古くはロンドン橋のような構造物にまで遡ることができる。新しい点は規模にある。この橋梁構造において、段状に配置された集合住宅棟は、おそらく構造上の概念であった吊り橋のカーヴをなぞることによって、巨大構造物となったのである。フッドによる橋の提案の利点は、河川がこれまで開発されてこなかった市街地であったため、既存の住民を立ち退かせることなしに、人口密度を大きく付加することができる点であった。一本の橋梁としての都市は、のちにメガストラクチュア・コンセプトの重要な構成要素のひとつとして、再出現することになるモチーフである。しかしながら、フッドは、橋梁都市を可能な限り、当時のありきたりなビルディングに似せようとしていた。のちの橋梁都市プロジェクトは、橋そのものを創造した工学技術以上のものを造ろうとするものである（図143・144）。

ル・コルビュジエのもうひとつのヴィジョン

第二次大戦後の数年間に、時代は一九二〇年のル・コルビュジエの都市ヴィジョン、すなわち公園内で互いに孤立した塔状ビル群というヴィジョンに追いついてしまった。そして、もうひとつのル・コルビュジエのヴィジョン、巨大ビルディング群としての都市全体の描写が、建築家の関心を惹き始めたのである。

ル・コルビュジエは一九二九年の南米旅行において、リオ・デ・ジャネイロやサン・パウロやモンテビデオのスケッチを製作した。それらは、各々の都市を貫通するハイウエイを示しており、この下にはビルディングを有している。このアイデアは、一九三〇年にル・コルビュジエが練ったもので、アルジェ計画としての方がよく知られている。この計画は、一八万戸の住宅のための枠組みを供する支持柱を有したハイウエイを含むものであった。三〇年代を通じてル・コルビュジエは、このコンセプトを改良し続ける。そしてのちのアルジェ・ビジネス・センターの計画案では、すべての業務活動をひとつのマッシヴなオフィス・タワーに移すことを、このコンセプトに付け加えた。前章に述べたように、戦後になってル・コルビュジエは、アルジェにおけるオフィス・タワーに匹敵する規模の住居棟、ユニテ・ダビタシオンの設計を依頼されたのである。

ユニテは、自足するコミュニティとして、中間階に「商店街」、屋上に託児所を設けた大規模集合住宅であり、他の建築家たち、特にイギリスにおいて多大な影響を及ぼした。またそのデザインは、公共補助住宅の世代全体に影響する。一九五二年の住宅設計競技において、アリソンとピーターのスミッソン夫妻はロンドンでゴールデン・レーンの設計を行なったが、ル・コルビュジエのユニテ・ダビタシオン内部の階上「商店街」を用い、都市街区を形成するために、それを直線状建築物に相互連結して、「空中街路《ストリート イン ジ エア》」のコンセプトを作り上げることになる。

「空中街路」のコンセプトは、ヨーロッパの住宅デザインにしばしば用いられてきた、外部からアクセス可能なバルコニーと関連しており、ル・コルビュジエの作品というよりも、他の源流に由来する強いシンボリックな特徴もまた有するものであった。

未来都市アイデアを先導する人々

モーゼス・キングの『ニューヨークの眺め』一九〇八年版における未来都市よりしばしば複製されたイラストレーションは、歩行者橋がオフィス・ビルの最上階を結ぶ姿を示すものであった。一九二六年のニューヨーク市地域計画は、街路より一階上での新しい歩道網システムの可能性を拓いた。セット・デザイナーやイラストレーターが取り上げたアイデアが、未来都市を記述する際、ひとつの共通項となったのである（図145）。

ル・コルビュジエの『建築をめざして』は、一九二三年に初版が刊行された。彼は、新しい技術で可能になった遠洋定期船や、穀物倉庫のような構造物に着目して、近代建築を肯

図145　フランシスコ・ムジカは、一九二九年の著作『摩天楼の歴史』にこの図案を付け加えた。ヒュー・フェリスの『明日のメトロポリス』に似ているが、ムジカの未来ヴィジョンは、上層階における高層ビル間の相互連結を強調するものであり、これは一九〇〇年代初め以来、建築イラストレーターたちが好んだテーマであった。

定するとともに、歴史様式を否定する。第二次大戦後は、新しい世代の工業製品が、建築家の興味を惹き始めた。複雑な配管が敷地に延々と続く石油精製所や分留所、沖合のプラットフォーム、景観を根こそぎ変えてしまう巨大ダムや宇宙旅行用ロケットなどである。特に、宇宙旅行の可能性は、未来主義にひとつの意味を与えた。そして建築家たちは、宇宙植民地や他の惑星の「高度文明」都市のイラストレーションが掲載されたSF小説や漫画に興味を持ち始める。そして次第に、バックミンスター・フラーや、工業製品の未来的なイメージを模索していた、レイモンド・ローウイのような工業デザイナーの作品による影響を強く受けていった。

メガストラクチュア・ムーヴメント

ガラス温室や、アーケードの伝統や、線状都市計画と同様に、ル・コルビュジエのビルディング群としての都市や、新しい工業製品やSFイラストレーションといった多様な源流を有するこれらアイデアは、突然のようにメガストラクチュア・ムーヴメントに合体することになる。ビルディングとしての都市に対する最も真面目な関心は、日本やイギリスのように、建設可能な土地が不足していた所で生み出されたように思える。日本の建築家丹下健三は、一九五九年にMITの学生とともに、ボストン港を対象として最初のメガストラクチュア・プロジェクトを提案した。翌年に同様な東京湾の計画案を丹下は発表する。これは、湾を横断する巨大な吊り橋の上に、二本のハイウェイがあり、その間に新都市として商業業務センターを含む長大で人口の稠密な人工島と、ハイウェイと直交して居

図146・147　丹下健三による有名な東京湾プロジェクト。このプロジェクトは、巨大な吊り橋によって巨大なメガストラクチュアを水上に建設するもので、東京を拡張することが可能であった。

住構造物群に繋がるアプローチ道路を設け、居住構造物を、ちょうど日本寺院を巨大規模にしたように屋根を傾斜させて、二棟の建築物の対が背中合わせになるように創ったものである（図146・147）。

メタボリズム一九六〇――新しいアーバニズムの提案――は、一九六〇年に東京における世界デザイン会議に合わせて公表された。作者は建築家菊竹清訓・大高正人・槇文彦・黒川紀章、グラフィック・デザイナー粟津潔であった。メタボリストの理論では、時代や異なった条件に応じて成長・変化するように、都市をデザインすることを要求する。基礎となる構造は恒久的であるが、都市のユニットは、茎にとっての花、木にとっての葉のように、その構造物に装着するものとされた。

菊竹は、一九五八年から一九六二年にかけて、水上に建設した円柱状の住居塔について、一連のプロジェクトを手がけた。彼の「海上都市」プロジェクトにおいて、コンクリート製の円柱状支持《サポート》軸《シャフト》の周囲に、小さな集合住宅ユニットが密集する軸つば《カラー》の姿は、最も印象的なイメージである。

黒川は、ニューヨーク近代美術館に招待された際、農業都市のコンセプトを準備し、そのプロジェクトを展示した。この都市は、地上から離れたある階において、各タワーよりグリッドを吊すというもので、理論上は貴重な農地を妨害しないことになる。

空中都市、あるいは後続した同様な設計は、磯崎新が一九六〇年から六二年のあいだに展開したものである。磯崎はメタボリズムのコンセプト形成に参加していなかったが、丹下とともに働き、メタボリストたちと知人であった。彼の空中都市についてのプレゼンテー

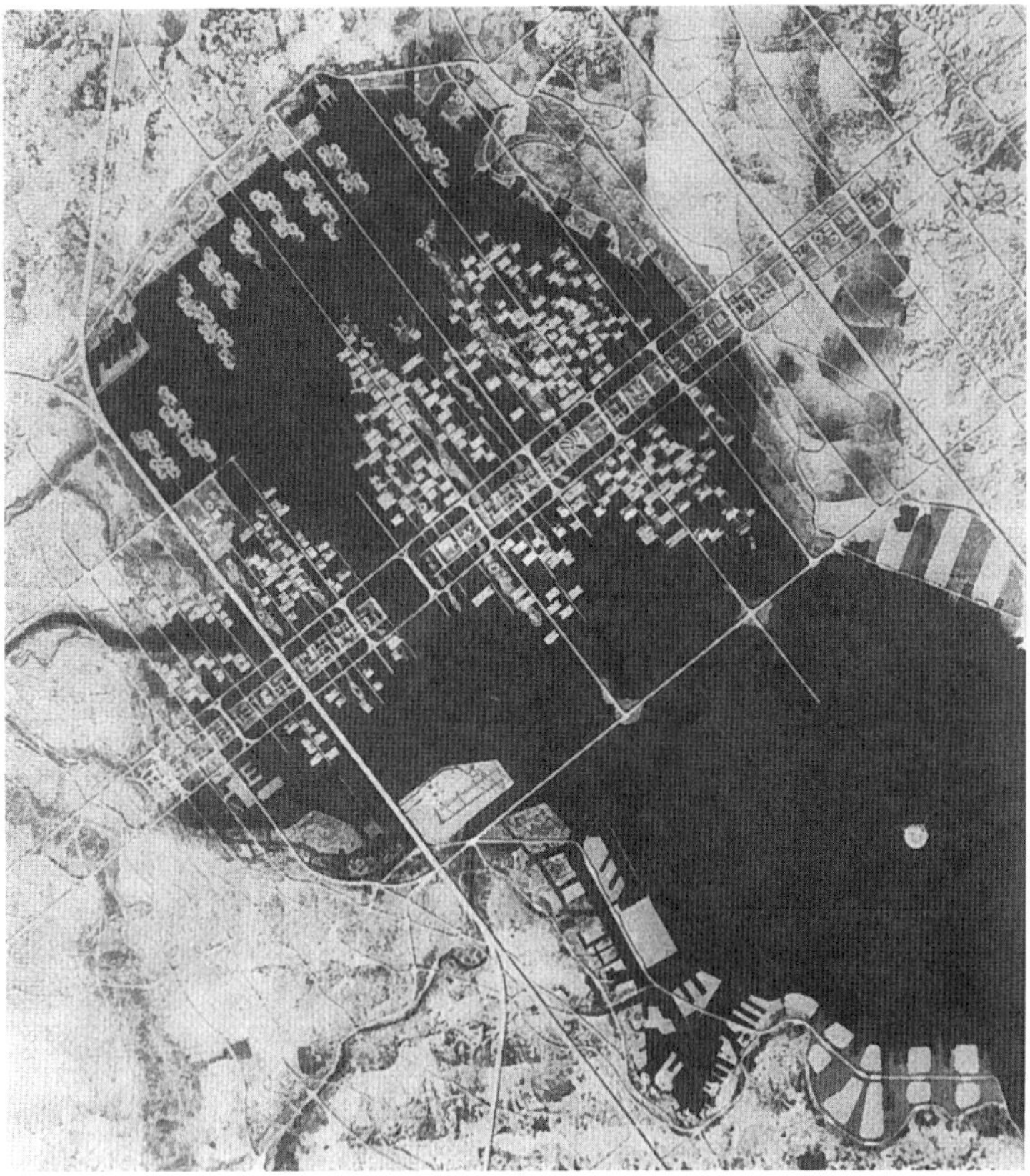

ション図案《ドローイング》のうち、最も印象に残ったのは、あいだに梁として橋状のビルディングが架かっている、円柱状のコンクリート製支持塔である。このコンセプトは、ギリシャ神殿の廃墟の写真を用いたコラージュで示された。この塔は明らかに高さ一〇〇フィートはあるべきなのに、結果として、遺跡における小さな円柱と同じ大きさで描かれている。前景には高架ハイウエイがあり、それはコンクリート製支持柱のひとつから落下して破壊された橋状構造物のように、あるいは建設中で吊り上げるためにそこに置かれているように見える。

このドローイングで磯崎が意図していたものが何にせよ、これはぼんやりとした多層のアイロニーによって保護されている。これは、同時期にヨナ・フリードマンが描いた、スペース・フレーム・トラス（立体骨組トラス）としての都市に匹敵する真剣な提案ではないだろうか？　ほかのドローイングや精巧な模型は、磯崎が実に真面目にこのアイデアを展開していたことを証言している。これは古代文明に対して近代技術が勝利するという論評を描いているのか？　あるいは、すべての構造物や都市が類似するもので、同じ運命に遭うことを示しているのか？

いずれにしても、古い都市の上に新しい都市を築き、調節可能な仮設のユニットと、それを支持する恒久的なシステムの形式を採るアイデアは、ビルディングとしての都市デザインの展開を語る上で主たる要素となったのである。

ある位置に差し込み可能で、後に別の位置に移動できる仮設のカプセルと、恒久支持構造の結合については、アーキグラム・グループの多くの作品が貢献している。アーキグラムは、メンバーの多くが学生であったロンドンのＡＡスクール（アーキテクチュアル・アソシエーション・スクール）より始まり、一九六一年に彼ら自身が創刊した雑誌で発表を始めた。アーキグラムの活動は、未来都市を創造することではなく、イギリスの既成の建築界を揺さぶることになった。彼らは、ＳＦの宇宙漫画やイラストで描いた都市とともに、ブルーノ・タウトの印象派的なアルプス建築や、バックミンスター・フラーのドームやカプセル、フラーの同僚ジェームズ・フィッツギボンによる一九六〇年の水上の環状都市といったものを見るよう、読者に促す。『アーキグラム』誌は、宇宙漫画が描く都市への旅行に読者を連れて行く。「ロイ・リヒテンシュタインの概説に対し、敬意を表するとともに、われわれはここを離れ、次に……」（図148・149）。

アーキグラム・グループのメンバーが創った、最も著名な都市のイメージをいくつか挙げると、ロン・ヘロンとウォーレン・チョークによる一九六三年のインターチェンジ・プロジェクト、ピーター・クックによる一九六四年のプラグ・イン・シティ、そして同じく一九六四年のロン・ヘロンによるウォーキング・シティがある（図150）。

ヘロンとチョークによる都市インターチェンジは、半球状のビルディングであり、そこでは、モノレールや、誘導路付きのハイウエイに沿って走る自動車や鉄道が交差する。インターチェンジは、周囲の円柱塔に向かって「動く歩道」を有する長く伸縮可能な管が連結している。これは、トランジスタ以前のラジオ受信機が用いてきた真空管に形が似ている。

プラグ・イン・シティの主なドローイングは、円柱塔や、倒立して差し込まれたピラミッ

THUS BEGINS THE TITANIC TASK OF BUILDING A WORLD WITHIN A WORLD!
OUR NUCLEAR MACHINES WILL HARNESS AND DISTRIBUTE THE WARMTH TO ALL AREAS!
OUR SOIL BANKS WILL GROW FOOD, AND WHEN IT IS GONE, WE'LL MANUFACTURE IT CHEMICALLY!

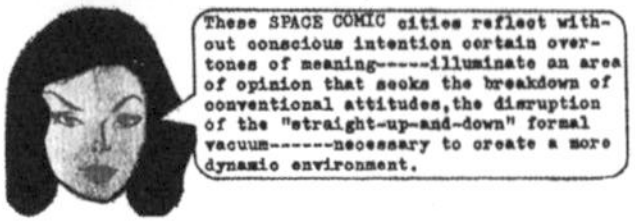
These SPACE COMIC cities reflect without conscious intention certain overtones of meaning------illuminate an area of opinion that seeks the breakdown of conventional attitudes,the disruption of the "straight-up-and-down" formal vacuum------necessary to create a more dynamic environment.

THE

ILLUSTRATION (REDRAWN)
FROM 'ALPINE ARCHITECTURE
BRUNO TAUT 1917-19

Most of the material on these two pages is by architects.. proving that at times they can be as wild, and as dynamic as the cartoonists. Not only this, but the schemes can all be related directly to actualities: inspiration derives from the possibilities of a material, a function or a justifiable ARCHITECTURAL gesture.
Most of the 1919-1921 material first appeared in Taut's magazine 'Frulicht'...which must have been fantastic in its originality and dynamic at the time(1920-21).
Not only this, but its validity today is realised when we compare the quality of these schemes with even the most sophisticated 'fantastic' schemes of the 1960's.

GESTURE

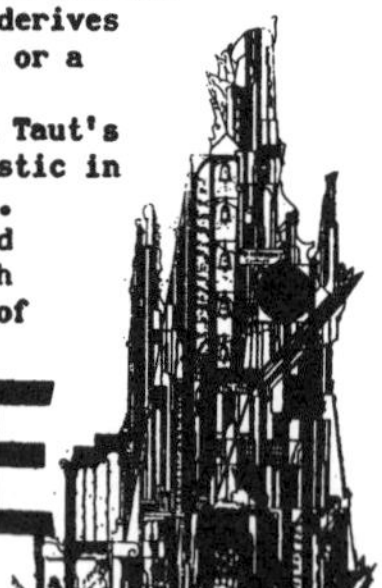

CATHEDRAL, CARL KRAYL 1920

'ARCHITECTURAL FORM'
HANS HOLLEIN

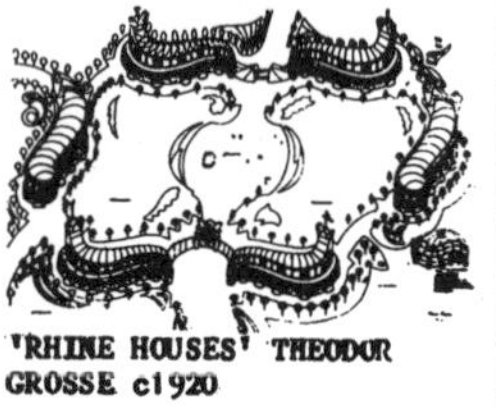

'RHINE HOUSES' THEODOR
GROSSE c1920

14

図148・149・150　イギリス建築家アーキグラム・グループの出版物『アーキグラム・フォー』のページより。彼らは、ロンドンのアーキテクチュアル・アソシエーション・スクールで出会った。彼らの作品はおそらく、ひとつのビルディングとしての都市を、建築職能内部でポピュラーなアイデアにするのに寄与したのである。

ドや、モジュール住宅や、ひな壇状のテラスを有する住宅が集積し、すべてが管により連結されたもので、巨大なアクソノメトリックとして描かれていた。この都市の端には、円柱状のビルディングとして描かれた巨大なホバークラフトがあり、地域交通拠点を供していた。全体の構成は、慎重なまでに不規則であり、この規模におけるビルディングが、統制された環境を必ずしも意味しないことを示唆するものである。

プラグ・イン・シティのコンセプトは、都市に無限の多様性をもたらす無限の順列組み合わせのもとで、個々人のニーズに応じた建造物を可能にするひとつの方法であることを意味する。しかしながら、ここで描かれている高密で複雑な相互依存構造のためには、かつてないほどの社会的統制を必要とするだろう。

ほかのディテールを見ると、プラグ・イン・シティでは、構造枠組の上部でクレーンがどのようにカプセルを持ち上げるのか、サービスがどのように運用されるのか、あるいは悪天候を閉鎖するバルーンをどのように膨らますのか、について検討しているのが分かる。天気図に似せて作られたあるドローイングでは、イギリスが「高圧開発域」や「低圧開発域」で覆われ、そのなかでプラグ・イン・シティが次第にすべての「高圧域」に浸透する様を描いている。

ウォーキング・シティは、巨大な収縮脚を持つ卵形のメガストラクチュアのイメージによって、人びとの注意を惹いた。メガストラクチュアの個々の部品は、建築としての特徴を有する一方、全体が巨大な昆虫状の生物のようである。たとえ、提案者がその論点に対して、いかに真剣であったとしても、アーキグラムの提案にはつねに冗談の要素がある。

図151　レスリー・マーティンによるイギリス国会議事堂構内の一九六五年案。公式政府文書より。これは、メガストラクチュア思考が既成の建築界にいかに深く浸透したかを物語っている。

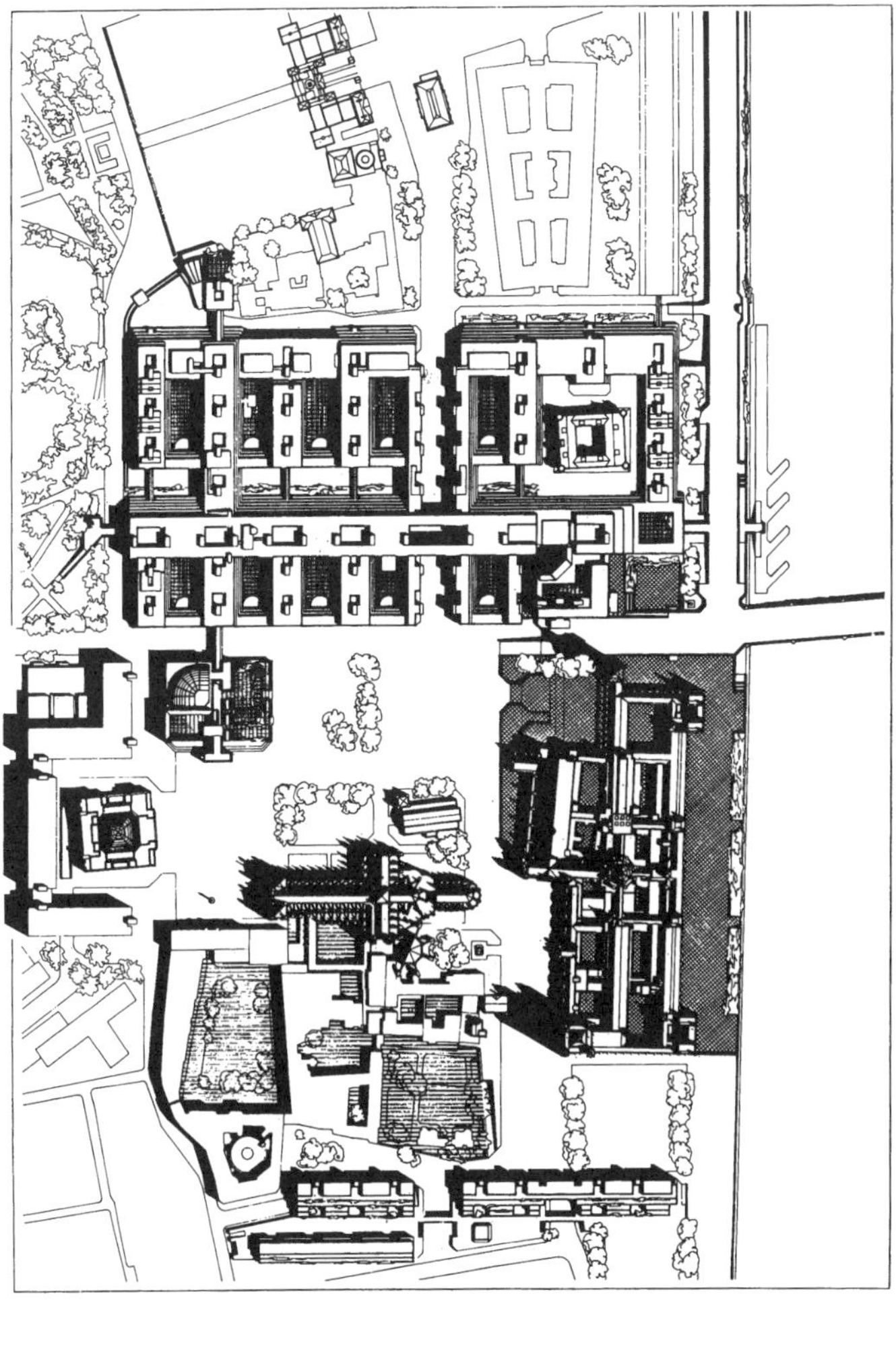

ウォーキング・シティの提案が広く知られるようになった「ニューヨークにおけるウォーキング・シティ」のドローイングは、普段よりもさらに冗談めいていた。このドローイングでは、ウォーキング・シティなるビルディングがニューヨーク港に到着しているところが描かれ、背景にマンハッタン島のスカイラインが示されている。たとえ、読者が巨大脚を持った六〇階建の建築物のアイデアを喜んで受け入れるとしても、それが水上を歩けるとは信じたりはしないだろう（図152）。

引き続いた一九六〇年代におけるアーキグラム・グループの作品は、よりエコロジーに配慮したものとなり、地下に関心を持つようになる。同時にエンターテイメントのために、組み立て・撤去可能な構造物や環境に係わるようになった。

エコロジーへの関心は、おそらく一九五九年より始まり一九六〇年代まで続いた、パオロ・ソレリの一連のプロジェクト、つまり景観を保護するために人口や都市的活動を集中させた、巨大な球状あるいは塔状の地下都市に動機づけられたものであろう（図153）。ソレリは、エコール・デ・ボザールの出身で、学生時代最後の数カ月間をフランク・ロイド・ライトとともにタリアセンで研究を行なっている。彼はブレーの伝統であるモニュメンタルな建築構成と、ライトがSCジョンソン&サン社の管理棟で用いた「有機的」技術といったものを、組み合わせることができた。ライトのこの管理棟は、植物のアナロジーで設計されたと思われ、鉄筋コンクリートで形づくられている。

ソレリは、一九七〇年にアリゾナの砂漠で、アルコサンティというメガストラクチュア都市のプロトタイプの建設を開始した。主として学生のボランティアによる創作方法のた

図152　ロン・ヘロンによる「ウォーキング・シティがニューヨークにやってくる」。アーキグラム・グループの他のメンバーと同じように、ヘロンは真剣であると同時に冗談めいていた。建設する都市が、ある場所から他の場所へ歩くことができるばかりでなく、同様に水上も歩くことを信じることができるかと、読者は問われているのだ。

図153　巨大都市のためのパオロ・ソレリのプロジェクトは、このように人口を集中しても、理論的には自然景観をあまり破壊せずにおくとして、生態系保全の名のもとで行なわれる。隅の小さなダイアグラムは、エンパイア・ステイト・ビルの外形であり、建築家が規模の感覚を与えるために入れたものである。

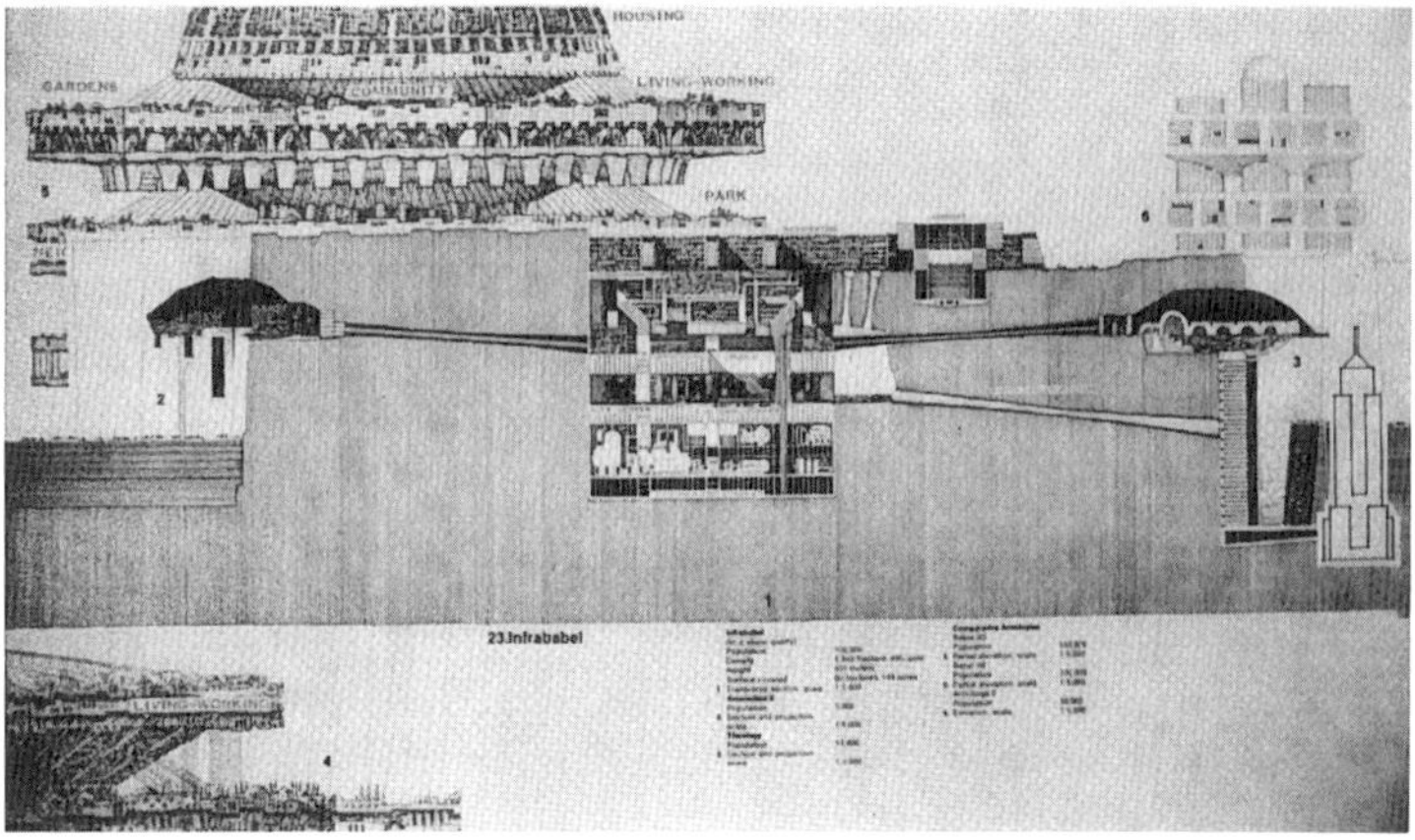

め、進展が遅く、今日までに小さな村落規模にしか達していない。一九六〇年代のメガストラクチュア主義者のうち、ソレリひとりが、このコンセプトに忠実なままでいるように思える。そして彼は、ヴィジョンと実現したものとのギャップで思い止まったようには思えない。もうひとつの強力なメガストラクチュアのイメージとは、ヨナ・フリードマンが描いたスペース・フレームである。この研究は一九六〇年より始まり、既存の都市に拡がった。このアイデアでは、既存の都市活動はスペース・フレームのなかに巻き上げられ、時代遅れとなり用いられなくなった地上の建造物は、のちに破棄される。

一九六四年における、ハンス・ホラインによる航空母艦プロジェクトは、ル・コルビュジエの論争、つまり工学イメージを持つ建築への熱狂を都市デザインのプログラムに関連づけたものとしては、最終段階に位置づけられよう。遠洋航海船を新しい建築物のコンセプトとしたル・コルビュジエの主張は、すでに達成されていたが、ホラインは居住可能な構造物がすでに都市のスケールで存在していることを示すため、乾燥地や風景のなかに埋め込まれた航空母艦のコラージュを造ったのである。

一九六〇年代半ばまでには、ビルディングとしての都市は、実際の建造物に対して、眼に見える効果を及ぼし始めていた。丹下健三による甲府の山梨文化会館は、一九六七年に完成したが、これは、橋状構造物を支持する円柱塔を描いた磯崎の空中都市に酷似している。もっとも、レイナー・バンハムは、丹下のビルディングを「実際には事実として打ち立てることのできなかった『適応性の理念』を記念したモノリス的な彫像」であるとしたが。

モントリオールで開かれた一九六七年万国博覧会は、ビルディング形式によるメガストラクチュア都市のデザインを大衆が見る最初の機会となった。おそらくこの博覧会で最も有名な作品は、モシェ・サフディが設計した住宅プロジェクト「ハビタート」であろう。ハビタートは、プレファブ・コンクリート製の住戸カプセルにより構成され、このカプセルは、鉄筋コンクリート製補強材の上に設けられた。カプセルは、標準化されておらず、取り外し可能でもない。それらは互いに支持しあっているので、底面に近い住戸は一一階建の最上階の住戸とはまったく異なる壁面構造を必要とする。結果としてできたビルディングは、地中海の丘の上における村落のようなピクチュアレスク風の質感に、新技術を混ぜ合わせたもので、説得力のある組み合わせになった。ハビタートはコスト高で風変わりであったので、サフディが望んでいたようなプロトタイプとしての影響は現われなかった。万国博の年に、モントリオールで完成したプライス・ボナヴェンチャーは、外部からは単なるひとつの大規模ビルディングにしか見えないが、メガストラクチュアとしての特徴を有するものである。これは、鉄道軌道と地下鉄システムの上に建てられており、ショッピング・コンコースや二〇万平方フィート以上もある会議場や六層の小売売場、それから屋上階の中庭を囲んで建てられたホテルもあった。プライス・ボナヴェンチャーのエクステリアは、一九六三年に完成したポール・ルドルフのイェール大学芸術建築学部棟による影響を示すものである。この校舎は、丹下健三の東京湾プロジェクトにおけるセンター地区のメガストラクチュアと似ていて、比較することもできる。ルドルフによるビルディングの塔《タワー》の各々は、実際には小教室ほどの規模しかないのであるが、丹下のプロジェクト、つ

まり都心全体の規模で橋により繋がれたマッシヴな独立ビルディングの縮小版として「読む」ことができるのである（図154）。

ルドルフは、ほかのビルディングにおいてもメガストラクチュアの形象を用いた。一九六三年に設計したボストン市行政サービス・センターは高架橋のような要素を含み、同年に設計したサウスイースタン・マサチューセッツ工科大学キャンパスでの直線状に並ぶ同様な要素の群は、まさにメガストラクチュアである。ルドルフはまた、より規模の大きなメガストラクチュア・プロジェクトを設計した。そのなかには、一九六七年のロウアー・マンハッタンにおけるグラフィック・アート・センターや住宅が含まれる。これは、移動住宅ユニットに似たプレファブ製の住戸ユニットによって建設されるもので、一棟の連続状住居建造物が同年に提案されたロウアー・マンハッタン高速道路をまたぐものであった（図155）。

この時期の大規模な住宅開発のいくつかは、実際にメガストラクチュアとして建設された。アングロ系スイス人建築家ラルフ・アースキンによる、イングランド北部ニューキャッスルのバイカー・エステートは、アースキンが設計した連続状建造物のうち最大のものである。これは、ある階にのみ窓や戸口がほとんどなく、他の階では窓やバルコニーがふんだんに設けられていた。もともとは北風を避けるための工夫であるが、ニューキャッスルにおけるこのデザインは、住宅に隣接するハイウエイからの騒音を遮るものである。この複合建築物全体は、約一マイルの長さで計画された。

ロンドンのブランズウィック・センターは、サンテリーアのような塔を有するもので、レ

図154 一九六三年に完成したイェール大学における ポール・ルドルフの芸術建築学部棟は、東京湾でデザインされたメガストラクチュアのミニチュア版として解釈することができる。この解釈では、塔の各々（実際には小さな教室か非常階段を入れるだけの広さしかないのであるが）は、大規模オフィスや集合住宅となり、あいだの橋（実際にはスタジオ・スペース）が都市広場や屋内ショッピング・センターとなる。

図155 ルドルフがメガストラクチュアに関心を持っていたことは、ロウアー・マンハッタン高速道路を覆うプロジェクトからも示すことができる。一九六七年のこの複合集合住宅の提案は、グラフィック・アート労働組合がスポンサーとなったもの。

図156・157　アリソンとピーターのスミッソン夫妻による、ロンドンのイースト・エンドにおけるロビン・フッド・レーン集合住宅は、ル・コルビュジエに影響を受けているが、メガストラクチュアリズムが最高潮に達した一九六三年にデザインされたものであり、これは、「ビルディングとしての都市」というコンセプトを魅力的なリアリティに変換することが、いかに難しいかを示す多くの事例のひとつである。

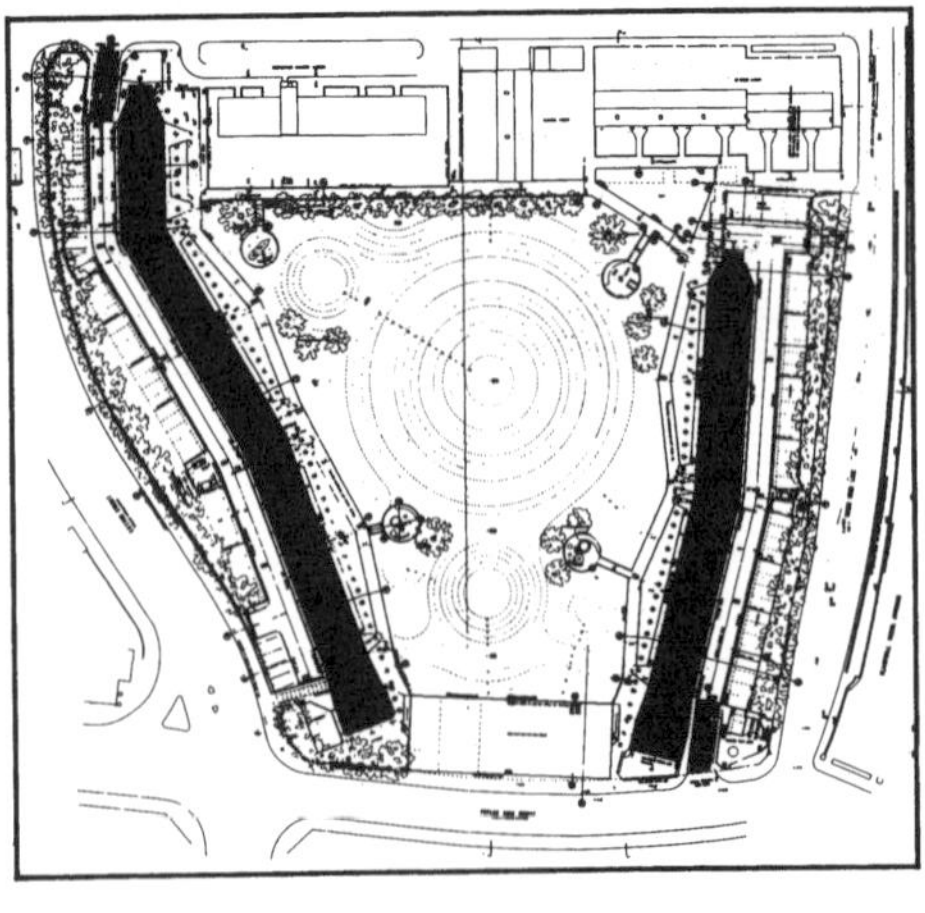

スリー・マーティンとパトリック・ホジキンソンが設計したカムデン郡自治体のための住宅プロジェクトであった。これは、メガストラクチュア「のようなもの」である。というのは、建築上の配置を無限に拡張することができるからである。ひな壇状あるいはスタジアム状に整地された地区のなかに、中にショッピング・コンコースやガレージを有する、平行したビルディングが二列ある。

一九六〇年代と七〇年代初めは、大学が大拡張を遂げた時期であったため、新キャンパス全体や大学施設群をデザインする機会が多く生じた。新しい大学のいくつかは、メガストラクチュアのなかに収容された。とりわけジョン・アンドリュースによる、トロント近郊のスカボロ・カレッジは、ほとんど工場のようなシルエットを持ち、アーサー・エリクソンによるブリティッシュ・コロンビア州バナベイのサイモン・フレーザー大学には、スペース・フレームで覆われた屋内《インターナル》街路《ストリート》がある。

大規模な地域ショッピング・センターの多くは、実質的にメガストラクチュアであると主張することができよう。これらは、クリスタル・パレスの都市アーケードの伝統と、メガストラクチュア・プロジェクトにおける統制された屋内環境の伝統の両方を継承し、店舗《ストア》正面《フロント》がアーキグラムのような交換可能なプラグ・インの要素で表現されたものである。

一九六〇年代以降に建築された大規模国際空港は、しばしばメガストラクチュアの特徴を有する。というのは、それらはやや制約されているにしても、大規模で自己充足したコミュニティを収容するからである。パリ近郊のシャルル・ド・ゴール空港で、ターミナル・ビルから環状の中央広場まで傾斜した管《チューブ》で連結した点について、時折、建築家たちは、ロン・ヘロンとウォーレン・チョークのアーキグラム・インターチェンジ・プロジェクトから、明らかにインスピレーションを受けていると類似点を強調する。広場からカプセルへの配管接合が多く目につく、橋状建造物といったアーキグラム風の美的感覚もまた、七〇年のパリにおけるポンピドゥ・センター設計競技の優勝者であるレンゾ・ピアノとリチャード・ロジャースに影響を与えた。このデザインは、のちに建物として完成することになる。

一九七〇年の大阪万国博覧会は、スペース・フレームやカプセル、ロボットの祝祭であり、メガストラクチュア・ムーヴメントは頂点に達した。丹下健三は、一九七〇年に日本列島全体をメガストラクチュアとしてみなす計画案を発表する。一九七二年までには、黒川紀章による中銀カプセル・タワーが東京で完成した。まるで引き伸ばされた衣類乾燥器のように見える、極度にコンパクトなプレファブ住居ユニットが、コンクリート製のタワーに装着される。ここに実際にプラグ・イン構造が完成したのである。しかし中銀タワーは、プラグ・イン・シティの先駆者ではなく、孤立した風変わりな建物であった。一九七二年までに、メガストラクチュアとしての都市のすべてのアイデアは、ほとんど至る所で衰退したのである。

メガストラクチュアの衰退

完璧な未来都市のヴィジョンとしてのメガストラクチュアは、実際上のやっかいな問題に打ち克つことができなかった。多くの都市開発の財政は、これまで漸増主義《インクリメンタリズム》を採っている。たった数年間に何十万人もが居住する構造物をつくることは、まず実際的ではない。もし、そのような事業が民間資金によるものであれば、不動産市場が新規開発分の多くを消化できないであろう。もし政府補助とするならば、長期間にわたってプロジェクト財政が可能なほど都市の実力が備わっている必要がある。そして、政府プロジェクトの政治的問題は、規模に応じて等比級数的に増大するのである。

メガストラクチュアの構造フレームもまた、これまでのビルディングでは必要としなかった新しい要素である。これを建設すると、後に建てられる同量の従来型の建築物をあきらめる必要がある。不動産市場というのは、未来のいつか個別住宅カプセルを受け取ることができるとしても、それまでは収入を生み出さない円柱塔や、一マイル四方のスペース・フレームの資金を調達することには慣らされていない。レイ・オカモトによるミッドタウン・マンハッタンの都市デザイン計画は、一九六九年に地域計画協会で提案されたものであるが、この問題で行き詰まった。このコンセプトは、未来的なビルディングをクラスターのなかで建設することによって新規成長を管理しようとするものである。このクラスターを創るためには、エレベーターや非常階段や垂直配管や他の供給要素を最初に設ける計画であった。しかし、費用を誰が負担するのか、この疑問に答える者はいなかったのである。

メガストラクチュア・コンセプトの多くでは、人びとは住宅やオフィスを完全にある場所から別の場所に移転できるし、そうすべきであるという前提に基づいている。しかしながら、ニーズに適した立地や規模を持つ空間へ人びとを移転させる方がやりやすいのである。

「巨大ビルディングとしての未来都市」への熱狂を支える唯一の強力な主張は、それが秩序だって効率的な成長の手段を表わしているという点である。しかし、都市の規模にまで拡大してビルディングの秩序や効率性を求めることは、実際には巨大な非効率を創ることになる。セント・ルイスにおける悪名高きプルート・イゴー住宅開発は、不成功のため一部は取り壊されたが、これは一九五五年にメガストラクチュアのような規模（二七六四戸）で建築され、住戸へのアクセス回廊はまさにル・コルビュジエの「空中街路」の変形であった。プルート・イゴーの問題は、建築上の問題であると同時に管理上の問題であったと言って差し支えない。というのは、他の都市では、同規模で類似したデザインのプロジェクトがもっと成功していたからである。しかしこのことは、巨大で非人間的な枠組みのなかにおいて、個々の住戸が個性のないカプセルに過ぎない、大規模プロジェクトの持つ危険性を例示している。プルート・イゴーは、メガストラクチュアに対する熱狂の背後に横たわっている前提条件に、疑問を投げかけた重要なシンボルとなったのである。

また別の前提条件のひとつとして、都市への集中と混雑がある。しかし一九六〇年代と七〇年代には、乗用車や貨物車によって都市が巨大に膨張し始め、かつては混雑した都心域にしか存在していなかった機能の多くが分散化していった。これらのトレンドは、第二次大戦前より始まっていたが、経済不況や戦争により中断されていたものである。

新しいパタンは、ヨーロッパや日本よりも北米やオーストラリアで早く出現したが、世界中で見られたことであった。自動車交通によって、都市集中についてのこの前提条件の多くが的外れなものになった。都心から工場が移転することにより、都心を業務や観光、高所得層住宅の区域として再生する段階に移行したのである。メガストラクチュアの第一の目的は、既存の都市域内部に巨大な密度増加を創り出すことである。しかし一九六〇年代と七〇年代までに、人びとはこの種の密度を必要としなくなったし、こういう生活も望まなくなった。

一九七〇年代には、また高度成長や大規模都市開発の優先といった古い理念に替わる対極に近い理念が見られた。ジェーン・ジェコブスは、ダニエル・バーナムの有名な原理を攻撃して、大規模な計画をつくらないコミュニティを推奨した。歴史的建築物の保存家たちは、既存の都市を保存・復元せずに「公園のなかの塔」やスペース・フレームに置き換えるべきではないと主張して、広く受け入れられた。建築家は、かつて旧式で退歩したとして見向きもしなかった、建築の美点を再発見した。エネルギー危機は、既存建造物の保存や都市に対する穏やかな修正が、大量の建て替え——エネルギー損失で言えば関節のあるカプセルや制御された巨大な環境と同等に——や建造物の更新よりも理にかなっていることを示唆した。急速なインフレーションにより、新規建設よりもリノヴェーション（修復）が建設経済を良くすることもあった。結局、一九七〇年末におけるすべてのトレンドを見る限り、メガストラクチュアとしての都市が、数年先の合理的予言となるための前提条件は否定されたのである。

第六章　捉えどころ《エルーシヴ》のない都市《シティ》の時代

今日、都市を形づくる壁はないし、成長軸線を規定したり、大都市圏を都市域と郊外に分割するような、鉄道や市街電車軌道のパタンも存在しない。パトリック・ゲデスは七〇年以上も前に、一群の都市が「広域都市圏《コナベーション》」と呼ぶものを形成していることを発見した。その結果、都市計画と都市デザインとが結びついて、ひとつの地域の課題となったのである。都市地理学者であるジョアン・ゴットマンは、一九六一年に有名な『メガロポリス』研究を著わした。メガロポリスとは、彼がワシントンDCからマサチューセッツ州ボストンまで連担した都市化地帯に与えた名称で、今日であればおそらく、ヴァージニア州リッチモンドからメイン州ポートランドまで伸びたものとして定義されるであろう。以来このメガロポリスの定義は、他の都市化地帯にも用いられてきた。オランダのランドスタットや、東京・横浜・大阪・名古屋・神戸を含む東海道、あるいはピッツバーグからシカゴまでの合衆国中西部北方《アッパー ミッド ウエスト》全域がそうである。

メガロポリス内部の農村地域は、見かけの姿と異なっている。例えば、コネチカット州のようなところでは、地域が広大であるのにもかかわらず、ほとんどすべての住民が非農業で生計を立てている。そして、かつての畑や牧草地では、森林が増えている。メガロポリスの外側の農村地域もまた、見かけどおりとは限らない。洒落たフレンチ・レストランやデザイナー・ブティックの存在は、一見牧歌的な村落が、実際には夏冬期休暇のための都市居住者のコロニーであることを示している。

合衆国国民の四分の三以上は、都市地理学者たちが都市と分類する地域に住んでいる。そしてこの比率は、他の技術先進国と同等以上である。

農業地域においてさえ、今日の農業経営者は見聞が広く、コンピュータや複雑な農業機械を操っているので、いなかの無骨者のイメージからはほど遠い。地域主義《プロヴィシズム》の理念全体も、全国民が同じテレビ番組を見て、同じように全国的な雑誌や新聞を読む時代には、維持することが難しいのである。

また、ジェット機によって、MITの教授がヒューストンの電子機器企業にコンサルティングのために通勤したり、ニューヨークを本拠地とする国際銀行家や法律家が毎月一週間以上東京やロンドンに滞在することが可能になった。パリの家族が夏じゅうニューヨークのイースト・ハンプトンに住み、ニューヨークの家族がスペインに避暑に行くのだ。その結果、農村と都市を区別することがだんだん難しくなってゆくばかりでなく、もはや個々の都市が影響を与える時代は終わり、新しい時代が始まっているのは明らかである。

とすると、都市《シティ》とは何なのか？　大都市圏に住む人びとにとって、都市とは「もう都心へは行かない」と言うときの共通の対象となってしまったのである。彼らは、モダンなオフィス・ビルや工場で働くことができ、行政上都市と規定される地域まで足を運ぶ必要もなく、最上の百貨店やブティックで買い物をし、劇場やコンサートに出かけ、封切り映画を観て、特上のレストランで食事ができるのである。

この点で言えば、都市と田舎の長所を組み合わせた都市生活という、エベネザー・ハワードの新しいアイデアは、一部には政府の政策（特にヨーロッパ）により、一部には経済的な作用と社会的な作用との間の誘導し難い相互作用により、実現されたことになる。しかしながら、ハワードが想像したグリーン・ベルトや秩序正しく開発されたクラスターなど、デザインによる便益を得る機会は失われつつある。ハワードは古い都市が衰退することも期待していた。この点で言えば、彼は少なくとも部分的に誤っていた。都心は、かつてない競争の圧力に晒されているが、特化した新しい機能を引き受けることで、それに応えようとしている。

今日の大都市圏の中心である都心は、巨大なオフィス・ビルを有し、会議や観光、そして最大級の都市のいくつかは、富裕層や若い専門職の居住地として適している。銀行や企業本社のように、ある種のビジネスは、いまだに多くの事務就労者を必要とし、良好な公共交通機関の中心部に立地することにより、便益を享受している。スカイラインを見渡せば、高層オフィスやホテル、それも国際会議場のためのホテル、「フェスティバル市場」や、再建した歴史的地区が眼につく。美術館・劇場・大学といった古くからの都市における文化的生活にもまた、依然として強い魅力がある。都心の百貨店は、もしまだそこにあるのであれば、オフィス就労者、観光客、都市近隣の住民といった新しい混成層を対象としてサービスを行なっている。もし華やかな店舗地区が都市の中心に残っているのであれば、ホテルの近くのミッドタウン（山の手と繁華街の中間地区）か、あるいは高級住宅地区の繁華街にあるであろう。

いまだに活気のある大都市圏の都心の外側には、下降線を辿るように、古びた市街地が連担している。鉄道線路が空っぽの工場のわきを通り、近隣住区は衰退し放棄されている。公共住宅プロジェクトが、修繕も行なわれないまま放置されていることもある。まちの「華やかな」地区における古くからの近隣住区には、いまだに良好な状態を保っているものや、「再活性化《ジェントリファイド》」されたものもあるが、それらは全体のごく一部なのである。

都市生活における実際の中心は、かつての「華やかな」郊外であった場所に移ってしまった。郊外のかつての小さな中心地が、いまはオフィス・センターになっている。地域のショッピング・モールには、しばしば都心よりも多く良質な店があり、かつては駅舎やスーパーマーケットだけを収容するために設けた商店街に沿って、レストランや劇場が出現している。企業のオフィスは、奥まった古い地所に建ち、あるいはオフィス・パークに集結している。

そこにアクセスするための空港や道路が、オフィス・工場・倉庫・ホテルの集積とともに、都市の新しい中心部を創ったのである。

これも都市の好ましい一面と言えるであろうが、古い「華やかな」郊外を超えるものとして過去一〇―二〇年間にまったく新しい都市世界が出現している。これは、中心部はないが、粗っぽく言うと、扇状で、メイン・ストリートにあたる高速道路や大幹線を有する。ここでは、オフィス・パークやモーテル、ショッピング・モールが、庭園付きの集合住宅開発や密集した戸建住宅にとって代わっている。一世代前に造られたスプロールした郊外道路はなく、あるのは緊密に構成されたコロニーであり、しばしばフェンスや守衛詰所を伴っている。

この地区では、工場や倉庫も見られるかも知れないが、多くは工場団地に集結したり、高速道路沿いに展開して、もっと割安な郊外に移動してしまった。工場就労者は、旧来の郊外や都市近隣地区から郊外に向かって通勤することになろう。あるいは、数年前までは小さな農村コミュニティで見かけたような、トレーラー・ハウスに住むのかも知れない。合衆国の多くの地域において、新しい建築様式で実現されたこのパタンは、ロンドン西部や南西部のような、定住のもっと古い地区でも見出すことができる。古い都市や街が、オフィスや研究センターとしての機能を引き受け、結果として新しいタイプの居住者を引き寄せている。

もちろん、大都市圏構造の一部に組み入れられていない市や町もいまだに存在するが、ニュース雑誌やテレビ番組、クレジット・カード、チェーン店、フランチャイズ制ファスト・フードやホテル、大手旅行代理店のネットワーク・システムといった、全国的な影響から独立している都市はほとんどない。これらの小都市では、大都市圏が形成されるのと同様な原理、つまり分散の作用と古い中心部の再建の作用が働いている。中心部の店舗は、郊外センターに移ってしまったようだ。古い中心部も商店街沿いに新しく植樹をしたり、歩道を舗装して応戦しているのであろうが、フランチャイズ制の飲食店やサービス・ステーションのある郊外の商店街の方が、中心部よりもおそらく活気がある。地方企業の本社や工場は、しばしば中心部から離れて立地している。古くからの近隣住区で、いくつかの住宅が再建されつつあるが、小都市におけるその購買層のほとんど全員が、この都会的な生活様式よりも芝生と庭のある住宅を好んでいるように見えるし、その小都市の景観を横切るかのように、さらに小さな開発が拡がっている。大都市で見られたような貧困や蔑視、工場に隣接した劣悪な住宅などを克服した小都市もまた存在しないのである。

現代の都市では、多かれ少なかれ主要な都市デザインのアイデアの影響を見ることができる。モニュメンタルなデザインは、公共建築物や文化施設の集まりに形象を与え、公共公園や並木大通り《ブールヴァード》を造り、円柱やオベリスクや凱旋門といったものでさえ、実際に記念碑《モニュメント》として遺産を提供したのである。モニュメンタルな建築物の集まりは、地方の大学キャンパスの古い部分にも見ることができる。田園都市と田園郊外は「華やかな」住居地区を形成し、もっと希釈された形式としては、新しい郊外分譲地を形成した。都市構造についてのモダニストたちのアイデアは、高層オフィス・ビルのデザインやオフィス・パーク、病院《ホスピタル》施設群《コンプレックス》だけでなく、公共住宅プロジェクトや都心再開発地区を創設するのに役立った。メガストラクチュアとしての都市のコンセプトは、地域のショッピング・センターや空港、都心ビジネス街のデザインに同様に反映された。そこでは、オフィス・ビル、ホテル、店舗が屋内アトリウムや歩道橋やトンネルのネットワークによって結びつけられている。

本書で示したように、各々の時代における都市デザイン・コンセプトは、都市地域全体に形を与える総合的な解決案として提唱されたが、それらの提案はいずれも期待されたほど効果的なものではなかった。

一九〇九年のシカゴ市計画において、ダニエル・バーナムとエドワード・ベネットが提唱したモニュメンタルな都市は、高層ビル群の形成や民間不動産投資に特徴的な跛行的開発をコントロールするためのメカニズムを供することができなかった。

田園郊外は、一九世紀に進化した際には、都市に対する反動であった。田園郊外は、もともと都市の代替物として意図されたものではなく、中央業務地区の存在に依存するものであった。郊外の代わりとして、自己充足的な田園都市が必要であり、田園都市を続々と建設することにより古い大都市を代替しうるとして、田園郊外を総合的な都市デザインのコンセプトに転換したのが、エベネザー・ハワードであった。自動車の普及を通じて都市が拡大したため、ハワードが鉄道の時代に構想したような規模や範囲に、田園都市を制限することがほとんど不可能となり、都市機能の分散が、郊外と都心との従来の関係を弱めた。その帰結は、今日の郊外化した大都市でお馴染みの交通問題である。どこへゆくにも遠くドライヴに頼ることになる。

近代都市のコンセプトもまた、一九世紀における都市の進化に対する反動であった。通り《ストリート》と広場《スクエア》で供された都市構造の古くからの形態は、公園のような敷地の中に建つ独立ビルディングへの熱狂の前に打ち捨てられた。このデザイン・アイデアにおいて暗黙的に存在するのは、歴史的あるいは感情的な理由で維持された数少ない建造物を除いては、都市を完全に再開発すべきであるという信念である。それゆえ、新旧の建築物の間における非調和は存在しない。近代建築は、一九世紀や二〇世紀初めの建築物を特徴づけていた形式の多様性というものを、単一で統一した建築上の表現で置き換えることができるだろうという期待でもあった。しかし、どちらの期待も正当性を示すことができなかった。多くの都市は、たとえ空襲で手痛い損害を受けたときでさえ、完全には更新できなかったし、モダニズムも様式上の統一をもたらすことはなかったのである。街路《ストリート》接面部《フロンテージュ》を創り込んだ古い建築物は、採光や通気がしばしば不充分であるが、それでもこのような通りが、市民の相互作用にとって最良のメカニズムであることが明らかになっている。いったん通りが撤去されると、公園《パーク》や広場《プラザ》では、その代役を果たすことができなかった。ビルディングの集まりとして再築された都市の断片が、公共オープン・スペースのなかや、同様な原則でデザインされた新しいコミュニティのなかに配置されたが、満足な環境としてはほとんど受け取られなかった。

メガストラクチュアとしての都市を唱える理論家たちは、自分たちが近代建築の断片化と不統一に対する解決策を持っていると考えていた。都市をひとつの連続するビルディングとし、通りや広場をコントロールされた屋内環境に置き換えようと。しかしながらこのコンセプトは、都市開発における通常の財政手段にはそぐわないし、都市全体の再構築を必要とするので、歴史的建築物の保全や、コミュニティ参加や、省エネルギーや、自然環境の保全に対する公共上、政治上の支持が強くなってきている現状にはそぐわない。メガストラクチュアによる都市デザインのアイデアは、建築上、重大な効果を持っていて、都市に建設されるものにいまだに影響を与えているものの、都市デザインの総合理論としてメガストラクチュアを今日唱えるひとは数少ない。

反対に、モニュメンタルな都市デザインは、少し前には見当違いで、流行遅れなアイデアとして打ち捨てられていた。一九六〇年代にレオン・クリエは、ジェームズ・スターリングとともにミュンヘンのジーメンス本社プロジェクトのためのメガストラクチュアの設計を行っていた。メガストラクチュアに対する反動として、彼はモニュメンタルな計画コンセプトに取り組み始め、そのコンセプトからさらに進化させた。メガストラクチュア・デザインでは典型とも言える直線的な動線は、モニュメンタルな軸線となった。この変遷は、一九七一年のクリエのライフェルデン・シティ・センター・プロジェクトのなかにも明らかに見られる。大規模ビルを連続的に並べることによって、主軸と交差軸をつくり、その二つの軸の交差部を同じような近代オフィス・ビルが四棟集まったクラスターの敷地とする。より最近のプロジェクトにおいては、クリエは、高層ビルの集積や自動車を扱うことについて拒否している。それらは、彼らのモニュメンタルな都市コンセプトから排除されることになる。

近代建築をより伝統的な都市との関係において適合させようと、工夫を試みている建築家にとって、低層高密住居は、重要性が増しているデザイン上の課題である。一九七八年にベルリンのヴェディング地区でヨセフ・クライヒュースがデザインした住宅団地は、五階建の建築物が、街路《ストリート》線《ライン》に沿ってブロックの境界線のまわりに立ち並び、中庭を形成しているが、これは、一九二〇年代にドイツの近代建築家たちが、日照上最も好ましい向きの平行列状の住宅配置を好んだために、放棄した建築物のタイプそのものである。空間に封じ込められるべき、そして形象として与えられるべきアイデアのうち、建築物の間のデザイン上の連続性を強調するのは、伝統上の分類で言えばモニュメンタルな都市デザインの特徴であり、これは最近注目されつつある。多くの大学キャンパスの計画者は、いまそれらの伝統的な空間関係を復権させようとしている。それらは、ふつう初期の計画案では暗黙的に存在していたが、一九五〇年代から六〇年代の間に捨てられてきたものである。都市における高層ビル建設や漸増的な街区再開発では、都心にモニュメンタルな空間関係を再創造することは困難である。しかしながら、今日の建築家は、新しいビルを既存都市のコンテクストのなかに適合しやすいよう、軸線の端点に配置し、塔にモニュメンタルな基点を与えようとしている。都市のゾーニング条例は、ニューヨークやピッツバーグやサンフランシスコも含めてデザイン上の連続性、つまり街路壁面《ストリートウォール》の保全や、境界を明確に定めた空間としての広場《プラザ》など、六〇年代の「公園のなかの塔《タワーインパーク》」条例が法的に駆逐した他の伝統的な都市デザインを奨励するように修正されつつある。

田園都市や田園郊外のデザインの背後にある、ピクチュアレスク原理への関心の復活もまた進行している。一九〇九年のレイモンド・アンウィンの『実践の都市計画』は、カミロ・ジッテや、彼の都市デザインのアイデアに対する共感とともに、再び読まれるようになっている。七〇年代末に出版された『時を超えた建設の道』や『パタン・ランゲージ』といったクリストファー・アレグザンダーやその仲間の著作は、産業化以前の社会における長い期間を経て完成した場所に着目する点、それらからデザイン原則を演繹する点、そして新しい建設に適用できるものとして、それらの原則を提唱する点において、カミロ・ジッテの方法論に則ったものである。

最近の考察によれば、都心の高層ビルは、歩行者指向の用途が創るネットワークの一部に組み込まれるべきで、これらを実現する際には、単にビルディングを配置するだけではなく、その利用を誘致するよう、デザインされるべきである。富裕層は、高層住宅の安全のために必要なスタッフを賄ったり、どこかに別荘を設けることができるが、他の階層にとっては、高層住宅に対する疑心が増している。しかしながら「公園のなかの塔」というのは、ル・コルビュジエやCIAMや、モダニズムの提唱者たちが創った力強いイメージを有している。何世代にもわたって建築家は、このようにデザインすることを訓練されてきた。そして公衆は、近代生活に不可避的に付随するものとして「公園のなかの塔」を受け入れるよう教育されてきたのである。多くの都市、特に産業時代にまさに入ろうとしている国では、高層塔《タワー》は、ル・コルビュジエが一九三〇年のアルジェ計画案で発案した、古い都市構造を破壊する砲弾としての役割を果たし続けている。

レイナー・バンハムは、『近過去の都市未来』としてのメガストラクチュアについて書いたが、メガストラクチュアのアイデアは、もともとのデザイナーたちが避けた実践性を得ることができることが明らかになった。ミネアポリス市の都心業務地区は、新旧のビルディングを繋いだ歩行者デッキのネットワークの建設を通じて、次第にメガストラクチュアに変貌していった。セント・ポール近傍の都市でも、続いて類似した政策を採ったし、最近のミルウォーキーの都心店舗地区は、橋で繋げられた線状の閉鎖環境として再建された。モントリオールや大阪やヒューストンなどの歩行者用地下コンコースのシステムも、同様な機能を果たしているが、街路をまたぐガラス張りの歩行者回廊が創るドラマ性を欠いている。

都心のアトリウムもまた、都市デザインではありふれた手段となりつつある。いくつかのビルディングがアトリウム空間で繋げられて、これもまたひとつの都市のショッピング・センターを形成している。エスカレーターが空間を対角状に横切り、エレベーターはガラス製のカプセルとしてドラマ化されている。アトリウムとガラス製エレベーターとの結合は、メガストラクチュア・デザインの興奮がピークを迎える一九六七年に、ジョン・ポートマンが彼自身の設計によるアトランタのホテルにおいて最初に行なったものである。

自動化された快速新線の技術もまた改善され、何十年か前にメガストラクチュア論者が想像したアイデアのうち、いくつかが建設可能になった。都心に繋がる自動化快速新線に連結した周辺駐車場が、いまでは経済的に引き合うようになってきて、やがて次第に都心の土地利用から駐車場を撤去することになり、いくつかのモニュメンタルなデザイン・コンセプトが復権するのに役立つであろう。

現在、都市はあまりに巨大になり、あまりに多くの異なる密度の開発、あまりに多くの種類の活動、あまりに多様なコミュニティを含んでいる。従って、単一のデザイン・コンセプトが、ルネサンスの理論家たちが描いたような、城壁で囲まれ多角形の街路計画を持つウィトルウィウスの理想都市のような方法で、大都市圏に形を顕わすとは思えない。同様に、近代建築は、多様なタイプのビルディングや建設手法を含んでおり、西欧社会は個人の表現への自由を与えた。従って現在、産業時代以前の社会のような、つまり社会の強い階層性や他都市についての情報の不足に起因する、統一した建築様式と比して、新しいひとつの建築様式が現われるとも思えない。

静的なパタンで、再び都市にひとつの形象を与えようとする試みは、経済的・社会的変動があまりに速すぎ、含まれるものがあまりに複雑すぎるので、ルネサンス期においてさえ失敗したのである。今日において同じ課題を遂行するためには、どれだけの困難が増していることか。いま望まれるのは、目的をすべて満たす都市デザイン・コンセプトではなく、経済的・社会的変動のプロセスと都市デザインを統合する新しい方法である。このとき、そしてそのときに限り、望ましい近隣住区や、最高の建築群が有するような素晴らしさを備えた都市デザインが約束されることになるであろう。

訳者あとがき

本書は、Jonathan Barnett,『The Elusive City—Five centuries of design, ambition and miscalculation』(Harper & Row, Publishers, 1986) の全訳である。建築・都市計画の教科書で登場する都市デザイナーたちのコンセプトやその意図と、その実現を阻む社会・経済・政治上の環境との相互作用をテーマとしたものである。本書は、単なる通史とは異なり、氏自身がまとめた四つの都市コンセプト(モニュメンタルな都市、田園都市、近代都市、メガストラクチュア)の起源、伝播に着目している点でユニークな視点を持つものであり、また、西欧の主要な都市デザインの事例について豊富な図版を含んでいる点で、専門家のみならず広く都市デザインに興味を持つ学生・実務者・市民の教養書として適切なものと言えるだろう。個々の事例に立ち入りたい読者のために、巻末に著者自身が編んだ「参考文献について」を付した。

著者ジョナサン・バーネット氏について若干の紹介を行ないたい。バーネット氏は、ニューヨーク市立大学アーバン・デザイン大学院プログラムの創設者・建築学教授を経て、現在、ペンシルヴェニア大学都市地域計画学教授を務める傍ら、評論著述・デザイン実践などに活躍されている。氏は、フィジカル・デザインと法規面との関係など、理論と実務の双方に関心をもたれ、著書としては、"Urban Design as Public Policy"(『アーバン・デザインの手法』六鹿正治訳、鹿島出版会)、"Introduction to Urban Design"(『新しい都市デザイン』倉田直道・洋子訳、集文社)、本書、"Fractured Metropolis"(Harper Collins Publishers, 1995)のほか、近刊として"Redesigning Cities"(American Planning Association, 2003)が広く知られている。また、若い頃のエピソードとして、ルイス・マンフォード、ジェイン・ジェイコブスらとともに、ペンシンヴェニア駅保全運動に携わったことからも、氏の人柄の一端をうかがい知ることができるだろう。もともと建築学・都市計画学履修生のために手頃な副読本を、という動機で始めた翻訳ですが、両領域に深く入り込んだ内容のため、訳出は難航したというのが正直なところです。浅学非才ゆえの至らなさ、読者の方々のひきつづきのご指摘、ご指導頂ければ幸いです。

最後になりますが、本書の出版企画を実現に結び付けて下さった鹿島出版会編集部長の吉田昌弘氏、そして名古屋工業大学建築・デザイン工学教育類の諸先生方、ならびに翻訳活動を支援して下さった水野やよいさんをはじめとする研究室メンバーの方々などすべての方々に、この場をお借りして厚くお礼を申し上げます。

二〇〇八年吉日、再記

名古屋・鶴舞の研究室にて

兼田敏之

索　引

アルファベット

ア行

カ行

サ行

タ行

ナ行

ハ行

マ行

Picture Credits

1,2,3: Illustrations by Karl Gruber from Ein Deutscher Stadt.
4: Map of London in 1572 by Frans Hogenberg from Braun and Hogenberg's civitates Orbis Terrarum.
5: Wren's plan in an eighteeth-century engraving reproduced from The American Vitruvius: An Architect's Handbook of Civic Art, by Werner Hegemann and Elbert Peets.
6: Sketch by Elbert Peets from Civic Art.
7: Drawing by Bartolomeo Neroni from the collection of Donald Oenslager, Morgan Library.
8,9: Plan and elevation of the Teatro Olimpico from Civic Art, by Hegemann and Peets.
10: Photograph of Vatican Library fresco.
11,15: From Civic Art, by Hegemann and Peets.
12,13: Engravings from Paul Letarouilly's Edifices de Rome Moderne.
14: Drawing by Fabrizio Galliari from the collection of Donald Oenslager, Morgan Library.
16: Drawing by Elbert Peets from Civic Art.
17: Covent Garden in the eighteenth century, from a contemporary engraving.
18,19: Drawing by Elbert Peets from Civic Art.
20,21,29: Drawing from Civic Art, by Hegemann and Peets.
22: Map from The Art of Town Planning, by Henry Vaughan Lanchester.
23: Drawing from Good and Bad Manners in Architecture, by A. Trystan Edwards.
24: Map from Hegemann and Peets, Civic Art.
25: Illusutration by Karl Gruber from Ein Deutscher Stadt.
26: Andrew Ellicott's engraving as reproduced in Civic Art, by Hegemann and Peets.
27: Thomas Jefferson sketch from a manuscript in the Library of Christopher Tunnard.
28: Drowing by Elbert Peets from the Journal of the American Institute of Architects,1927.
30: Map from Jean Alphand's Les Promenades de Paris.
31: Photograph from Shepp's Photographs of the World.
32: Map from Hegemann and Peets, Civic Art.
33: From a contemporary photograph.
34: Diagram from The Art of Town Planning, by Henry V. Lanchester.
35,36,37: From the Plan of Chicago, by Daniel H. Burnham and Edward H. Bennett.
38: Map from Hegemann and Peets, Civic Art.
39: Map from the Art of Town Planning, by Henry V. Lanchester.
40,41: From Houses and Gardens of E.L. Lutyens, by Lawrence Weaver.
42: From Oppositions 12.
43,44,45,46: From Architectural Design.
47: From Rob Krier Urban Projects, 1968-1982.
48,49: Photos by Laurie Beckleman.
50: Engraving from London in the Nineteenth Century.
51: Engraving by Gustave Dore from London, A Pilgrimmage.
52,53: Illustrations by Ebenezer Howard, Howard from Tomorrow: A Peaceful Path to Real Reform.
54: Engraving of Nash's original design for Regent's Park.
55: Plan of Birkenhead Park from J. Gaudet's Elements et Theorie de L'Architecture, vol.4.
56: Garden plan from Descriptions Pittoresques de Jardeins, Liepzig, 1802.
57: Photo, Jarrold and Sons, Ltd.
58: Photograph from The Picturesque, by Christopher Hussey.
59,61: City College Library.
60: Engraving from Villas and Cottages, by Calvert Vaux.
62-66: From Town Planning in Practice, by Raymond Unwin.
67,68: From Neue Baukunst in den Rheinlanden, by Richard Klapheck.
69,70: Map and photo from Regional Survey of New York and Its Environs. Vol. 7: Neighborhood and community Planning, Published by The Regional Plan Association.
71,72: From Civic Art, by Hegemann and Peets.
73-76: From The Housing Book, by William P. Comstock.
77: From The Building of Satellite Towns, by C. B. Purdom.

78,79,83: From Neighborhood and Community Planning.
80–82: From London Housing, published by the London County Council in 1937.
84: From Neighborhood and Community Planning.
85,86,87: From C. B. Purdom's The Building of Satellite Towns.
88: From City Planning, Housing, A Graphic Review of Civic Art, vol. 3, by Forester and Weinberg, 1938.
89: Drawing by Robert A. M. Stern Architects.
90: Drawing by Andres Duany and Elizabeth Plater-Zberk.
91: From Civic Art, by Hegemann and Peets.
92: Drawing by Tony Garnier from the Etchells translation of Le Corbusier's Towards a New Architecture.
93,95: Drawings from Dr. H. P. Berlage En Zijn Werk, 1916.
94: Photograph from Neue Nederlandische Baukunst.
96: From The English edition of Towards a New Architecture, translated by Frederick Etchells, 1927.
97,98: From Le Corbusier, Oeuvre Complete.
99,100: From The Regional Plan of New York and Its Environs, 1929.
101,102: Photos from Modern Architecture, by Bruno Taut.
103,104: Drawing and model photograph from Modern Architecture, catalogue of an exhibition at the Museum of Modern Art, 1932.
105: Photograph by Nory Miller.
106: Photograph from Modern Architecture, by Bruno Taut.
107: Photograph from City Planning, Housing, A Graphic Review of Civic Art, vol. 3.
108,109: Photomontagses from Modern Architecture, by Bruno Taut.
110: Photomontage from A Decade of New Architecture, by Sigfried Giedion.
111: Drawing from Le Corbusier, Oeuver Complete.
112: Photograph from London Housing.
113: Diagram from the 1929 Regional Plan of New York.
114,115: Photograph and site plan from City Planning, Housing, A Graphic Review of Civic Art.
116,117,118: From the Metropolis of Tomorrow, by Hugh Ferris.
119: Photograph courtesy General Motors.
120,121: Photo and drawing from City Planning in Sweden, by Kell Astrom.
122: Drawing by Le Corbusie from the Oeuvre Complete.
123,131,132: City Collge Library.
124: Drawing from the Greater London Plan.
125,126: Drawing from the County of London Plan.
127,128: Photos by the London County Council.
129: Model photograph, Victor Gruen Associates.
130: Photograph by Chamberlin, Powell and Bon.
133: Photograph by Kerry Goelzer.
134: Drawing from a report by the City of Seattle.
135,136: Drawings from Hegemann and Peet's Civic Art.
137,138: Drawings by Etienne-Louis Boullee from the exhibition catalogue Visionary Architects.
139,140: Victoria & Albert Museum.
141,142: Maps, City College Library.
143,144: Photomontage and drawing from Raymond M. Hood, 1931.
145: Drawing from Francisco Mujica's History of the Skyscraper.
146,147: Photographs, office of Kenzo Tange.
148,149,150: From Archigram 4.
151: Drawing from Whiteball: A Plan for the National and Governmental Centre.
152: Photomontage from Archigram.
153: Drawing by Paolo Soleri from Paolo Soleri, Projects.
154: Joseph Molitor photo, courtesy of Paul Rudolph.
155: Model photo, courtsy of Paul Rudolph.
156: Photo by Nory Miller.

参考文献について

第一章：産業化以前の伝統的な都市デザイン

産業化以前の都市について，都市地理学の現在の理解を要約したものとしては，D. I. Scargill の “The Form of Cities” (London：Bell & Hyman, 1979) の第七章や，Harold Carter の “An Introduction to Urban Historical Geography” (London：Edward Arnold, 1983)。西洋文化と技術の発展に関連した産業化以前の都市の概説としては，やはり Lewis Munford の “The City in History” (New York：Macmillan, 1962) が最良である（ルイス・マンフォード，『都市の文化』，生田勉訳，鹿島出版会)。R. E. Wycherley の “How the Greeks Built Cities” (New York：Macmillan, 1962) が，西洋文化の伝統に深く埋め込まれているひとつの都市類型について優れた著述を行っている。Joseph Rykwert の “The Idea of a Town：The Anthropology of Urban Form in Rome, Italy, and the Ancient World” (Princeton, N. J.：Princeton University Press, 1976) も参照のこと（J. リクワート，『〈まち〉のイデア　ローマと古代世界の都市の形の人間学』，前川造郎，小野育雄訳，みすず書房)。

Vitruvius の “Ten Books on Architecture” は，1914年の Harvard University Press 版を1960年に Dover が再版した Morris Hickey Morgan 訳で読むことができる（『ウィトルウィウス建築書』，森田慶一訳注，東海大学出版会)。ルネサンス期における Vitruvius の影響については，Helen Rosenau の “The Ideal City” (London：Routledge and Kegan Paul, 1959) の第一部を参照のこと。都市における要塞化の効果については，Horst de La Croix の “Military Considerations in City Planning” (New York：Brazillar, 1972) を参照のこと。

第二章：モニュメンタルな都市

T. F. Reddaway の “The Rebuilding of London” (London：Jonathan Cape, 1940) が，いまだに最も信頼のおける著述である。しかしながら，彼は計画が却下されていなかったことを立証することに熱心であるが，レンの計画自体が過小評価される傾向にあることを検討していない。Eric de Mare による “Wren's London” (London：The Folio Society, 1975) は，大火とその余波について，イラスト付きで詳述している。Karl Gruber の “Ein Deutsche Stadt” (Munich：Bruckmann, 1914) は，ほとんどどの都市でも生じていたことを示すために，仮想的な都市の発展を用いて，当時のロンドンと他の都市との比較の手段を提供した。レンについてはいろいろあるが，中でも John Summerson, Kerry Downes & Bryan Little のモノグラフが何編かある。Parentalia と題してレンの家族である Stephan Wren の回顧録が1750年に出版されている。

Sigfried Giedion の “Space, Time and Architecture” の初版は1941年に Harvard University Press より出版されており，近代建築党派とも言えるギーディオンのこの著作のなかには，遠近法と都市計画の関係や，ローマ法皇シクストゥス５世の素性について，優れて簡潔な叙述が見られる（ジークフリード・ギーディオン，『空間・時間・建築』，大田實訳，丸善)。この二つの挿話は，1954年の第三版において付け加えられた。Jacob Bronowsky の“The Ascent of Man” (Boston：Little Brown, 1973) の第五章でも，ルネサンス期の科学と芸術の関係，特に絵画における遠近法の影響について記述している。

本文でも記したように，ジョン・サマーソンの研究は，都市デザインの展開におけるイニゴ・ジョーンズの作品，ジョン・ウッド父子やジョン・ナッシュを理解する上で重要な役割を果たして

いる。John Summerson の Inigo Jones（London：Penguin Books, 1966）は，1945年に初版が，1962年に改訂版が出ており，これは，Pelican Books より発行された自著“Georgian London”よりも内容が充実している。John Summerson の‘John Wood and the English Town-Planning Tradition’は，“Heavenly Mansions”（London：Cresent Press, 1949）所収（サマーソン，『天上の館』，鈴木博之訳，鹿島出版会）。ナッシュについては，“Georgian London”と Summerson の“Architecture in Britain 1530-1580”（London：Penguin Books, 1953）に記載されている。多くの芸術史家とは異なり，サマーソンは流麗な文章で，物事が実際にどのように起こったかを伝えている。

ひとつの建築物としての都市のスクエアは，Paul Zucker の“Town and Square”（New York：Columbia University Press, 1959）の主題である。

Elbert Peets の“The Genealogy of L'Enfant's Washington”は，Journal of the American Institute of Architects，1927年4－6月号に所載。ワシントン計画中のランファンの往復書簡については，Elizabeth S. Kite の編集により，1929年に“L'Enfant's and Washington”の題で Johns Hopkins Press（Baltimore, MD）より発行された。大規模計画プロジェクトに従事した者であれば誰でも，この一連の書簡による出来事の進展のなかに，身近に感じることを多く見出すであろう。

ルネサンス期と近代の二つの時期におけるモニュメンタルな都市デザインのコンセプトの方法の違いを理解するためには，建築理論に生じた変化についての知識を必要とする。Joseph Rykwert の“The First Moderns”（Cambridge, MA：MIT Press, 1980）では，17世紀と18世紀に刊行された理論的テキストの精読を通して，建築に対する新しい感受性の展開を追跡しようとしている。Rykwert のかつての弟子であった Alberto Perez-Gomez は，自著“Architecture and the Crisis of Modern Science”でひとつの並行的方法を用いている。これは，信念の体系から，実験や実践に基づく態度への建築理論の変化が，科学的方法において起こった変化と並行しているとするものである。Robin Middleton 編の“Beaux Arts”（London：Thames and Hudson, 1982）における Werner Szambien の‘Durand and the Continuity of Tradition’も参照のこと。

ジョン・ナッシュのリージェント・ストリートについての A. Trystan Edward の評論は，“Good and Bad Manners in Architecture”（London：Philip Alan, 1924）所収。Edmund Bacon の“Design of Cities”（New York：Penguin Books, 1976）に，ナッシュのリージェント・ストリートのイラスト付きの叙述がある。

前述した Sigfried Giedion の“Space, Time and Architecture”には，オースマンのパリ再建についての記述がある。

“Les Promenade de Paris”は，オースマンとともに働いた景観建築家 Jean Alphand によるもので，the Princeton Architectural Press（Princeton, NJ）より1985年に再刊された。オースマンについての Robert Moses の発言は，Architectural Forum1942年7月号の“What Happened to Haussmann？”より。

Camillo Sitte の“Der Stadte-Bau nach seinen kunstersichen Grundsatzen”は，1889年にウィーンで初版が発行され，George R. Collins and Christiane C. Collins による翻訳が Randam House（New York）より1965年に，“City Planning According to Artistic Principles”と題して出版されている（カミロ・ジッテ，大石敏雄訳，『広場の造形』，鹿島出版会）。同著者の“Camillo Sitte and the Birth of Modern City Planning”（New York：Random House, 1965）も参照されたい。

Daniel Burnham の伝記は，Charles Moore により1921年に初版が刊行され，これは Da Capo

Press（New York, 1966）により1970年に再刊されている。Da Capo は，Daniel Burnham and Edward H. Bennett による“1909 Plan for Chicago”についても再刊している。この2冊にはともに都市デザイナーとしてバーナムが開発した明瞭な絵が掲載されている。Mario Manieri-Elia 著，Barbara Luigia La Penta 訳の“The American City from the Civil War to the New Deal”（Cambridge, MA：MIT Press, 1979）に所収されている“Toward an ‘Imperial City’：Daniel H. Burnham and the City Beautiful Movement”も参照のこと。

キャンベラについては，Walter Burley Griffin の“The Federal City”や，James Birrell の1964年のモノグラフである“Walter Burley Griffin”を参照されたい。Robert Grant Irving 著の“Indian Summer：Lutyens, Baker and Imperial Delhi”（New Haven CT：Yale University Press, 1981）は，この新首都のデザインと建設についてイラスト付きで広汎な記述を行なっている。イギリス寄りでない視点からでは，Sten Nilsson の“The New Capitals of India, Pakistan and Bangladesh”のなかのニューデリーの章も参照のこと。これは，Elisabeth Andreasson により翻訳（Scandinavian Institute for Asian Studies, 1973）されている。

“Interview with Albert Speer”は Francesco Dal Co and Sergio Polano 著であり，Oppositions 12（Sep 1978）に掲載されている。同内容のものが Kenneth Frampton の“A Synoptic View of the Architecture of the Third Reich”に所収されている。

本文でも触れたが，‘Collage City’は Colin Rowe と Fred Koetter の共著で Architectural Review1975年8月号に掲載されている。続いて同著の書籍“Collage City”が MIT Press（Cambridge, MA）より1978年に刊行された（ロウ&コッター，『コラージュ・シティ』，渡辺真理訳，鹿島出版会）。論文から著作への移行過程でどこか明快さが失われたようである。

ローマ・インテルロッタについては，Michael Graves 編の“Roma Interrotta”が Architectural Design 49（Mar 1979）に掲載されている。

“Leon Krier, Houses, Palaces, Cities”は Demetri Porphyrios（London：Architectural Design Editions, 1984）の編集によるもので，レオン・クリエに関する最も完成したモノグラフである。Rob Krier の“Urban Space”は Christine Czechowski & George Black 訳によるもので，Rizzoli（New York）より1979年に刊行された。“Rob Krier, Urban Projects 1968-1982”（New York：Rizzoli for the Institute for Architecture and Urban Studies, 1982）も参照のこと。

The Museum of Modern Art（New York）は1985年に展覧会カタログ“Ricardo Bofill and Leon Krier, Architecture Urbanism and History”を刊行している。

The Harvard Architecture Review 4（Spr 1984）は，“Monumentality and The City”と題する特集号を組み，そこには1981年12月にハーバードで開かれたフォーラムの議事録が含まれている。これは，モニュメンタルな都市デザイン・コンセプトや，建築物における歴史的回想の実践を通じてのリ・イマージェンスの結果として，創られる建築理論の修正に対する洞察力を提供するものである。特に，近代建築の著述物におけるモニュメンタリティについての文献の歴史的サーベイである Christine C. & George R. Collins の“Monumentality：A Critical Matter in Modern Architecture”を参照のこと。

第三章：田園都市と田園郊外

Ebenezer Howard の“Garden Cities of Tomorrow”のうち利用できるものとしては，1945年に刊行された Faber and Faber（London）の版が，初版以降で削除された原文の一部を復刻してある（エベネザー・ハワード，『明日の田園都市』，長素連訳，鹿島出版会）。フレデリック・J. オズボーンの著した序文も復刻され，ルイス・マンフォードによる導入のためのエッセイがある。“Sir

Ebenezer Howard and the Town Planning Movement" は，Dugald MacFayden による古風で趣きのある研究論文であり，ハワードや家族による伝記風の文章も入っている。初版は，1933年にthe University of Manchester Press で出され，1970年に再刊行された。"The Building of Satellite Towns" は C. B. Purdom によるもので，初版が J. M. Dent（London）より1925年に刊行され，1949年に改訂版が出された。これは，レッチワースとウェルウィン開発の最も完全な資料を含み，洗練されたハウ・トゥー本として表現されている。ハワードのニュータウン会社がイギリス政府に移管された頃に，改訂版が発表された。ハワードについての優れた近代的なモノグラフとしては，Robert Fishman の "Urban Utopias in the Twentieth Century"（New York：Basic Books, 1977）における Ebenezer Howard と題する節がある。

田園郊外と田園都市，モデル企業町についてより一般的な議論については，Walter L. Creese の "The Search for Environment"（New Haven, CT：Yale University Press, 1966）を参照のこと。Leonardo Benevolo の "The Origins of Modern Town Planning" は Judith Landry（Cambridge, MA：MIT Press, 1971）による訳で，19世紀における社会改革とユートピアを強調している（L. ベネヴォロ，『近代都市計画の起源』，横山正訳，鹿島出版会）。Lewis　Munford の "The Story of Utopias" も参照のこと。これはもともと1922年に，ハワードの研究の優れた付録として出版された。

Raymond Unwin と Barry Parker については，Raymond Unwin の "Town Planning in Practice"（London：Unwin, 1909）や，Walter　L. Creese の "The　Legacy　of　Raymond　Unwin"（Cambridge, MA：Harvard University Press, 1977）を参照のこと。

"The Picturesque：Studies in a Point of View" は Christopher Hussey の著によるもので，彼は Country Life の編集者を長年務めていた。これは，1927年に刊行された当時より最近まで，Sir Uvedale Price と Richard Payne Knight を主題とする短い紹介書としては最良のものであった。イギリスの雑誌 The Architectural Review は，戦後にピクチュアレスク風デザイン原則を支持するキャンペーンを張った。これには，当時 Review 誌の編集スタッフであった Gorden　Cullen の "Townscape" を含んでいた。しかし，そのキャンペーンは，David Watkin にとって近代芸術－歴史の学術研究への最大の推進力をもたらし，"The English Vision：The Picturesque in Architecture, Landscape and Garden Design"（New York：Icon Editions, Harper & Row, 1982）という総合的で優れた研究を生み出した。アン女王様式については，Max　Girouard の "Sweetness and Light, The Queen Anne Movement 1860-1900"（New Haven, CT：Yale University Press, 1977）と Andrew Saint の "Richard Norman Shaw"（Yale, 1976）を参照のこと。

"A Patriarchal Utopia：The Garden City and Housing Reform in Germany at the Turn of the Century" は，Franziska Bollerey and Kristiana Hartmann によるもので，Anthony Sutcliffe 編 "The Rise of Modern Urban Planning 1800-1914"（New York：St. Martin's, 1980）に所収されている。ドイツにおける他の庭園住宅やモデル企業町についての役立つ文献としては，Richard Klapheck 著 "Neue　Baukunst　in　Den　Rheinlanden"（Dusseldorf,　c. 1928）や Walter　Muller-Wulckow 著 "Wohnbauten und Seidlungen"（Langewiesche, 1929）がある。

Architectural Design 51（Oct-Nov, 1981）における The Anglo-American Suburb は，Robert A. M. Stern と John Montague Massengale の共編によるもので，有用で興味深い。異なる観点からの第一次大戦中のアメリカ住宅についての優れた記事としては，Mel Scott の "American City Planning Since 1890"（Berkeley, University of California Press, 1969）と，Leland M. Roth による "A Concise History of American Architecture"（New York：Icon Editions, Harper & Row, 1979）における同様な記事を参照のこと。第一次大戦時の住宅デザインの多くは，William

P. Comstock著の“The Housing Book”（New York：Comstock, 1919）のなかに見ることができる。

London Housingは，the London County Councilより1937年に刊行されたが，この時期に至るまでに州議会や個々の郡議会が建てた戸建住宅団地などの補助付き住宅が掲載されている。

Clarence Steinによる“Towards New Towns for America”は，彼自身の作品についての最良の文献であり，グリンベルト・タウンの歴史についても触れている。初版は1951年で，ペーパーバック版がthe MIT Press（Cambridge, MA）より刊行されている。ルイス・マンフォードによる序説があり，本書で描かれた作品を「しかし，来るべき交響楽のための指馴らしのようなものである」と称した。“The Regional Survey of New York and Its Environs, Neighborhood and Community Planning”第7巻には，Clarence Perryのモノグラフ“The Neighborhood Unit”や，Edward M. Bassert and Robert Whittenの“The Problems of Planning Unbuilt Areas”（Thomas Adams），が含まれている。この巻はthe New York Regional Planの一部として1929年に刊行された。

大戦間期におけるアメリカ住宅政策についての優れた資料としては，Arthur B. Gallion and Simon Eisnerの“The Urban Pattern：City Planning and Design”（New York：Van Nostrand Reinhold, 1950）やこの続編を見出すことができる。

もちろんFrank Lloyd Wrightの作品を扱った文献は膨大にあり，ライト自身が多産な著者であった。ライトが行き着いた都市のアイデアの最終形としては，“The Living City”（New York：Horizon Press, 1958）を参照のこと。これは，“The Disappearing City”（1932）や“When Democracy Builds”（1945）の一部を具体化したものである。前述のThe American Cityに所収されているGiorgio Ciucciの“The City in Agrarian Ideology and Frank Lloyd Wright”や，これも前述したRobert Fishmanの“Urban Utopias in the Twentieth Century”におけるライトの箇所も参照のこと。

イギリスとフランスにおけるニュータウン政策に関する優れた著作としては，Peter Hallの“Urban and Regional Planning”（New York：John Wiley, Halsted Press, 1975）を参照のこと。America Institute of ArchitectsにおけるJames Bailey編の“New Towns in America”（New York：John Wiley, 1973）には，アメリカにおける類似した試みの索引がある。

第四章：近代都市

H. Heathcote Sathamの“Modern Architecture”（London：Chapman and Hall, 1897）は，前世紀末におけるイギリスの建築界の力関係に興味深い洞察力を供する。1980年におけるCarl Schorskeの“Fin de Siecle Vienna”は，オーストリアにおける芸術界について同様な資料を含んでいる。そこには，本文中に記したOtto Wagnerからの引用が書かれている。

ガルニエについて，最も入手しやすい資料は，“Tony Garnier：The Cite Industrielle”と題したDora Wiebenson（New York：Braziller, 1969）により刊行されたものである。

ベルラーヘについては，1972年のP. Singelenbergの“H. P. Berlage：Idea and Style, the Quest for Modern Architecture”や，K. P. C. DeBazelらによる“Dr. H. P. Berlage EnZijn Werk”（Rotterdam, 1916）を参照のこと。これにはベルラーヘの都市計画についての優れたイラストレーションが所収されている。

“The Amsterdam School：Dutch Expressionist Architecture, 1915-1930”は，Wim de Wit編によるもので，MIT Press（Cambridge, MA）より1983年に刊行されたが，これは建築を社会的コンテクストにまで拡張して扱っているものの，建設された計画は少ししかない。

ル・コルビュジエについての文献は，彼自身のものも含めて，ほとんどそれ自体でひとつの主題を構成するほど多い。しかしながら，基本となる資料としては，Willy Boesiger 編による全 7 巻の Oenvre Complete である "Les Editions d 'Architecture (Zurich) Le Corbusier" として刊行されている。多くの英語圏の読者に対しては，Frederick Ethell による1927年の翻訳版 "Towards a New Architecture Le Corbusier's 1923 Vers une Architecture"（ル・コルビュジエ，『建築をめざして』，吉阪隆正訳，鹿島出版会）において，ル・コルビュジエの考えを紹介している。"Concerning Town Planning"（London：Architectural Press, 1947）は，前年パリで出版されたル・コルビュジエの "Propos D'Urbanisme" を，Clive Entwistle が翻訳したものである。Le Corbusier の "When the Cathedrals Were White" は Francis E. Hyslop による訳で，1947年にアメリカで刊行された（ル・コルビュジエ，『伽藍が白かった時』，生田勉，樋口清訳，岩波書店）。これは，都市デザインについてル・コルビュジエが展開した意見のよき要約となっている。Robert Fishman の Le Corbusier についての箇所は，前述の "Urban Utopias of the Twentieth Century" に所収されているが，これは特に Le Corbusier の政治的振る舞いについての好著である。

エルンスト・マイは，多くの近代建築史の学者にほとんど完全に見過ごされてきたが，Hans-Reiner Muller-Raemisch が "Stadtplanung in Frankfurt am Main" において，彼を論じている。マイによる個々のプロジェクトついては，Heinz Ulrich Krauss が "Bauen in Frankfurt am Main seit 1900"（Frankfurt, 1977）のなかで論じている。Bruno Taut による "Modern Architecture"（London：The Studio, 1929）や，前述の Gallion and Eisner の "The Urban Pattern" や，Kenneth Frampton の "Modern Architecture：A Critical History"（Oxford, 1980）（K. フランプトン，『現代建築の黎明』，香山壽夫訳，A. D. A. Edita Tokyo）におけるフランプトンの簡潔で有名なコメントがあるマイのリファレンスも参照のこと。

大戦間期におけるヨーロッパ住宅については，Catherine Bauer の "Modern Housing"（Boston：Houghton Mifflin, 1934）や Taut and Gallion and Eisner による前述の論文を参照のこと。Roger Sherwood の "Modern Housing Prototypes"（Cambridge, MA：Harvard University Press, 1978）も参照のこと。

CIAM の初期の歴史は，Sigfried Giedion の序説が Jose Sert 編の "Can Our Cities Survive ?"（Cambridge, MA：Harvard University）に所収されている。CIAM 史のその後については，Sigfried Giedion 編の "A Decade of New Architecture"（Zurich：Editions Girsberger, 1951）にある。Gerd Hatje 編 "Encyclopedia of Modern Architecture United States editions"（New York：Harry N. Abrams, 1964）における Reyner Banham による CIAM の項も参照されたい。

Museum of Modern Art より刊行されたカタログ "Modern Architecture, International Exhibition"（New York, 1932）を，同年に同名の博覧会と連動して出版された，よりイデオロギー色の強い "The International Style"（Henry Russell Hitchcock and Philip Johnson 著）と比較すると興味深い（ヒッチコック，ジョンソン，『インターナショナル・スタイル』，武沢修一訳，鹿島出版会)。Hitchcock の1951年の Architectural Record 記事 'The International Style Twenty Years Later' とともに，"The International Style"は Norton により再刊行され，この中で Hitchcock は彼の初期の作品のいくつかに触れた。

"The Metropolis of Tomorrow" は Hugh Ferris 著によるもので，1929年に初版が Ives Washburn により刊行された。これは，Princeton Architectural Press（Princeton, NJ）より1985年に再刊された。

Giedion の "Space, Time and Architecture" に付け加えて，近代建築について最も広く読まれているものとしては，前述した Nikolaus Pevsner の "Pioneers of the Modern Movement" が

1936年に初版が刊行され，1960年以降に "Pioneers of Modern Design" と慎重に改題された。また，J. M. Richards による "Introduction to Modern Architecture" の初版が1940年に刊行されている。これら3冊は，これまで，歴史家が当事者として関わる限り生じるべきことでないとして除外してきたが，実際には起こってきた近代の多くのことを，新しい類の建築史として創るのに役立った。彼らはイデオロギー的に関与したので，エルンスト・マイやクラレンス・スタインのように，重要な作品をもたらさなかったが，ギーディオンは，都市デザインに強い興味を持っていた。しかし，ペヴスナーやリチャーズの都市デザインの近代コンセプトに対する言及がいかに少ないか，そして，同様な型にはめられた近代建築の視点を持つ他の歴史家や理論家が，いかに都市デザインに注意を払っていなかったかは，特筆すべきことである。

Vincent Scully は，都市のデザインを含むよう，建築のモダニズムの概念を拡張したパイオニアであった。彼の "Modern Architecture"（New York：Braziller, 1961, 1974）（V. スカーリー，『近代建築』，長尾重武訳，鹿島出版会）や "American Architecture and Urbanism"（New York：Praeger, 1969）（V. スカーリー，『アメリカの建築とアーバニズム（上・下）』，香山壽夫訳，鹿島出版会）には，他の特徴もあるものの，都市デザインの問題を取り込んでいる点が重要である。Perspecta 8（New Haven, 1963）所収の Scully による 'The Death of the Street' も参照のこと。Giedion, Pevsner and Richards が創った批判的な枠組みのなかにいまだ止まっているものの，前述した Kenneth Frampton の "Modern Architecture" もまた，都市的な問題を扱っている。近代建築における別のリヴィジョナリストの視点としては，Colin Row による "Five Architects：Eisenman, Graves, Gwathmey, Hejduk, Meier"（New York：Wiienborn, 1972；Oxford University Press, 1975）への序文を見よ。

都市における近代建築が及ぼした作用に対する決定的な批判としては，やはり Jane Jacobs の "The Death and Life of Great American Cities"（New York, 1961）である（J. ジェコブス，『アメリカ大都市の生と死』，黒川紀章訳，鹿島出版会）。アメリカ主要都市の再開発プロセスの優れた記述的研究としては，Jeanne R. Lowe による "Cities in a Race with Time"（New York：Random House, 1967）も参照のこと。

Kell Astrom の "City Planning in Sweden" は，the Swedish Institute for Cultural Relations with Foreign Countries のために1967年に Rudy Feichtner が翻訳したものであるが，これは，もともとスウェーデンで Svensk stadsplanering と題した著作の改訂版である。Vallingby や Earsta についての優れた簡潔な記述としては，Paul Ritter 著 "Planning for Man and Motor"（New York：Macmillan, 1964）で見ることができる。Percy Johnson Marshall 著 "Rebuilding Cities"（Hawthorne, NY：Aldine, 1966）では，ジョンソン・マーシャルが行政的な役割を果たしたロンドンの戦後復興の長い記述を含んでいる。また，ロッテルダム復興についての優れた章もある。

Victor Gruen の "Centers for the Urban Environment"（New York：Van Nostrand Reinhold, 1973）は，彼のフォート・ワース計画案の発端について記述している。

マックスウェル・フライのシャンディガール・デザインについての回想録は，Russell Walden 著の "The Open Hand：Essays on Le Corbusier"（Cambridge, MA：MIT Press, 1977）のなかにみられる。

Norma Evenson の "Paris：A Century of Change, 1878-1978"（New Haven, CT：Yale University Press, 1979）は，近代フランス都市再開発や都市改造，住宅，ニュータウン政策について，すべてパリの歴史的なまちなみ，特にオースマンの貢献と関連して記述された優れた資料である。

1977年の MIT Press が刊行した改訂版が入手しやすい Robert Venturi, Denise Scott Brown and Steven Izenouer が "Learning from Las Vegas" のなかで書いたのは，都市デザインというよ

りも建築的なシンボリズムである。しかしながら，同書は近代都市の本質について興味深い観察を含んでおり，現代の大都市の発展で実際に生じていることと，建築や都市デザインを関係づけようと模索する数少ない理論的な作品のひとつである。

第五章：メガストラクチュア　ひとつのビルディングとしての都市

アメリカ合衆国の近代都市開発についての優れた記述を編集したものとしては，“Comparative Metropolitan Analysis Project” があり，これは John S. Adams の編集によるものである。“Comparative Atlas of America's Great Cities” (Minneapolis : University of Minnesota Press, 1976) や，アメリカ都市の20ほどの地理的なヴィネットが “Contemporary Metropolitan America” (Cambridge, MA : Ballinger, 1976) として出版されている。Jean Gottmann 著の “Megalopolis” は1961年に MIT Press より初版が刊行されたが，これは現代大都市の機構についての古典的な著述である（J. ゴッドマン，『メガロポリス』，木内信蔵，石水照雄訳，鹿島出版会）。Jean Gottmann による Ekistics 243 (Feb 1976) 所収の ‘Megalopolitan Systems Around the World’ や，Homer Hoyt 著 “Land Economics 40” (May 1964) 所収の ‘Recent Distortions of the Classical Models of Urban Structure’ も見よ。

George Hersey についての本文中の引用は，彼の “Architecture, Poetry and Number in the Royal Palace at Caserta” (New Haven, CT : Yale University Press, 1983) より。

Françoise Choay 著の “The Modern City : Planning in the 19th Century” (New York : Braziller, 1969) は，本章に関連した多数の興味深いイラストを収録しており，Henry-Jules Bories の “Aerodomes” も含んでいる（フランソワーズ・ショエ，『近代都市　19世紀のプランニング』，彦坂裕訳，井上書院)。1961年の G. F. Chadwick 著 “The World of Sir Joseph Paxton” も参照のこと。特に，前述の Leonardo Benevolo 著の “The Origins of Modern Town Planning” は，19世紀のユートピアとフーリエの影響について有用である。Ulrich Conrads and Hans G. Sperlich 著，Christiane C. Collins and George R. Collins 訳の “The Architecture of Fantasy : Utopian Building and Planning in Modern Times” (New York : Praeger, 1962) や，Joseph J. Corn and Brian Horrigan 著の “Yesterday's Tomorrows” (New York : Summit Books, 1984) も参照のこと。また，Dennis Sharp 著の “Modern Architecture and Expressionism” (New York : Braziller, 1966) 所収の Bruno Taut や Glasarchitektur についての章も見よ。

バックミンスター・フラーについては，Robert Marks 著の “The Dymaxion World of Buckminster Fuller” (New York : Reinhold, 1960) を見よ（バックミンスター・フラー，ロバート・マークス，『バックミンスター・フラーのダイマキシオンの世界』，木島安史，梅沢忠雄共訳，鹿島出版会)。

メタボリスト運動の文献のひとつに，Kisho Kurokawa 著 “Metabolism in Architecture” (Boulder, CO : Westview Press, 1977) がある。Michael Franklin 著の “Beyond Metabolism : The New Japanese Architecture” (New York : Architectural Record Books, 1978) も見よ。Peter Cook 編の Archigram の作品集が，1973年に Praeger (New York) より刊行されている。Paolo Soleri の作品は，特大版の “The City in the Image of Man” (Cambridge, MA : MIT Press, 1970) のなかで見ることができる。建築家が実際にメガストラクチュアを建てたときに，何が起こったのか記述してあるものとしては，Moshie Safdie 著，John Kettle 訳 “Beyond Habitat” (MIT Press, 1970) を見よ。筆者がメガストラクチュアリズムに参加したものとしては，“The New City : Architecture and Urban Renewal” があり，これは1967年の Museum of Modern Art (New York) の展示会のカタログである。同じメガストラクチュアをより実務的な提案

に進化させたのが，拙著 “Urban Design as Public Policy”（New York：Architectural Record Books, 1974）pp. 156-60にあるので見て欲しい（ジョナサン・バーネット，『アーバン・デザインの手法』，六鹿正治訳，鹿島出版会)。

当時の信奉者による都市未来としてのメガストラクチュアの著述としては，Charles Jencks 著 “Architecture 2000”（New York：Praeger, 1971）を参照のこと（C. ジェンクス，『建築2000』，工藤国雄訳，鹿島出版会)。このテーマに懐疑的なものとしては，Reyner Banham 著 “Megastructure：Urban Futures of the Recent Past”（New York：Icon Editions, Harper & Row, 1976）を見よ。Shadrach Woods 著 “The Man in the Street”（London：Penguin, 1975）は，メガストラクチュアの思考がどのように都市デザイナーたちのあいだで拡がったかを示している。ウッズは，人道主義的で個人主義的な観点より論じているものの，メガストラクチュア的なデザインを必然的なものとして受け入れている。メガストラクチュア環境が持ちうる暗い側面としては，Oscar Newman 著 “Defensible Space：Crime Prevention Through Urban Design”（New York：Macmillan, 1973）を参照のこと。Jane Jacobs によるメガストラクチュアや大規模計画一般についてのコメントとしては，“Urban Design International 2”（Jan-Feb, 1981）所収の ‘Vital Little Plans’ を見よ。

［著者］
ジョナサン・バーネット　Jonathan Barnett
一九三七年生まれ。ニューヨーク市立大学大学院アーバン・デザイン・プログラム創設者。同大学教授、ペンシルヴェニア大学都市・地域計画学教授を務める。現在も同大学名誉教授として執筆活動を続けている。
訳書として『アーバンデザインの新しい手法』（鹿島出版会）、『新しい都市デザイン』（集文社）。

［訳者］
兼田敏之（かねだ・としゆき）
一九六〇年生まれ。東京工業大学工学部社会工学科卒。東京工業大学助手、愛知県立大学助教授を経て、現在、名古屋工業大学教授（都市計画学）。

SD選書236
都市《とし》デザイン［野望《やぼう》と誤算《ごさん》］

二〇〇〇年二月二五日　第一刷発行
二〇二四年四月三〇日　第五刷発行

訳　者　兼田敏之《かねだとしゆき》
発行者　新妻　充
発行所　鹿島出版会
〒一〇四–〇〇六一　東京都中央区銀座六–一七–一
銀座6丁目-SQUARE　七階
電話　〇三–六二六四–二三〇一
振替　〇〇一六〇–二–一八〇八八三
印　刷　奥村印刷
製　本　牧製本

ISBN 978-4-306-05236-9 C1352

URL: https://www.kajima-publishing.co.jp/　e-mail: info@kajima-publishing.co.jp

SD選書目録

四六判（＊＝品切）

001 現代デザイン入門 勝見勝著
002* 現代建築12章 L・カーン他著 山本学治訳編
003* 都市とデザイン 栗田勇著
004* 江戸と江戸城 内藤昌著
005 日本デザイン論 伊藤ていじ著
006* ギリシア神話と壺絵 沢柳大五郎著
007 フランク・ロイド・ライト 谷川正己著
008* きもの文化史 河鰭実英著
009 素材と造形の歴史 山本学治著
010* 今日の装飾芸術 ル・コルビュジエ著 前川国男訳
011 コミュニティとプライバシイ C・アレグザンダー著 岡田新一訳
012* 新桂離宮論 内藤昌著
013 日本の工匠 伊藤ていじ著
014 現代絵画の解剖 木村重信著
015 ユルバニスム ル・コルビュジエ著 樋口清訳
016* デザインと心理学 穐山貞登著
017 私と日本建築 A・レーモンド著 三沢浩訳
018* 現代建築を創る人々 神代雄一郎編
019 芸術空間の系譜 高階秀爾著
020 日本美の特質 吉村貞司著
021 建築をめざして ル・コルビュジエ著 吉阪隆正訳
022* メガロポリス J・ゴットマン著 木内信蔵訳
023 日本の庭園 田中正大著
024* 明日の演劇空間 尾崎宏次著
025 都市形成の歴史 A・コーン著 星野芳久訳
026* 近代絵画 A・オザンファン他著 吉川逸治訳
027* イタリアの美術 A・ブラント著 中森義宗訳
028* 明日の田園都市 E・ハワード著 長素連訳
029* 移動空間論 川添登著
030* 日本の近世住宅 平井聖著
031* 新しい都市交通 B・リチャーズ著 曽根幸一他訳
032* 人間環境の未来像 W・R・イーウォルド編 磯村英一他訳
033 輝く都市 ル・コルビュジエ著 坂倉準三訳
034 アルヴァ・アアルト 武藤章著
035* 幻想の建築 坂崎乙郎著
036* カテドラルを建てた人びと J・ジャンペル著 飯田喜四郎訳
037 日本建築の空間 井上充夫著
038* 環境開発論 浅田孝著
039* 都市と娯楽 加藤秀俊著
040* 郊外都市論 H・カーヴァー著 志水英樹訳
041* 都市文明の源流と系譜 藤岡謙二郎著
042* 道具考 榮久庵憲司著
043 ヨーロッパの造園 岡崎文彬著
044* 未来の交通 H・ヘルマン著 岡寿麿訳
045* 古代技術 H・ディールス著 平田寛訳
046* キュビスムへの道 D・H・カーンワイラー著 千足伸行訳
047* 近代建築再考 藤井正一郎著
048* 古代科学 J・L・ハイベルク著 平田寛訳
049 住宅論 篠原一男著
050* ヨーロッパの住宅建築 S・カンタクシーノ著 山下和正訳
051* 都市の魅力 清水馨八郎、服部銈二郎著
052* 東照宮 大河直躬著
053 茶匠と建築 中村昌生著
054* 住居空間の人類学 石毛直道著
055* 空間の生命 人間と建築 坂崎乙郎著
056* 環境とデザイン G・エクボ著 久保貞訳
057* 日本美の意匠 水尾比呂志著
058* 新しい都市の人間像 R・イールズ他編 木内信蔵監訳
059 京の町家 島村昇他編
060* 都市問題とは何か R・パーノン著 片桐達夫訳
061 住まいの原型Ⅰ 泉靖一編
062* コミュニティ計画の系譜 佐々木宏著
063* 近代建築 V・スカーリー著 長尾重武訳
064* SD海外建築情報Ⅰ 岡田新一編
065* SD海外建築情報Ⅱ 岡田新一編
066* 天上の館 J・サマーソン著 鈴木博之訳
067 木の文化 小原二郎著
068* SD海外建築情報Ⅲ 岡田新一編
069* 地域・環境・計画 水谷穎介著
070* 都市虚構論 池田亮二著
071 現代建築事典 W・ペーント編 浜口隆一他日本語版監修
072* ヴィラール・ド・オヌクールの画帖 藤本康雄著
073* タウンスケープ T・シャープ著 長素連他訳
074* 現代建築の源流と動向 L・ヒルベルザイマー著 渡辺明次訳
075* 部族社会の芸術家 M・W・スミス編 木村重信他訳
076 キモノ・マインド B・ルドフスキー著 新庄哲夫訳
077 住まいの原型Ⅱ 吉阪隆正他著
078 実存・空間・建築 C・ノルベルグ＝シュルツ著 加藤邦男訳
079* SD海外建築情報Ⅳ 岡田新一編
080* 都市の開発と保存 上田篤、鳴海邦碩編
081* 爆発するメトロポリス W・H・ホワイトJr.他著 小島将志訳
082* アメリカの建築とアーバニズム(上) V・スカーリー著 香山壽夫訳
083* アメリカの建築とアーバニズム(下) V・スカーリー著 香山壽夫訳
084* 海上都市 菊竹清訓著
085* アーバン・ゲーム M・ケンツレン著 北原理雄訳
086* 建築2000 C・ジェンクス著 工藤国雄訳
087* 日本の公園 田中正大著
088* 現代芸術の冒険 O・ビハリメリン著 坂崎乙郎他訳

089* 江戸建築と本途帳 西和夫著
090* 大きな都市小さな部屋 渡辺武信著
091* イギリス建築の新傾向 R・ランダウ著 鈴木博之訳
092* SD海外建築情報V 岡田新一編
093* IDの世界 豊口協著
094* 交通圏の発見 有末武夫著
095 建築とは何か B・タウト著 篠田英雄訳
096 続住宅論 篠原一男著
097* 建築の現在 長谷川堯著
098* 都市の景観 G・カレン著 北原理雄訳
099* SD海外建築情報VI 岡田新一編
100* 都市空間と建築 U・コンラーツ著 伊藤哲夫訳
101* 環境ゲーム T・クロスビイ著 松平誠訳
102* アテネ憲章 ル・コルビュジエ著 吉阪隆正訳
103* プライド・オブ・プレイス シヴィック・トラスト著 井手久登他訳
104* 構造と空間の感覚 F・ウイルソン著 山本学治他訳
105* 現代民家と住環境体 大野勝彦著
106* 光の死 H・ゼーデルマイヤ著 森洋子訳
107* アメリカ建築の新方向 R・スターン著 鈴木一訳
108* 近代都市計画の起源 L・ベネヴォロ著 横山正訳
109* 中国の住宅 劉敦楨著 田中淡他訳
110* 現代のコートハウス D・マッキントッシュ著 北原理雄訳
111 モデュロールI ル・コルビュジエ著 吉阪隆正訳
112 モデュロールII ル・コルビュジエ著 吉阪隆正訳
113* 建築の史的原型を探る B・ゼーヴィ著 鈴木美治訳
114 西欧の芸術1 ロマネスク上 H・フォシヨン著 神沢栄三他訳
115 西欧の芸術1 ロマネスク下 H・フォシヨン著 神沢栄三他訳
116 西欧の芸術2 ゴシック上 H・フォシヨン著 神沢栄三他訳
117 西欧の芸術2 ゴシック下 H・フォシヨン著 神沢栄三他訳
118* アメリカ大都市の死と生 J・ジェイコブス著 黒川紀章訳
119* 遊び場の計画 R・ダットナー著 神谷五男他訳
120 人間の家 ル・コルビュジエ他著 西沢信弥訳
121* 街路の意味 竹山実著
122* パルテノンの建築家たち R・カーペンター著 松島道也訳
123 ライトと日本 谷川正己著
124 空間としての建築（上） B・ゼーヴィ著 栗田勇訳
125 空間としての建築（下） B・ゼーヴィ著 栗田勇訳
126 かいわい［日本の都市空間］ 材野博司著
127* 歩行者革命 S・プライネス他著 岡並木監訳
128 オレゴン大学の実験 C・アレグザンダー著 宮本雅明訳
129* 都市はふるさとか F・レンツローマイス著 武基雄他訳
130* 建築空間［尺度について］ P・ブドン著 中村貴志訳
131* アメリカ住宅論 V・スカーリーJr.著 長尾重武訳
132* タリアセンへの道 谷川正己著
133* 建築VS.ハウジング M・ポウリー著 山下和正訳
134* 思想としての建築 栗田勇著
135* 人間のための都市 P・ペーターズ著 河合正一訳
136* 都市憲章 磯村英一著
137* 巨匠たちの時代 R・バンハム著 山下泉訳
138 三つの人間機構 ル・コルビュジエ著 山口知之訳
139 インターナショナル・スタイル H・R・ヒッチコック他著 武沢秀一訳
140 北欧の建築 S・E・ラスムッセン著 吉田鉄郎訳
141* 続建築とは何か B・タウト著 篠田英雄訳
142* 四つの交通路 ル・コルビュジエ著 井田安弘訳
143 ラスベガス R・ヴェンチューリ他著 石井和紘他訳
144 ル・コルビュジエ C・ジェンクス著 佐々木宏訳
145* デザインの認識 R・ソマー著 加藤常雄訳
146* 鏡［虚構の空間］ 由水常雄著
147 イタリア都市再生の論理 陣内秀信著
148 東方への旅 ル・コルビュジエ著 石井勉他訳
149* 建築鑑賞入門 W・W・コーディル他著 六鹿正治訳
150* 近代建築の失敗 P・ブレイク著 星野郁美訳
151* 文化財と建築史 関野克著
152* 日本の近代建築（上）その成立過程 稲垣栄三著
153* 日本の近代建築（下）その成立過程 稲垣栄三著
154 住宅と宮殿 ル・コルビュジエ著 井田安弘訳
155* イタリアの現代建築 V・グレゴッティ著 松井宏方訳
156 バウハウス［その建築造形理念］ 杉本俊多著
157 エスプリ・ヌーヴォー［近代建築名鑑］ ル・コルビュジエ著 山口知之訳
158* 建築について（上） F・L・ライト著 谷川睦子他訳
159* 建築について（下） F・L・ライト著 谷川睦子他訳
160* 建築形態のダイナミクス（上） R・アルンハイム著 乾正雄訳
161* 建築形態のダイナミクス（下） R・アルンハイム著 乾正雄訳
162 見えがくれする都市 槇文彦他著
163* 街の景観 G・バーク著 長素連他訳
164* 環境計画論 田村明著
165* アドルフ・ロース 伊藤哲夫著
166* 空間と情緒 箱崎総一著
167 水空間の演出 鈴木信宏著
168* モラリティと建築 D・ワトキン著 榎本弘之訳
169* ペルシア建築 A・U・ポープ著 石井昭訳
170* ブルネッレスキ ルネサンス建築の開花 G・C・アルガン著 浅井朋子訳
171 装置としての都市 月尾嘉男著
172 建築家の発想 石井和紘著
173 日本の空間構造 吉村貞司著
174 建築の多様性と対立性 R・ヴェンチューリ著 伊藤公文訳
175 広場の造形 C・ジッテ著 大石敏雄訳
176 西洋建築様式史（上） F・バウムガルト著 杉本俊多訳
177 西洋建築様式史（下） F・バウムガルト著 杉本俊多訳
178 木のこころ 木匠回想記 G・ナカシマ著 神代雄一郎他訳
179* 風土に生きる建築 若山滋著
180* 金沢の町家 島村昇著
181* ジュゼッペ・テッラーニ B・ゼーヴィ編 鵜沢隆訳
182* 水のデザイン D・ベーミングハウス著 鈴木信宏訳
183* ゴシック建築の構造 R・マーク著 飯田喜四郎訳
184 建築家なしの建築 B・ルドフスキー著 渡辺武信訳

185 プレシジョン(上) ル・コルビュジエ著 井田安弘他訳
186 プレシジョン(下) ル・コルビュジエ著 井田安弘他訳
187* オットー・ワーグナー H・ゲレツェッガー他著 伊藤哲夫他訳
188* 環境照明のデザイン 石井幹子著
189 ルイス・マンフォード 木原武一著
190 「いえ」と「まち」 鈴木成文他著
191 アルド・ロッシ自伝 A・ロッシ著 三宅理一訳
192* 屋外彫刻 M・A・ロビネット著 千葉成夫訳
193 「作庭記」からみた造園 飛田範夫著
194* トーネット曲木家具 K・マンク著 宿輪吉之典訳
195 劇場の構図 清水裕之著
196 オーギュスト・ペレ 吉田鋼市著
197 アントニオ・ガウディ 鳥居徳敏著
198 インテリアデザインとは何か 三輪正弘著
199* 都市住居の空間構成 東孝光著
200 ヴェネツィア 陣内秀信著
201 自然な構造体 F・オットー著 岩村和夫訳
202 椅子のデザイン小史 大廣保行著
203* 都市の道具 GK研究所、榮久庵祥二著
204 ミース・ファン・デル・ローエ D・スペース著 平野哲行訳
205 表現主義の建築(上) W・ペーント著 長谷川章訳
206* 表現主義の建築(下) W・ペーント著 長谷川章訳
207 カルロ・スカルパ A・F・マルチャノ著 浜口オサミ訳
208* 都市の街割 材野博司著
209 日本の伝統工具 土田一郎著 秋山実写真
210 まちづくりの新しい理論 C・アレグザンダー他著 難波和彦監訳
211* 建築環境論 岩村和夫著
212* 建築計画の展開 W・M・ペニヤ著 本田邦夫訳
213 スペイン建築の特質 F・チュエッカ著 鳥居徳敏訳
214* アメリカ建築の巨匠たち P・ブレイク他著 小林克弘他訳
215* 行動・文化とデザイン 清水忠男著
216* 環境デザインの思想 三輪正弘著

217 ボッロミーニ G・C・アルガン著 長谷川正允訳
218 ヴィオレ・ル・デュク 羽生修二著
219 トニー・ガルニエ 吉田鋼市著
220* 住環境の都市形態 P・パヌレ他著 佐藤方俊訳
221 古典建築の失われた意味 G・ハーシー著 白井秀和訳
222 パラディオへの招待 長尾重武著
223* ディスプレイデザイン 魚成祥一郎監修 清家清序文
224 芸術としての建築 S・アバークロンビー著 白井秀和訳
225 フラクタル造形 三井秀樹著
226 ウイリアム・モリス 藤田治彦著
227 エーロ・サーリネン 穂積信夫著
228 都市デザインの系譜 相田武文、土屋和男著
229 サウンドスケープ 鳥越けい子著
230 風景のコスモロジー 吉村元男著
231 庭園から都市へ 材野博司著
232 都市・住宅論 東孝光著
233 ふれあい空間のデザイン 清水忠男著
234 さあ横になって食べよう B・ルドフスキー著 多田道太郎監修
235 間(ま)——日本建築の意匠 神代雄一郎著
236 都市デザイン J・バーネット著 兼田敏之訳
237 建築家・吉田鉄郎の『日本の住宅』 吉田鉄郎著
238 建築家・吉田鉄郎の『日本の建築』 吉田鉄郎著
239 建築家・吉田鉄郎の『日本の庭園』 吉田鉄郎著
240 建築史の基礎概念 P・フランクル著 香山壽夫監訳
241 アーツ・アンド・クラフツの建築 片木篤著
242 ミース再考 K・フランプトン他著 澤村明+EAT訳
243 歴史と風土の中で 山本学治建築論集①
244 造型と構造と 山本学治建築論集②
245 創造するこころ 山本学治建築論集③
246 アントニン・レーモンドの建築 三沢浩著
247 神殿か獄舎か 長谷川堯著
248 ルイス・カーン建築論集 ルイス・カーン著 前田忠直編訳

249 映画に見る近代建築 D・アルブレヒト著 萩正勝訳
250 様式の上にあれ 村野藤吾著作選
251 コラージュ・シティ C・ロウ、F・コッター著 渡辺真理著
252 記憶に残る場所 D・リンドン、C・W・ムーア著 有岡孝訳
253 エスノ・アーキテクチュア 太田邦夫著
254 時間の中の都市 K・リンチ著 東京大学大谷幸夫研究室訳
255 建築十字軍 ル・コルビュジエ著 井田安弘訳
256 機能主義理論の系譜 E・R・デ・ザーコ著 山本学治他訳
257 都市の原理 J・ジェイコブズ著 中江利忠他訳
258 建物のあいだのアクティビティ J・ゲール著 北原理雄訳
259 人間主義の建築 G・スコット著 邉見浩久、坂牛卓監訳
260 環境としての建築 R・バンハム著 堀江悟郎訳
261 パタン・ランゲージによる住宅の生産 C・アレグザンダー他著 中埜博監訳
262 褐色の三十年 L・マンフォード著 富岡義人訳
263 形の合成に関するノート/都市はツリーではない C・アレグザンダー著 稲葉武司、押野見邦英訳
264 建築美の世界 井上充夫著
265 劇場空間の源流 本杉省三著
266 日本の近代住宅 内田青藏著
267 個室の計画学 黒沢隆著
268 メタル建築史 難波和彦著
269 丹下健三と都市 豊川斎赫著
270 時のかたち G・クブラー著 中谷礼仁他訳
271 アーバニズムのいま 槇文彦著
272 庭と風景のあいだ 宮城俊作著
273 共生の都市学 團紀彦著
274 ルドルフ・シンドラー D・ゲバード著 末包伸吾訳